巴西橡胶树检疫性病害

◎ 时 涛 刘先宝 主编

U0271831

中国农业科学技术出版社

图书在版编目（CIP）数据

巴西橡胶树检疫性病害 / 时涛 , 刘先宝主编 . -- 北京：中国农业科学技术出版社，2021.5

ISBN 978-7-5116-5318-5

Ⅰ . ①巴… Ⅱ . ①时… ②刘… Ⅲ . ①橡胶树—植物检疫—病虫害防治 Ⅳ . ① S763.741

中国版本图书馆 CIP 数据核字（2021）第 090466 号

责任编辑	姚　欢
责任校对	贾海霞
责任印制	姜义伟　王思文

出 版 者	中国农业科学技术出版社
	北京市中关村南大街 12 号　邮编：100081
电　　话	（010）82106631（编辑室）（010）82109704（发行部）
	（010）82109702（读者服务部）
传　　真	（010）82106631
网　　址	http://www.castp.cn
经 销 者	各地新华书店
印 刷 者	北京建宏印刷有限公司
开　　本	185 mm×260 mm　1/16
印　　张	16.5
字　　数	350 千字
版　　次	2021 年 5 月第 1 版　2021 年 5 月第 1 次印刷
定　　价	128.00 元

前 言

PREFACE

巴西橡胶树（也称橡胶树或三叶橡胶树），起源于热带美洲的亚马孙河流域，其收获物天然橡胶是和石油、煤炭、铁矿石并列具有重要战略意义的工业原料。世界范围内能够产胶的植物有 1 800 多种，但具有规模化商业应用价值的仅有巴西橡胶树 1 种。目前，巴西橡胶树在亚洲的泰国、印度尼西亚、越南、中国、马来西亚、斯里兰卡、缅甸、老挝、印度，非洲的科特迪瓦、尼日利亚、利比亚、喀麦隆、刚果民主共和国（金）、加纳、加蓬，南美洲的巴西、哥伦比亚、委内瑞拉、厄瓜多尔等 55 个国家和地区均有种植。

据国际橡胶研究组织（IRSG）统计，全球橡胶树种植面积为 1 331.14 万 hm^2，其中亚洲地区约占 91.8%，其次为非洲地区，南美洲及其他地区也有少量种植。目前，东南亚地区为世界天然橡胶最重要的种植区，泰国、印度尼西亚和越南为前三大产胶国和出口国，中国是第三大植胶国、第四大产胶国和第一大进口国。在非洲，科特迪瓦是最大的植胶国和出口国。

中国的天然橡胶种植历史仅有 100 多年。1902 年和 1904 年，海南和云南分别从新加坡和马来西亚等地区引入橡胶树幼苗及种子并进行种植，但橡胶树的大规模种植和相关产业的发展是在中华人民共和国成立之后。朝鲜战争发生后，以美国为首的西方国家对社会主义国家实行封锁禁运，由于当时只有中国华南部分地区能够种植橡胶树，因此在苏联的帮助下，中国开始大力发展橡胶树种植业。

经过数十年的发展，天然橡胶已经成为中国热带地区第一大产业。随着中国国民经济的发展，天然橡胶的需求量不断增加，但适宜种植地区面积小，产量有限。2006 年以来，中国一直是世界上最大的进口国，自给率也不断走低。2017 年中国天然橡胶消费量达 540 万 t，占全球天然橡胶总消费量的 40.69%，但产量仅为 81.6 万 t，供需缺口超 450 万 t，自给率仅有 15.1%。国内橡胶树种植业的发展对于保障相关产业的健康发展具有重要意义。

在橡胶树种植中，各类频繁发生的病虫草害、不适宜的林间环境与土壤营养元素、错误使用的农药等均不利于其生产，可造成树势削弱、叶片脱落、树皮爆裂、根系腐烂，严重时发生植株大面积死亡等异常现象。在病害方面，能够侵染橡胶树的病原生物有 572

种，而中国有记载的橡胶树病害有 91 种。世界范围内，为害严重的病害有南美叶疫病、白粉病、炭疽病、棒孢霉落叶病、根病、死皮病等。在这些病害中，南美叶疫病是为害最严重的病害，也是当前橡胶树主要种植区从起源地的热带美洲转移至东南亚地区的主要原因之一。白根病是橡胶树最重要的根部病害，幼龄树受害最严重，死亡最快速，该病曾经在东南亚胶园造成过重大损失，目前仍然在各个植胶国普遍发生。在中国，具有重要经济意义的病害主要为白粉病、炭疽病、根病、死皮病和割面条溃疡病。近年来，随着气候、天然橡胶价格、橡胶树新品种的推广和田间管理制度等方面的变化，拟盘多毛孢属叶斑病、壳梭孢叶斑病等世界性新发病害不断出现，为害不断加重，国内也出现了包括棒孢霉落叶病、多种茎腐病、茎干溃疡病和拟盘多毛孢属叶斑病等在内的新发病害。

国际公认的传统植胶区为北纬 15° 以南及南纬 10° 以北之间典型的热带地区，北纬 17° 以北不能植胶。虽然中国的科研工作者克服重重困难，建立了橡胶树北移栽培技术，并在北纬 18° ~24° 大面积种植成功，但和传统植胶区相比，由于积温较少而造成树势较弱，病虫害问题严重。

目前，南美叶疫病和白根病已列入中国进境植物检疫性有害生物名录。南美叶疫病尚未入侵中国，但随着国际交往的增多，该病传入亚洲并入侵中国的可能性在不断加大。白根病在中国云南植胶区零星发生，随时有可能大面积暴发成灾。相关部门应加强对这两种病害的检测、监测、防治、灭除等检疫相关技术研究。

本书在收集国内外有关这两种检疫性病害研究进展的基础上，通过对相关研究的梳理，重点阐述其发生分布、为害状况、病原学研究、风险评估以及防控技术等方面进展。本书实用性强、参考价值较高，可供农业技术推广人员、生产一线植胶者及部分基层科技人员参考使用，还可供大专院校、科研单位、植保检疫检验部门和其他对橡胶树植保领域感兴趣的读者参考。

本书在国家重点研发计划项目（2017YFC1200600）、热带作物重要病虫草害动态监测科技创新团队（17CXTD-26）等项目的支持下，由中国热带农业科学院环境与植物保护研究所组织编写。南美叶疫病章节由刘先宝负责，白根病章节由郑肖兰负责，其余部分和全书的统稿由时涛负责。

本书编写中涉及内容较多，部分数据因来源不同而有所差异，现有研究进展也难以全部采用，难免有不完善和疏漏的地方，敬请各位同仁多提宝贵意见，以便在重印或再版时修改和完善。

编著者

2020 年 12 月

目 录
CONTENTS

第一章

巴西橡胶树及天然橡胶产业

  天然橡胶是国际上重要的林化产品，与石油、煤炭、铁矿石等并列为四大工业原料，相关产品广泛应用于工业、农业、国防、交通运输、医药卫生和日常生活领域。虽然世界上能够生产天然橡胶的高等植物有很多，包括橡胶树属的其他种，桑科的印度橡胶树和美洲橡胶，菊科的橡胶草和银胶菊，夹竹桃科的绢丝橡胶，以及大戟科的木薯橡胶等1 800多种，但除了银胶菊和橡胶草（崔树阳等，2020）有少量种植外，其他植物均因为产量低或品质差，难以大规模生产应用。目前，具有商业应用价值的只有巴西橡胶树（*Hevea brasiliensis*，以下简称为橡胶树）1种，其产量占世界天然橡胶总产量的99%以上。

  巴西橡胶树起源于巴西亚马孙河流域的热带雨林中，最初主产区为巴西，其次为秘鲁、哥伦比亚、厄瓜多尔、圭亚那、委内瑞拉和玻利维亚等地区。橡胶树在植物分类上为大戟科（Euphobiaceae）橡胶树属（*Hevea*）巴西橡胶树［*Hevea brasiliensis*（Willd. ex Adr. de Juss.）Muell. -Arg］，因其掌状复叶具有三片小叶，所以也常称为三叶橡胶树。该属内还有10个种和4个变种，分别为：光亮橡胶树（*H. nitida* Muell. -Arg.）、少花橡胶树（*H. pauciflora*）、色宝橡胶树［*H. spruceana*（Benth）Muell.-Arg.］、边沁橡胶树（*H. benthamiana* Miell.-Arg）、坎普橡胶树（*H. camporum* Ducke）、小叶橡胶树（H. *microphylla* Ule）、硬叶橡胶树［*H. rigidifolia*（Spruce ex Benth）Muell. -Arg.］、圭亚那橡胶树（*H. guianensis* Aublet.）、小叶矮生橡胶树（*H. comargcana* N.e. Bestos；N.A. Rosa and C. Rosario）、泽生橡胶树（*H. poludose*）、光亮橡胶树变种［*H. nitida* Muell. -Arg. var. *toxicodendroides*（Schult & Vinton）R. E. Schult］、少花橡胶树变种［*H. pauciflora*（Spruceex Benth）Muell. -Arg. var. *xoriacea* Ducke］，以及圭亚那两个橡胶树变种［*H. guianensis* Aubl. var. *lutea*（Spruce ex Benth）Duccke & Schult］和［*H. guianensis* var. *marginata*］。有关橡胶树的文字记载历史仅有200多年，从纯野生状态转变为规模化人工栽培也只有100多年，但由于其在现代生活中的广泛应用，天然橡胶已成为工业建设和战略需要的重要物资，相关产业得到了迅速的发展。目前，橡胶树种植范围已遍及亚洲、非洲、南美洲、大洋洲等55个国家和地区，种植面积较大的国家有印度尼西亚、泰国、马来西亚、中国、印度、越南、科特迪瓦、尼日利亚、巴西、斯里兰卡、利比里亚等。

第一节　国际天然橡胶产业发展状况

一、天然橡胶利用历史

天然橡胶是一种以聚异戊二烯为主要成分的天然高分子化合物，分子式是 $(C_5H_8)n$。巴西橡胶树的汁液（即天然橡胶）色泽乳白，看上去与牛奶十分相似，所以常被称为"胶乳"。胶乳成分十分复杂，其中 91%~94% 为聚异戊二烯，其余为蛋白质、脂肪酸、灰分、糖类、生物碱等物质。胶乳在橡胶树组织中的具体功能尚不明确，但分析其与抵御昆虫为害相关。

人类利用天然橡胶有很长的历史。目前的考古证据显示，公元前 16 世纪时，中美洲的奥尔梅克人已经利用巴拿马地区橡胶树属的弹性卡斯桑木胶乳制作用于娱乐和运动的橡胶小球。11 世纪时，印第安人用橡胶做成球，在娱乐、祭祀等活动中使用。16 世纪，印第安人开始用天然橡胶制成小容器、烟袋等物品。由于天然橡胶具有防水性能，传统上，印第安人也习惯用橡胶处理衣物和鞋子以增强其防水性。

与印第安人传统的小规模利用相比，来自欧洲的探险家和学者们随之而来的大量研究，才真正让人类社会发现天然橡胶的巨大价值。1736 年，法国探险家、地理学家康达敏从秘鲁带回有关橡胶树的详细资料，出版了《南美洲内地旅行记略》，书中详述了橡胶树的产地、采集乳胶的方法和当地的天然橡胶利用情况，同时将天然橡胶交给法国国家科学院进行研究。之后人们开始重视天然橡胶的应用情况，科学家也开展了大量的研究工作。由于当时尚未研发出塑料或其他合成材料，因此兼具弹性、可塑性、轻巧和防水等优点的天然橡胶成为最理想的防水材料。天然橡胶早期的工业化用途，正是制造各种各样的雨衣、雨靴和雨布。

1852 年，美国发明家查尔斯·固特异（Charles Good Year）在做实验时，无意之中把盛有橡胶和硫黄的罐子丢在炉火上，二者受热后流淌在一起，形成了块状胶皮，由此天然橡胶硫化技术得以发明。该技术解决了生胶变黏发脆的问题，使橡胶制品具有较高的弹性和韧性，也提高了其对于温度变化的耐受力，彻底克服了橡胶制品冷天变硬、热天变软的缺陷。固特异的这一偶然行为，成为橡胶制造业的一项重大发明，解决了天然橡胶应用上的一大障碍，橡胶从此成为一种正式的工业原料。他随后用硫化橡胶制成了世界上的第一双橡胶防水鞋。

随着天然橡胶的广泛应用，需求量也急剧上升。1879 年 12 月 31 日，德国工程师卡尔·本茨（Karl Benz），首次试验成功一台二冲程试验性发动机。1885 年，他在曼海姆制成了第一辆本茨专利三轮机动车，并于次年获得了专利权，成为世界公认的第一辆现代汽车。1888 年，英国人约翰·邓禄普发明了世界上第一条充气轮胎，最初仅在自行车上使用，随后迅速扩展到汽车上。随着汽车产业的兴起，进一步激起了人们对天然橡胶的巨大需求，橡胶的价格也进一步上涨。目前，轮胎是天然橡胶主要的需求领域，其对天然橡胶的消耗量约占全球天然橡胶总消耗量的 70%。

二、巴西橡胶树种植历史及其主栽区变迁

随着汽车产业的高速发展，天然橡胶的需求量迅速增加，成为必不可少的工业原料，获得了"黑色黄金"的称号，采集胶乳成为获利颇丰的行业。在现代天然橡胶产业发展初期，巴西和秘鲁依靠亚马孙雨林中的橡胶树，成为世界上最重要的植胶国。秘鲁的伊基托斯从一个几百人居住的小村落，到 19 世纪末时扩张为一座居民超过 2 万人的城市。巴西的玛瑙斯是当时亚马孙河流域最大的城市，其橡胶产量一度占全世界总产量的 40%。

自然条件下，橡胶树在热带雨林中稀疏分布，大约只有 2 株 /hm²，人们需要花费大量时间来寻找橡胶树。最初，采胶者发现橡胶树后直接将整棵树砍倒并取走所有的胶乳。这种一次性采胶方法造成了资源的巨大浪费，随后有些采胶工人用斧子在橡胶树上砍出伤口并收集胶乳。这种"开口法"虽然可以重复收集胶乳，但同样对植株造成严重伤害，往往收集几次后即死亡。随后，人们开始尝试进行人工种植橡胶树。人工种植的橡胶林，可达 600 株 /hm²，不仅提高了人工采胶速度，还便于对植株进行统一管理并获得更高的产量。人工种植技术的推广使得南美洲地区的橡胶树种植规模逐步扩大。第一次世界大战期间，国际社会对橡胶的旺盛需求，进一步加速了当地橡胶树种植业的发展。之后的十年间，南美洲地区的橡胶树种植业达到了历史最高峰。

随着人工种植技术的发展，橡胶树的种植范围不断扩大，并且从南美洲扩散到亚洲、非洲等其他地区。1876 年，英国人魏克汉（Wickham）在巴西亚马孙河的支流塔帕若斯（TaPajos）河口一带秘密采集了 7 万颗橡胶树种子，偷运出巴西并送往英国。这批种子首先在英国皇家植物园的温室进行试种，在人工环境的精心呵护下，约 4% 的种子成功发芽，获得了 3 000 棵幼苗。当时，亚洲的锡兰（现斯里兰卡）和马来西亚等地区是英国的殖民地，英国人认为其部分地区气候和亚马孙雨林相似，土壤也适合橡胶树生长，于是这批幼苗又被送往斯里兰卡和马来西亚。经过漫长的海运，这批幼苗仅有数百棵存活，种植后最终仅获得 22 株橡胶树。幸运的是这些橡胶树在这两个地区生长良好，并逐渐扩散到其他国家。由于亚洲和后来非洲地区的绝大多数橡胶树均来自这批树苗，因此相关种质均称为"魏克汉种质"。20 世纪初，橡胶树种苗从斯里兰卡传播到非洲的马拉维地区，随后利比里亚、象牙海岸（现科特迪瓦）等国也开始种植（张英，2003）。

当时斯里兰卡和马来西亚的种植业以咖啡树为主，因此橡胶树在这两个地区最初仅用于科研。1887 年，新加坡植物园主任瑞德勒（Ridley）发明了连续割胶法，即用特殊的刀在橡胶树树皮上割开一个很浅的口子，但并不触及形成层。该方法既能采集到胶乳，又不会对橡胶树的健康产生重要影响，使得橡胶树的可利用周期延长到了几十年。由此，野生

橡胶树变成了一种大面积栽培的重要经济作物。在 19 世纪 90 年代，整个南亚和东南亚地区盛行的咖啡种植业受到锈病的严重破坏，许多咖啡园被迫放弃。出于填补空缺的需要，部分咖啡园改为种植橡胶树，加上连续割胶法的推广显著提高了橡胶产业的生产效率，由此促进了橡胶树种植业的快速发展。1907 年，斯里兰卡和马来西亚的橡胶树种植面积超过 30 万 hm²，亚洲国家开始占据世界橡胶产业的主导地位。1915 年，印度尼西亚爪哇植物园的荷兰人赫尔屯（van Hetten）发明了芽接法，使优良无性系可以通过大规模地繁殖而推广，初生代、次生代优良无性系的推广应用，使得橡胶树的胶乳产量成倍甚至数倍的提高。

1900 年和 1902 年，人们分别在巴西和秘鲁边界，即茹鲁阿河和伊基托斯附近的野生三叶橡胶树上发现了南美叶疫病，并于 1905 年进行了首次报道（中华人民共和国动植物检疫局等，1997），该病随后扩散到拉丁美洲的其他植胶国。病害在田间发生后，植株上大量的病叶枯死脱落，植株长势和产胶能力受到严重影响，重病株最终死亡。为了防治该病害，巴西的种植园被迫反复喷洒杀菌剂，但由此产生的成本，进一步削弱了当地的竞争力。科学家试图采用培育抗病品种的方法来控制该病害，但产胶量高且较抗病的种质难以在短期内找到。研究者后来发明了冠部芽接法，即通过人工嫁接，获得高产品种的树干和抗病品种的树冠组合在一起的"嵌合体"植株，这类植株可以同时做到高产和抗病，但是嫁接处理同样增加了成本。受亚洲地区橡胶树种植面积扩大、割胶技术提高以及南美叶疫病等多方面影响，拉丁美洲地区的橡胶产业不断萎缩。1940 年，巴西橡胶产量仅占世界总产量的 1.3%，亚洲成为世界上最大的橡胶树种植区域，而马来西亚更是取代巴西，成为新的橡胶王国。

1968 年，马来西亚橡胶研究院的 Abraham 等发现乙烯对橡胶树具有高效的刺激作用，从而使低频割胶成为可能，割胶频率从 2d 割一刀降低到 3d、4d，甚至 7d 割一刀。同时，橡胶树新品种的选育、推广以及相关田间管理方式也在不断进步，每次大的技术变革，都大大推动了世界天然橡胶业的发展。受战争（特别是第二次世界大战）、国际经济形势、农业科技进步等多方面因素影响，国际橡胶种植业形势也在不断变化。

目前，橡胶树广泛分布在亚洲、非洲、南美洲、北美洲、大洋洲等地区。亚洲地区的植胶国包括印度尼西亚、泰国、中国、马来西亚、越南、印度、斯里兰卡、柬埔寨、缅甸、文莱、菲律宾、老挝、孟加拉国和新加坡等 14 个国家，非洲地区包括科特迪瓦、尼日利亚、几内亚、马里、几内亚比绍、加纳、利比里亚、喀麦隆、中非、加蓬、刚果共和国（布）、刚果民主共和国（金）、肯尼亚、乌干达、马拉维和坦桑尼亚等 16 个国家，拉丁美洲的巴西、委内瑞拉、萨尔瓦多、墨西哥、伯里兹、危地马拉、洪都拉斯、尼加拉瓜、法属圭亚那、哥斯达黎加、巴拿马、苏里南、海地、哥伦比亚、厄瓜多尔、秘鲁、玻利维亚、圭亚那、特立尼达和多巴哥、波多黎各、多米尼加、古巴、牙买加等 23 个国家，大洋洲的巴布亚新几内亚以及美国的佛罗里达州等地区均有种植，其中非洲的乌干达、亚洲的新加坡等地区受种植效益、土地面积等因素影响仅保存种质用作科研，并未建立规模化的橡胶树种植业。

三、国际天然橡胶产业现状

19世纪以来，随着工业化的进展，天然橡胶相关制品得到了广泛的应用，橡胶树的种植范围已从其起源地、热带美洲的亚马孙河流域扩大到拉丁美洲、非洲和亚洲等地区。目前，东南亚地区是最主要的植胶区，栽培面积最大，产量最多，相关产业已成为当地农业经济的重要组成部分。国际橡胶研究组织最新统计数据显示，全球橡胶树种植面积为1 331.14万hm²，其中亚洲地区为1 222.51万hm²，约占91.8%，其次为非洲地区，拉丁美洲的巴西等国仍然有少量种植。

泰国、印度尼西亚和马来西亚是传统的三大橡胶树种植国。近年来，随着天然橡胶产业的发展，东南亚的越南、缅甸、柬埔寨等国家的橡胶树种植面积和产量迅速提高。马来西亚的产胶量已被印度尼西亚、泰国和越南等国家超过，同时非洲地区发展迅速，科特迪瓦是近年来新兴的产胶国和出口国。目前，泰国天然橡胶产量为世界第一，但种植面积以印度尼西亚最大。印度尼西亚种植面积为363.9万hm²，开割面积为302.1万hm²，产量为333.5万t。泰国种植面积居次席，为311.76hm²。中国种植面积排第三，为116.1万hm²，开割面积为72万hm²，产量为77.4万t。马来西亚种植面积为第四，总面积107.29万hm²，开割面积为48.11万hm²，产量为67.4万t。第五为越南，总面积97.35万hm²，开割面积为62.22万hm²，产量为103万t（2016年数据）。缅甸和柬埔寨种植面积分别为65.2万hm²和43.63万hm²。在非洲地区，科特迪瓦是最大的植胶国，2019年产量为78万t。图1-1至图1-4为泰国、缅甸、柬埔寨开割橡胶林的情况。

目前，天然橡胶加工后可生产10万种以上产品，如日常生活中的鞋类、床上用品、松

图1-1　泰国素叻他尼府成片橡胶林
（图片拍摄：时涛）

图1-2　泰国甲米府开割橡胶林
（图片拍摄：时涛）

图 1-3　缅甸孟邦开割橡胶林　　　　　　图 1-4　柬埔寨特本科蒙省开割橡胶林
（图片拍摄：时涛）　　　　　　　　　　　（图片拍摄：时涛）

紧带，医疗卫生行业的医用手套、输血／输液管、避孕套，交通运输行业的轮胎、密封／减震零配件，工业生产中的传送／运输带、专用手套，农业上的排灌管道、施药器械部件，飞机、坦克、轮船等国防装备的零件等，其中轮胎加工业中应用最为广泛，也最为重要。

　　国际天然橡胶贸易产品主要有标准胶、乳胶、烟片胶和复合胶等。东南亚地区的泰国、印度尼西亚和马来西亚是传统的主要出口国。2018 年，泰国出口总量为 508.5 万 t，其次为印度尼西亚的 295.5 万 t。近年来越南大力发展天然橡胶种植业，2018 年出口量为 156.5 万 t。马来西亚由于近年来橡胶产量萎缩，因而转向下游橡胶制品的生产，2018 年出口量仅有 61.2 万 t。非洲地区天然橡胶约 70% 出口欧美地区，15% 出口亚洲地区，其中科特迪瓦是非洲最大的出口国，2019 年 1—7 月出口 43.5 万 t。在进口方面，中国自 2006 年以来一直是世界上最大的进口国，2017 年进口量为 279.3 万 t，近年来消费量约占全球天然橡胶消费总量的 40%，其次为日本、美国、马来西亚等国以及欧洲国家。

第二节　中国天然橡胶产业发展状况

一、中国橡胶树种植历史

　　截至 2020 年，天然橡胶在中国的种植历史仅有 116 年。1902 年，在古巴和秘鲁经营植胶业、祖籍广州番禺的华侨曾江源（有的文献写为"曾汪源"）调查了海南省万宁（现万宁市）和儋州（现儋州市）两地，确定儋州地区更适合种植橡胶树。同一年，华侨曾金城（曾江源之子）从马来西亚引进橡胶树苗在儋州市那大镇附近地区栽种，但未能成功（陈弼，2014）。1904年，曾氏父子又兴办侨兴公司种植橡胶，开创海南植胶的先河。1906年，海南省乐会县（现琼海市）爱国华侨何书麟从马来西亚引进4 000粒橡胶种子，种植于乐会和儋县（现儋州市），并在乐会建立琼安垦殖公司。1928—1936年，北美客家华侨广东省新会人（现江门市新会区）吴业添先生集资兴办联昌公司（现国营西联农场前身），第一次大规模从南洋引进橡胶苗定植。

1904年，中国云南省干崖（现盈江县）傣族土司刀安仁从新加坡购买8 000株橡胶苗，带回国种植于北纬24°的云南省盈江县新城凤凰山，现仅存一株（图1-5）。1905年，日本人将橡胶树引入台湾恒春（现屏东县恒春镇）并栽培成功，但并未大量种植。随后其他华侨相继在海南、广东雷州半岛与茂名、云南西双版纳等地发展私人胶园，但植胶业的发展受到重重限制，处于放任自流状态。自1950年海南岛解放后，保留下来的橡胶林面积仅有约2 800hm²，年产干胶约200t（图1-6）。

图1-5　云南省盈江县的中国橡胶第一树

（图片拍摄：时涛）

图 1-6　海南省儋州市西联农场的百年橡胶树
（图片拍摄：郑肖兰）

天然橡胶在中国的大规模种植和发展是在中华人民共和国成立之后。1950 年，美国发动侵朝战争并对中国及其他社会主义国家实行封锁禁运，企图切断社会主义国家阵营急需的橡胶等战略物资的来源。当时越南南方还没有解放，而在社会主义国家阵营中，只有中国有能够植胶的地区。苏联领导人斯大林提出由苏方提供资金、技术装备，中方提供土地、劳力，双方合作在中国建立天然橡胶生产基地的建议。1951 年、1952 年中央组织全国高等院校师生在华南地区进行大规模的勘测，并相继建立一批国营农场，云南南部也逐渐发展起植胶业。国际上传统认为北纬 15°以北不能种植橡胶树，但中国科技工作者形成了一整套抗御风、寒自然灾害的栽培技术措施，并总结了一整套生产技术管理经验，使得橡胶树在北纬 18°~24°地区大面积种植成功。

截至 2019 年底，橡胶树种植总面积为 114.53 万 hm^2，产量 81.0 万 t。云南、海南、广东为主要种植区，种植面积和产量分别为 57.13 万 hm^2，52.69 万 hm^2 和 4.62 万 hm^2，以及 45.8 万 t、33.1 万 t 和 2.1 万 t。另外，广西、福建等地区也有少量种植。

二、中国天然橡胶产业现状

随着中国的快速发展，特别是改革开放以来，天然橡胶作为一种重要的工业原料和战略物资，在国民经济中的地位日益突出，需求量急剧增加。中国适合橡胶树种植的面积有限，总产量难以大规模提高，2006 年以来进口量一直是世界第一（江雪，2008），且对外依存度有逐渐加重的趋势，2017 年自给率约有 15.1%（图 1-7）。2018 年全球天然橡胶产量为 1 379.4 万 t，其中中国天然橡胶产量 83.7 万 t，为历年最高，但仅占全球产量的 6%。

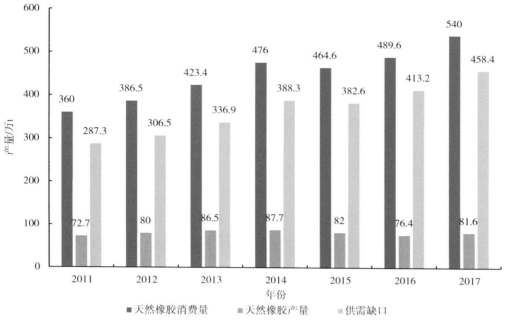

图 1-7　2011—2017 年中国天然橡胶消费量、产量和供需缺口

　　中国橡胶制品的细分行业中，轮胎比例达到 53%，其次为橡胶板管带占比 13%，橡胶零件占比达到 9%，而再生橡胶、日用橡胶占比在 4% 左右（图 1-8）。中国是全球第一大汽车产销国，对轮胎的需求巨大，进一步加大天然橡胶的需求。中国的天然橡胶加工产业主要集中在东部和中部地区，其中华东占比达到 68.40%，华中地区占比达到 8.30%，其次为华北、华南及其他地区。

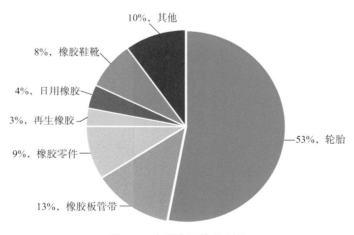

图 1-8　中国主要橡胶制品

在我国，天然橡胶除可生产标准胶、浓缩胶乳、航空轮胎标准胶和恒粘胶等产品外（金华斌等，2017），乳胶枕头、床垫等日用品也广受欢迎。更新的橡胶树木材经处理后可制作家具（王龙章，1989），橡胶树种子富含油脂，可综合利用（陈茜文，1999），另外橡胶树花期也是重要的蜜源（董霞等，1995），相关产品均具有良好的市场前景。

目前，受国际经济衰退等因素影响，天然橡胶价格严重下滑，国际及中国天然橡胶产业发展遇到困难。和其他植胶国相比，中国在科研方面研究基础深厚，创新能力强。例如，近年来选育出的"热研7-20-59"是一个可实行全周期间作、提高土地利用率50%以上的优良品种，已在海南儋州、昌江等地区推广。中国天然橡胶产量通常低于1 200kg/hm²，但海南、云南植胶区发现了单株累计产量超过100kg的优良橡胶树，有望培育出高产甚至超高产品种，从而大幅度提高产量和经济效益。另外，中国科研人员正在研究从幼龄树茎叶中直接提取天然橡胶的技术，一旦成功将是革命性突破。受部分植胶国改种其他作物（如泰国鼓励农户在更新胶园改种油棕等作物）并积极推动工业化影响，以及天然橡胶在新技术、新材料、尖端产品等橡胶制品领域以及道路修建、橡胶塑料等非常规橡胶制品用途的进一步拓展，国际供需形势有望回归紧平衡。中国天然橡胶产业仍具有良好的发展前景。

三、中国植胶业所面临的病害问题

中国处于国际公认的非传统植胶区，适合橡胶树生长的区域十分有限。与世界主要植胶国相比，这些地区温度偏低、积温较少，冬春寒冷干旱，全年适宜割胶时间少80~100d，低温、台风等自然灾害也较为频发，植株长势偏弱，易受病害为害。目前，除第一大病害南美叶疫病外，其他常见病害均在中国发生。白粉病和炭疽病（简称"两病"）是发生面积最大、为害最严重的两种病害。每年春季均需开展对这两种病害的防治工作。死皮病和割面条溃疡病在主栽区普遍发生，严重影响产胶量，而植株受根病为害后，通常在数年内死亡。棒孢霉落叶病是世界范围内为害程度仅次于南美叶疫病的第二大病害，已入侵中国并在苗圃和部分开割树上发生，随时可能流行为害。近年来，拟盘多毛孢属叶斑病、壳梭孢叶斑病、多种茎腐病、茎干溃疡病等新发病害在中国均有报道。

和水稻、玉米等北方大田作物，以及热区其他作物相比，开割橡胶树为高大乔木，植株常高达20m以上，因此施药困难，防治成本很高。南美叶疫病和白根病因其为害的严重性，已列入中国进境植物检疫性有害生物名录。这两种病害一旦在中国发生流行，将造成巨大的经济损失。相关部门应加强对包括这两种检疫性病害在内的重要病害监控技术研究，以保障相关产业的持续、健康发展。

第二章

南美叶疫病

南美叶疫病（South American leaf blight, SALB）是为害国际橡胶树种植业的第一大危险性、毁灭性病害，也是当前橡胶树主栽区从拉丁美洲转移到东南亚的主要原因之一。该病一旦在橡胶园内发生，极难防治且成本很高，发病胶园常被迫改种其他作物。目前，该病的发病范围虽然局限在拉丁美洲，但随时有可能传入非洲、亚洲甚至中国植胶区。国内已发布了该病监测技术、检疫鉴定等方面的行业标准，并将其列入中国进境植物检疫性病害名录。

由于南美叶疫病严重威胁相关产业的健康发展，亚洲和非洲植胶国均对该病采取了以检疫为主的防控措施。自该病在拉丁美洲造成严重为害后，当地研究者对其监控技术进行了广泛的研究，在病原学、流行规律和成灾机理、种质抗性利用、化学防治、农业防治等方面取得很多进展，但该病至今仍然是热带美洲国家天然橡胶产业发展的主要限制性因素，而且是世界五大潜在的作物危险性病害之一。目前，有关该病的研究主要集中在以巴西为主的拉丁美洲病害流行国家，其他国家的相关研究主要局限在以现有研究结果为基础所进行的流行分析、适生性预测等非原创性研究。

第一节　南美叶疫病发生为害情况

自 20 世纪初发生以来，南美叶疫病发生范围遍及整个拉丁美洲植胶区。该病的病原菌可为害橡胶树的叶片、花、果实和幼嫩的枝条等组织，形成多种田间症状。病害在田间发生后，可造成受害植株大量落叶，严重时死亡。

一、南美叶疫病的发生分布

自 1900 年和 1902 年首次在野生橡胶树上发现南美叶疫病以来，该病已有 100 多年的发生史。1905 年，该病传播到巴拿马橡胶种植园内，1910 年扩散到圭亚那，1916 年扩散到特立尼达（现特立尼达和多巴哥），1930年传播到巴西，1935年扩散到哥斯达黎加，1944年扩散到委内瑞拉，1946年扩散到墨西哥，随后扩展到拉丁美洲其他植胶区。

目前，国内外监测结果表明，南美叶疫病尚未入侵亚洲和非洲，特别是最重要的东南亚主栽区和中国没有发生和报道，仅在拉丁美洲地区的植胶国发生。除古巴外，巴西、玻利维亚、委内瑞拉、哥伦比亚、厄瓜多尔、秘鲁、尼加拉瓜、苏里南、特立尼达和多巴哥、巴拿马、哥斯达黎加、危地马拉、洪都拉斯、墨西哥、海地等植胶国均为该病的发生流行区域。该病发生区域的最北端为墨西哥的埃尔巴马地区（北纬18°），最南端为巴西的圣保罗州地区（南纬24°）（Chee等，1986；Lieberei，2007；Barrs等，2012）。

20世纪初，该病摧毁了英属圭亚那（现圭亚那）、荷属圭亚那（现苏里南）及特立尼达和多巴哥的商业胶园。1918年，荷属圭亚那种植的4万株橡胶树被迫放弃。1927年，巴西3 200hm²，20万株橡胶树受害。1933年和1943年，美国福特汽车公司在巴西建立的两大胶园也被该病摧毁。受该病严重为害和东南亚地区割胶、嫁接等田间管理水平提高等多方面因素影响，拉丁美洲的植胶业一蹶不振，每年生产的干胶只占世界总产量的1%左右。

巴伊亚州（Bahia）、马拉尼昂州（Maragnan）、亚马孙州（Amazon）、阿克里州（Acre）和朗多尼亚州（Rondonia）等地区为巴西传统上的主要植胶区，受南美叶疫病影响，这些地区种植业和其他拉丁美洲植胶国一样严重萎缩。1908年，巴伊亚州开始试种橡胶树，但1930年南美叶疫病即传入当地的橡胶园。20世纪五六十年代，该州扩大橡胶树种植规模，面积达到2万hm²，同时南美叶疫病发生范围和为害程度也严重上升，大批橡胶树严重受害。虽然种植园主采用相对抗病的橡胶树品系对植株进行冠部芽接，但大量胶园仍被迫荒废。自1974年开始，当地胶农每年均进行大面积的化学农药防治工作，但是仍然不能控制该病的为害，至今大多数胶园处于半荒废状态。1984年调查发现巴西橡胶树种植面积约3.8万hm²，干胶年产量仅为7 000t。巴伊亚州为巴西最大的植胶区，1984年仅生产干胶4 500t，单产为225kg/hm²，以割胶面积计算平均产量为565kg/hm²。当地的法斯道橡胶园种植的均为相对抗病的橡胶树品系，田间管理也属于当地最高水平，而且每年均施用杀菌剂进行防治，但种植效益仍不能令人满意。该胶园开割面积为2 400hm²，当年生产干胶1 412t，平均产量仅为588kg/hm²。其他几个州种植面积累计1.7万hm²，年产干胶仅超过2 000t。相比之下，20世纪90年代，越南橡胶平均单产即为700~800kg/hm²，目前东南亚橡胶树主栽国的干胶产量普遍在1t/hm²以上。1986年，巴西15万hm²胶园中的10万hm²已被南美叶疫病摧毁，被迫放弃了橡胶树种植业。2002年，巴西针对南美叶疫病对当地橡胶种植业的影响，专门召开了学术会议，商议应对措施。2005年，巴西的胶园仍然只能设立在无病害影响的地区，且只能从野生植株上割胶。2006年，哥伦比亚再次启动了抗南美叶疫病种质培育计划。

20世纪60年代，厄瓜多尔开始发展橡胶树种植业，当时人们在对该国亚马孙流域的探索中也发现了野生橡胶树。1963—1970年，RRIM600、FX3864、FX25、FX 1042、

IAN873 和 GU198 等数十个种质从巴西和危地马拉引种至厄瓜多尔。1966 年，在皮钦查省（Pichincha）建立了第一个商业化橡胶园，面积为 25hm²。1970 年，在获得国家发展银行资金支持后，该国农业部和 CA ERCO 橡胶公司推动了该国橡胶树种植业的发展，种植面积以每年 40~100hm² 的速度不断增加。1993 年，该国种植面积为 4 068hm²，2003 年达 9 246hm²。最初，由于橡胶树种植面积小，南美叶疫病为害很轻。随后，随着种植面积的扩大，南美叶疫病的为害也日益严重。来自亚洲的规模化种植的品系中，除了RRIM600 当时表现为耐病外，其他品系被迫淘汰。随着橡胶树种植时间的增加，田间病原种群的致病力也在不断变异，主栽品系逐渐失去抗病能力，导致胶农被迫放弃种植橡胶树，种植面积以每年 1% 以上的比例逐渐减少。目前，受橡胶树老化和南美叶疫病为害影响，种植面积减少了 37%。1997 年前后，厄瓜多尔的橡胶树种植业发展陷于停滞。2008 年的普查结果表明，橡胶树种植面积为 4 942hm²，洛斯里奥斯省（Los Rios）有 49 个胶园，种植面积为 1 989hm²，占 40%，其次为桑托省（Santo）50 个胶园，面积 1 590hm²，占 32%，埃斯梅拉达斯省（Esmeraldas）和皮钦查省（Pichincha）分别为 25 个和 21 个胶园，面积分别为 731hm² 和 527hm²，科托帕西省（Cotopaxi）和瓜亚斯省（Guayas）也有少量种植，有 3 个胶园共 106hm²。和 2003 年高峰时期相比，厄瓜多尔种植面积下降46.5%。

1970 年 Holiday 研究认为，根据总降水量和季节性的雨量分布，南美叶疫病可以有下列 3 种不同程度的发病情况：雨量中等并有 3~4 个月干旱季节的地区，病害发生最少也最轻；雨量中等但没有一个长期干旱季节的地区，发病率和为害程度中等；雨量分布均匀而又没有干旱季节的地区，发病率高，田间为害也最严重。亚洲植胶国的不同植胶区具有不同的降雨模式，由此理论上可以预料南美叶疫病对不同植胶区造成的破坏也是不相同的。实际上，由于气候、天气条件和田间管理措施等因素对病害的为害程度有很大的影响，南美叶疫病在不同植胶区的为害程度的确是不相同的。

当前全世界 90% 以上的橡胶树种植在亚洲。泰国种植面积超过 300 万 hm²，南部主栽区连片的植胶区蔓延数百千米，相关产业在该国国民经济中占有重要地位。据泰国工业标准协会统计，2018 年橡胶制品出口额达 3 534.429 亿泰铢（约 113.5 亿美元）。同样，天然橡胶产业在亚洲其他植胶国，特别是东南亚的印度尼西亚、马来西亚、越南、缅甸、柬埔寨等国经济中占有重要地位。

巴西和拉丁美洲其他地区的田间调查结果表明，目前引种至亚洲的所有高产橡胶树无性系都极易受南美叶疫病为害。由于亚洲地区橡胶园大面积栽种的绝大多数高产无性系对病原菌高度敏感，分析该病一旦传入亚洲，病害将在广阔的、常常是连绵成片的橡胶园迅速扩散流行，从而对相关国家的农业经济造成严重的损失。该病在田间发生后，基本上不可能根除，从此将成为发病地区的常见病害和相关产业发展的重要限制因素。

由于南美叶疫病菌的分生孢子和子囊孢子体积非常大，所以通过气流将病原菌传播到美洲以外其他国家的可能性极小，该病病原菌任何远距离的扩散都需要传播介体。病原菌能产生对逆境忍受性更强的子囊壳，但是其很难从寄主材料上脱离下来，所以只能借助寄主材料为介体进行传播扩散，但是子囊壳在寄主材料上能保持多久的生命力、子囊壳的产孢能力及其持续时间，这些都缺少研究。由此可见，有两条主要途径可以导致南美叶疫病传入亚洲：一是通过源自热带美洲的带病材料转移而传入，二是通过沾染航空旅游者及相关货物而在不被发现的情况下带进来。近年来，航空、航海运输的容量和速度日益增长，极大地增加了这种入侵的可能性。所以，虽然南美叶疫病的发生史已超过 100 年而尚未在亚洲地区发生，但就此认为该病不可能传入亚洲国家的观点是不现实的，而且是危险的。

二、南美叶疫病的田间为害情况

南美叶疫病属于为害橡胶树地上组织的真菌性病害，目前的研究结果表明该病原菌仅为害橡胶属植物，并不侵染包括木薯、蓖麻、油桐等大戟科近源物种以及其他植物。除巴西橡胶树（*Hevea brasiliensis*）外，该病原菌还能够为害同属的边沁橡胶树（*H. benthamiana*）、圭亚那橡胶树（*H. guianensis*）、色宝橡胶树（*H. spruceana*）和扭叶橡胶树（*H. coniusa*）等 4 个种，但不能侵染少花橡胶（*H. pauciflora*）和小叶矮生橡胶（*H. comargcana*）。和其他能够腐生的病原真菌相比，南美叶疫病菌近似于专性寄生，人工培养基上不易生长。

病原菌最初侵染叶片，幼嫩的花、果实、枝条等均可受害，叶片老化后具有抗病性。不同叶龄叶片发病后的症状存在一定的差异，刚展开 2~3 d 的古铜期嫩叶最易感病。嫩叶发病初期仅在叶片背面出现透明斑点，随后呈水浸状，随着病程的发展形成深绿色或青灰色斑点，病斑较暗淡，表面常出现一层绒毛状覆盖物，即病原菌的孢子堆。叶片受害较轻时，其边缘或前端常卷曲（图 2-1A），由于叶片仍然在生长，未受害部分继续扩大，造成病叶皱缩或部分畸形（图 2-1B）。叶片严重受害（即出现大量病斑）时，整张叶片提前变黄（图 2-1C），随后变黑，皱缩并脱落。发病后期病斑多出现穿孔，四周变黑部分产生许多黑色圆形子实体（即子囊壳，多生在叶片正面）。两周左右的淡绿期叶片同样染病，受侵染后同样形成深绿色或灰绿色斑点，病斑能够穿透叶片，叶片正反两侧的病斑表面均可形成绒毛状覆盖物（图 2-1D），其中反面（即叶片背面）的覆盖物多于正面。受侵染叶片在初期受害较轻且未提前脱落情况下，在进入老化期（或至 1m 叶龄）后，叶片上病斑背面的边缘会产生大量的分生孢子器（图 2-1E），呈黑褐色、圆形颗粒状，产生器孢子[*]。2~3 个月叶龄的老化病叶在原先产生分生孢子器的病斑正面，产生黑色、圆形、颗粒

---

[*] 注：部分研究者将 "Pycnidiospore" 翻译为 "性孢子"，也有人翻译为 "器孢子"。南美叶疫病菌能够产生有性孢子（即子囊孢子），容易和性孢子混淆。另外，2019 年全国科学技术名词审定委员会已正式将该单词的中文译名审定为 "器孢子"，特指分生孢子器中产生的孢子，见《植物学名词》第二版。因此，本书采用 "器孢子" 作为该单词的中文译名。

状成堆的子囊壳（图2-1F）。田间条件适宜时，高感品种叶片受侵染后，由于病程进展快，叶片迅速变黑、枯死、呈火烧状并能在植株上保留一段时间（图2-1G）。叶柄发病后呈螺旋状扭曲，发病部位有时形成癌状斑块。受害花序变黑、皱缩、枯萎、脱落。幼嫩枝条受侵染后，发病部位暗淡无色、萎缩，常在病部形成癌状斑块（图2-1H）。绿色胶果染病后，产生褐色近圆形病斑，表面粗糙呈疮痂状或变褐（后期变黑）皱缩（图2-1I）。受害植株上的叶片大量脱落，严重影响其长势，发病植株最终死亡（图2-1J、图2-1K 和图2-1L）。

A

B

C

D

A—幼嫩叶片的早期症状；B—受害叶片前端卷曲；
C—受害叶片提前变黄；D— 淡绿期叶片上的病斑。

图 2-1 南美叶疫病田间症状

E—病叶上的子囊壳；F—病叶上的子囊壳；
G—叶柄和叶片受害状；H—嫩茎受害状；
I—幼嫩胶果受害状；J—病株叶片大量脱落。

图 2-1　南美叶疫病田间症状（续 1）

K　　　　　　　　　　　　　　　　　　L

K-L—南美叶疫病重病田，植株大量落叶并枯死。

图 2-1　南美叶疫病田间症状（续 2）

注：引自 Guyot 等（2018）；Chonticha（未发表资料）。

第二节　南美叶疫病病原学

相关研究者在南美叶疫病的病原菌鉴定与分类、繁殖特征、生物学特性、遗传多样性等方面开展了大量研究。

一、南美叶疫病菌的分类鉴定

早期，形态特征是真菌分类的主要依据。南美叶疫病病原菌存在 3 种形态和功能不同孢子，即分生孢子、子囊孢子和器孢子，因此最初的病原鉴定工作并不顺利。1904年，Hennings 描述了为害橡胶树的两种真菌，一种产生子囊壳，命名为乌勒校攒黑斑病菌（*Dothidella ulei*），另一种能够产生分生孢子器，命名为乌勒外壳孢（*Aposphaeria ulei*）。1912 年，Kuijper 描述了一种能够产生分生孢子的真菌，称为大孔黑星孢（*Fusicladium macrosporum*）［也有人称为橡胶黑星孢（*Fusicladium heveae*）］，他也指出该真菌同样可以产生分生孢子器。1912 年，研究者在巴西贝伦市（Belem）亚马孙河口附近的苗圃收集了一批橡胶树叶片，其中一些叶片携带有一种病原真菌。Griffon 等观察了该真菌产生的分生孢子，认为该真菌与 Hennings 所描述的乌勒校攒黑斑病菌（*D. ulei*）一致，其分生孢子形态特征也和 Kuijper 所描述的完全相同。关于 Hennings 所提到的另外一种能够产生分生孢子器的真菌，Griffon 等并没有发现，所以他们把该真菌划分在单隔孢属（*Scolecotrichum*）。1915 年，Vincens 将该真菌命名为橡胶单隔孢（*Scolecotrichum heveae*）。1913 年，Bancroft 也描述了在苏里南栽培橡胶树上的一种病害，将病原菌命名为橡胶钉孢（*Passalora heveae*）。

随后，Cayla（1913）和 Petch（1914）研究了乌勒校攒黑斑病菌（*D. ulei*）、大孔黑星孢（*F. macrosporum*）、乌勒外壳孢（*A. ulei*）和橡胶钉孢（*P. heveae*）之间的相关性，认为他们是同一种真菌在不同培养条件下表现出的不同性状。Vincens 观察到由大孔黑星孢（*F. macrosporum*）侵染引起的叶片病斑能够逐步表现出一些和乌勒校攒黑斑病菌（*Dothidella ulei*）相同的产孢特征。同一年，Stahel 在苏里南也发现能够同时产生子囊壳、分生孢子和分生孢子器的病原菌，并提出将具有这 3 种性状的病菌单独命名为橡胶树南美叶疫病菌（*Melanopsammopsis heveae*）。在此基础上，研究者发现所有以前描述的不同真菌菌株均证实为同一个种，统一称为橡胶树南美叶疫病菌（*M. heveae*）。1962 年，von Arx 等根据它的子座形态将该菌划分在小环腔菌属（*Microcychus*），病原菌分类地位为腔菌纲（Loculoascomyeet-es）座囊菌目（Dothideales）座囊菌科（Dothideaceae）小环腔菌属（*Microcychus*）的乌勒小环腔菌［*Microcyclus ulei*（P. Henning）Von Arx］，异名为乌勒校攒黑斑病菌（*Dothidella ulei*）。

近年来，随着分子生物学技术的发展，该菌的分类地位又有新的研究结果。2014 年，Braz 等（2014）根据 6 个基因片段［28S 核糖体基因（*LSU rRNA*）5′端 0.9kb 序列、微型染色体维持蛋白（mini-chromosome maintenance protein，MCM7）、线粒体 rDNA 序列（mtSSU）、翻译延伸因子（translation elongation factor 1-alpha，EF-1a）、肌动蛋白（actin，Act）和内转录间隔区（internal transcribed spacer，ITS）］的序列，采用多序列比对法重新构建了南美叶疫病菌的系统进化树。

Braz 等（2014）通过 MCM7 区域的部分序列比对，发现 466nt 的序列区域内，254个变异性位点中有 221 个是保守的。来自格孢腔菌目的扁孔腔菌科、孢腔菌科和黑星菌科，煤炱目的球孢菌科和球腔菌科以及南美叶疫病菌等聚为和黑曲霉不同的一个分枝。南美叶疫病菌的 8 个菌株［包括 2 个乌勒小环腔菌（*Microcyclus ulei*）、4 个橡胶黑星孢（*Fusicladium heveae*）以及 2 个乌勒外壳孢（*Aposphaeria ulei*）等异名菌株］和假尾孢属（*Pseudocecrospora* s.str）的 3 个菌株亲缘关系仍然最近，聚为一个分枝（图 2-2A）。

基于 *mtSSU* 基因部分序列，构建了南美叶疫病菌和其他物种的系统发育树。该序列长度为 724nt，其中 248 个为保守位点，99 个为特异位点。聚类分析表明，南美叶疫病菌的 8 个菌株和假尾孢属（*Pseudocecrospora* s.str）的 8 个菌株亲缘关系最近，聚为一个分枝，其次为柱隔孢（*Ramularia*）和酵母菌（*Zymoseptoria*），和煤炱目（Capnodiales）球孢菌科（Teratosphaeriaceae）的褐盘孢（*Septoria provencialas*）、尾孢（*Cerospora*）、壳针孢（*Septoria*）等的亲缘关系较远，同为煤炱目的球孢菌科（Teratosphaeriaceae）亲缘关系更远，黑曲霉（*Aspergillus niger*）以及格孢腔菌目（Pleosporales）的扁孔腔菌科（Lophiostomataceae）、孢腔菌科（Pleosporaceae）和黑星菌科（Venturiaceae）的菌株和南美叶疫病菌亲缘关系最远（图 2-2B）。

包括比对间隔区在内，研究所用的 LSU rRNA 基因片段区域有 838 个位点，其中 534个为相同位点，243 个为保守位点，57 个为变异位点。聚类分析结果表明，来自多孢菌目（Pleosporales）的扁孔腔菌科（Lophiostomataceae），格孢腔菌目（*Pleosporales*）的黑星菌科（Venturiaceae），葡萄座腔菌目（Botryosphaeriales）的平座菌科（Planistromellaceae），以及座囊菌目（Dothideales）的菌株聚为和黑曲霉不同的一个单系群，煤炱目的煤炱科（Capnodiaceae）、枝孢菌科（Cladosporiaceae）、球孢菌科、裂盾菌科（Schizothyriaceae）

和双孢菌科（Dissoconiaceae）等研究较多的真菌聚为一个分枝，球腔菌科的苍白尾孢（*Pallidocerospora*）、类假尾孢（*Pseudocerospora* like）等亲缘关系较近的菌株和尾孢属、酵母菌属、柱隔孢属、座枝孢属（*Ramulispora*）、壳针孢属、假尾孢属的真菌聚类为一个大的分枝，南美叶疫病菌的 8 个菌株的序列完全一致，和假尾孢属的真菌聚类为同一个分枝，表明该病菌应归属于假尾孢属（图 2-2C）。

进一步收集假尾孢属相关菌株的 ITS、EF-1a 和 ACT 等基因序列共有区域，以桉树钉孢（*passaloraeucalypti*）相关序列为外群，采用多序列比对法进行聚类分析。结果表明南美叶疫病菌和安哥拉假尾孢（*Pseudocercospora angolensis*）的亲缘关系最近，和假尾孢属的柿假尾孢（*Pseudocercospora kaki*）、芭蕉假尾孢（*Pseudocerospora musae*）等菌株亲缘关系最远（图 2-2D）。

根据聚类分析结果，研究者重新将南美叶疫病菌划分在球腔菌科（Mycosphaerellaceae）的假尾孢属（*Pseudocercospora*），具体的分类地位为子囊菌门（Ascomycotina）座囊菌纲（Dothideomycetes）煤炱目（Capnodiales）球腔菌科（Mycosphaerellaceae）假尾孢属（*Pseudocercospora*）的乌勒假尾孢（*P. ulei*）。

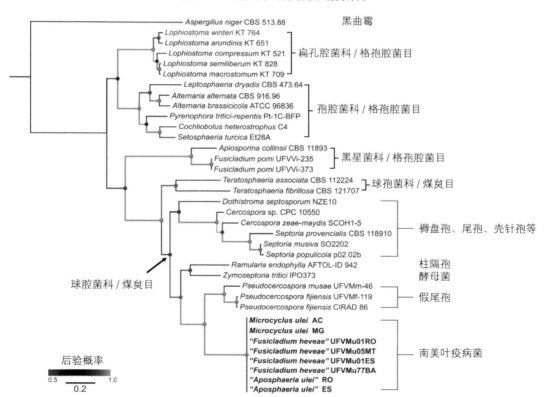

图 2-2 南美叶疫病病原菌分子系统进化分析

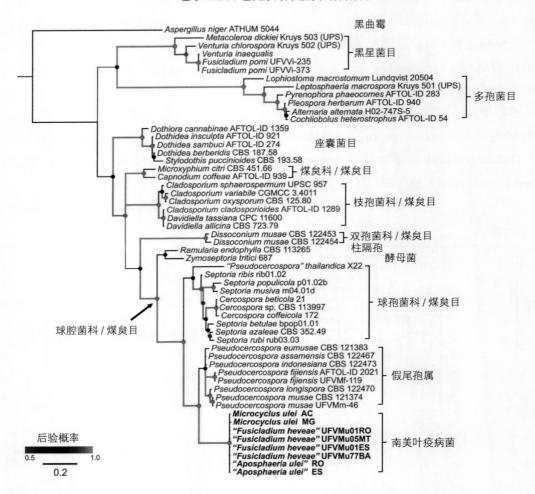

图 2-2　南美叶疫病病原菌分子系统进化分析（续 1）

基于 LSU rRNA 基因序列构建的系统发育树

Aspergillus niger CBS 513.88 — 黑曲霉

Kellermania nolinae voucher BPI:882818
Kellermania pluricularis voucher BPI:882820
Kellermania macrospora voucher BPI:882817
Kellermania anomala voucher BPI:882814
Kellermania yuccifoliorum voucher BPI:882827
Kellermania yuccigena voucher BPI:882828 — 平座菌科 / 葡萄座腔菌目

Quintaria submersa CBS 115553
Lophiostoma arundinis AFTOL-ID 1606
Aposphaeria populina CBS 543.70
Aposphaeria populina CBS 350.82
Aposphaeria corallinolutea PD 83/367
Aposphaeria corallinolutea PD 83/831 — 扁孔腔菌科 / 多孢菌目

Fusicladium pomi UFVVi-235
Fusicladium pomi UFVVi-373
Fusicladium mandshuricum CBS 112235
Apiosporina collinsii CBS 12229
Metacoleroa dickiei voucher Kruys 503 (UPS)
Venturia chlorospora voucher Kruys 502 (UPS)
Fusicladium catenosporum CBS 447.91
Fusicladium phillyreae CBS 113539
Fusicladium oleagineum CBS 113427 — 黑星菌科 / 格孢腔菌目

Delphinella strobiligena AFTOL-ID 1257
Dothiora cannabinae AFTOL-ID 1359
Dothidea berberidis CBS 187.58
Dothidea insculpta CBS 189.58
Dothidea sambuci AFTOL-ID 274 — 座囊菌目

Davidiella allicina CBS 723.79
Davidiella tassiana CBS 723.79
Cladosporium uredinicola CPC 5390
Cladosporium cladosporioides CBS 109.21 — 枝孢菌科 / 煤炱目

Capnodium coffeae CBS 147.52
Conidioxyphium gardeniorum CPC 14327
Microxyphium citri CBS 451.66
Leptoxyphium fumago CBS 123.26 — 煤炱科 / 煤炱目

Teratosphaeria fibrillosa CBS 121707
Teratosphaeria stellenboschiana CBS 124989
Teratosphaeria destructans CBS 111369
Teratosphaeria toledana CBS 115513 — 球孢菌科 / 煤炱目

Schizothyrium pomi CBS 486.50
Schizothyrium pomi CBS 406.61 — 裂盾菌科 / 煤炱目

Dissoconium aciculare CBS 204.89
Dissoconium dekkeri CPC 1232 — 双孢菌科 / 煤炱目

Verrucisporota proteacearum CBS 116003
Zasmidium anthuricola CBS 118742
Dothistroma pini CBS 116487
Lecanosticta pini CBS 871.95
Phaeophleospora eugeniicola CPC 2558
Zymoseptoria tritici CBS 110744 — 酵母菌属
Zymoseptoria tritici CBS 100335
Ramularia endophylla AFTOL-ID 942 — 柱隔孢属
Ramularia pratensis var. pratensis CPC 11294
Ramularia uredinicola CPC 10813
Ramularia coleosporii CPC 11516
Ramulispora sorghi CBS 110579 — 座枝孢属
Ramulispora sorghi CBS 110578
Cercospora zebrina CBS 118790
Cercospora apii CBS 118712 — 尾孢属
Cercospora capsici CBS 118712
Septoria rosae CPC 4302
Septoria leucanthemi CBS 109090 — 壳针孢属
Septoria rubi CPC 12331
Septoria senecionis CBS 102366
Pallidocercospora heimii CBS 110682
Pallidocercospora heimioides CBS 111364
Pallidocercospora konae CBS 120748
Trochophora fasciculata CPC 10282
Scolecostigmina mangiferae CPC 17352
Scolecostigmina mangiferae CPC 125467
Pallidocercospora acalignea CBS 3838
Pallidocercospora irregulariramosa CBS 111211
"*Pseudocercospora*" *colombiensis* CMW 11255
"*Pseudocercospora*" *thailandica* CBS 116367

Passalora eucalypti CBS 111318
Passalora eucalypti CPC 1457
Pseudocercospora vitis CPC 11595
Pseudocercospora angolensis CPC 4118
Pseudocercospora sambucigena CPC 10292
Pseudocercospora fijiensis AFTOL-ID 2021
Pseudocercospora fijiensis UFVMI-119
Pseudocercospora paraguayensis CPC 1458
Pseudocercospora pini-densiflorae MUCC 534
Pseudocercospora musae CBS 116634
Pseudocercospora musae UFVMm-46
Pseudocercospora punctata CPC 10532
Pseudocercospora ocimicola CPC 10283
Pseudocercospora griseola f. griseola CPC 10461

***Microcyclus ulei* AC**
***Microcyclus ulei* MG**
"*Fusicladium heveae*" UFVMu01RO
"*Fusicladium heveae*" UFVMu05MT
"*Fusicladium heveae*" UFVMu01ES
"*Fusicladium heveae*" UFVMu77BA
"*Aposphaeria ulei*" RO
"*Aposphaeria ulei*" ES

球腔菌科 / 煤炱目

Pallidocercospora, Trochophora,
Scolecostigmina and
Pseudocercospora like

假尾孢
Pseudocercospora s. str.

南美叶疫病菌

后验概率
0.5 1.0
0.2

图 2-2　南美叶疫病病原菌分子系统进化分析（续 2）

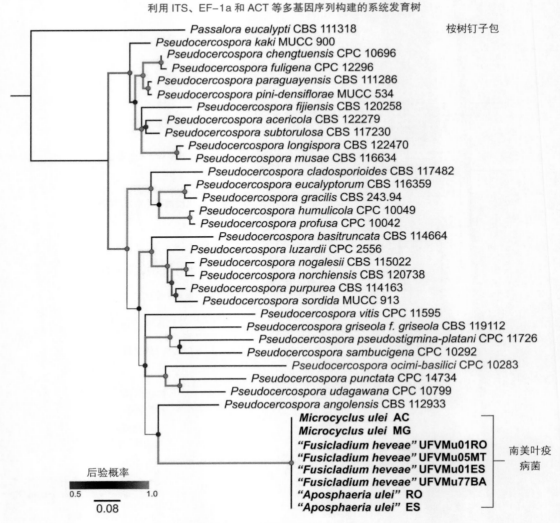

图 2-2　南美叶疫病病原菌分子系统进化分析（续 3）

注：引自 Braz 等（2014），略有改动。

二、南美叶疫病菌的生物学研究

拉丁美洲地区在病原菌显微形态观察、产孢方式、遗传多样性、生活史等方面开展了大量的研究工作。

（一）病原菌的显微结构

南美叶疫病菌的菌丝有分隔，侵染橡胶树叶片后最初仅在细胞间蔓延，随后入侵栅栏组织和软细胞组织。菌丝体仅仅在新生的、生长迅速的叶片等植株组织内生长，当受害组织死亡时，菌丝也随之死亡。南美叶疫病菌的病斑上能产生 3 种孢子，不同类型孢子的形态、功能均不相同。

　　田间条件下，病菌侵染后，在古铜期、淡绿期等未老化叶片上产生分生孢子，在淡绿期转深绿期等接近老化阶段的叶片上主要产生器孢子，在深绿期以后的老化叶片及脱落的老叶上主要产生子囊孢子。病原侵染后，菌丝首先产生分生孢子梗，其从受害组织表面病斑的菌丝中形成，且位于病斑内部，而且大部分分生孢子产生自未老化叶片的病斑上。老病斑上密集分布具有分隔的菌丝，形成假子座。病原菌的分生孢子梗常簇生在一起、单胞，有时具一个分隔，基部半圆形，大小为（40~70）μm×（4~7）μm，褐色，多数弯曲。分生孢子顶生，椭圆形或长梨形，大小为（30~55）μm×（8~21）μm，幼嫩时浅色，渐变灰色，常扭曲。雨季产生的孢子多为二胞型（即两个细胞），之间有 1 个隔，大小为（23~65）μm×（5~10）μm，旱季多为单胞型，大小为（15~34）μm×（5~9）μm（图2-3A），两种类型孢子在同样条件下的萌发率差异不大，雨季在90%以上，旱季约10%。病原菌可持续产生分生孢子 14~21d。和侵染橡胶树的另一类重要病原真菌——炭疽病菌相比，南美叶疫病菌的分生孢子扩散过程中不需要水，借助风力即可轻易扩散。

　　当橡胶树叶片开始老化变硬时，分生孢子器为小的、黑点状物。当橡胶树叶片完全展开时，病斑上开始产生器孢子，其数量逐渐减少，但该叶龄阶段过去 6 个月以后仍然能够找到一些器孢子。病菌的分生孢子器黑色、炭质、筒形或纺锤形，直或略弯，形成于病斑背面，呈乳突状凸起，直径 120~160μm，产生的器孢子哑铃状，大小为（6~8）μm×（0.8~1）μm，内含 2~8 个小油点（图2-3B），在叶片老化后形成速度很快。

　　受害的老叶上能形成子座，椭圆形，黑色、微皱、聚生、球形、炭质，群生于病斑正

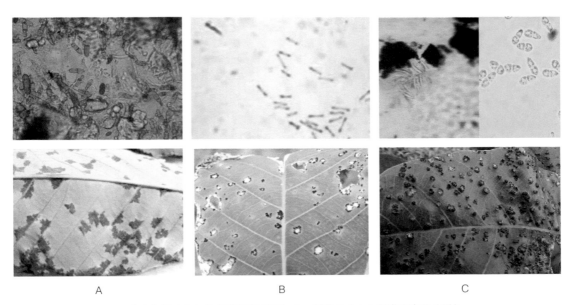

A—分生孢子（上）及产孢病斑（下）；B—器孢子（上）及产孢病斑（下）；
C—子囊壳（左上）、子囊孢子（右上）及产孢病斑（下）。

图 2-3 南美叶疫病菌不同孢子及其叶片上的产孢病斑
注：引自 Guyot 等（2018）。

面，直径0.3~8mm。子座是由成群的子囊壳聚集在一起形成的，这些子囊壳主要形成在病斑正面，有时候也在反面，直径200~400μm。当病斑很小时，子囊壳覆盖在病斑表面，而病斑大时围绕在病斑边缘。叶片完全展开之后的20d内，子囊壳含有肿胀、棒状的子囊，大小为（50~80）μm×（10~16）μm，子囊内部有8个双列侧生的子囊孢子，其顶部破裂后即可释放出子囊孢子。子囊孢子长棒状或长椭圆形，无色，有两个细胞，分隔处收缩，大小为（12~20）μm×（2~5）μm（图2-3C）。分生孢子器和子囊壳可能在同一个组织上存活，Stahel认为两者属于不同的结构，但是他们形成时紧挨在一起，并且因为共享"分隔"结构而纠缠在一起，但由于进一步的显微结构观察工作没有进行，因此分生孢子器和子囊之间的关系尚不清楚。

病害在橡胶园内主要依靠分生孢子和子囊孢子进行传播扩散，其中橡胶树生育期内分生孢子为主要的传播介体，可重复侵染叶片并引起为害，而子囊孢子主要在病原菌度过橡胶树越冬季节，或者在其他逆境条件下的存活中发挥重要作用。由于器孢子不能侵染寄主橡胶组织，因此不能有效地传播病害。

（二）病原菌的人工培养

最初，研究者仅发现分生孢子能够人工培养并可进行人工接种，但由于分生孢子成熟后仅能在病斑上存活数日，因此不利于进行相关的研究工作。Guyot等（2010）尝试从老化病叶的子座分离子囊孢子，并成功侵染了橡胶树品系PB260。目前，将病斑上的分生孢子或子囊中释放出的子囊孢子接种在水琼脂平板上，挑取单孢并进行纯培养，均能获得

图2-4　南美叶疫病菌在培养基斜面（左）和平板（右）上的菌落图

注：引自Guyot等（2018）。

病原菌的菌落（图 2-4）。要注意的是，用病斑上的分生孢子进行分离培养时，只有来自病斑中央部分的孢子能够培养成功，而边缘部分不能成功进行培养。和为害橡胶树的炭疽病菌、棒孢霉落叶病菌等易于进行人工纯培养的病菌相比，南美叶疫病菌虽然能在人工培养基上生长，但速度非常缓慢，近似于专性寄生。即使在最适培养基上培养 26 d 后，病菌菌落直径也仅为 1.6cm。培养 90d 后，人工培养产生的分生孢子能够正常萌发，也能完成侵染并形成和自然条件下相似的病斑。

（三）病原菌的生活史

橡胶树的叶片是包括南美叶疫病菌在内病虫害的主要为害对象，不同生长阶段的叶片对南美叶疫病菌的敏感性是不同的。国内将叶片的物候期从开芽到老化划分为 4 个阶段。① 开芽期（抽芽期），指叶片顶芽萌动、裂开、新芽抽出、顶梢延长至复叶抽出的整个阶段，但每片叶的三张小叶仍各自折叠并紧靠在一起；② 展叶期（古铜期），叶柄生长加快，小叶逐渐展开，三小叶互相垂直并下垂，小叶片展开、长大，叶色古铜色、质脆、挺直（该阶段也常分为小古铜期和大古铜期两个阶段）；③ 变色期（淡绿期），叶柄生长变慢，叶面积逐渐扩大，叶片颜色由黄棕色逐步转变为棕黄色、黄绿色至淡绿色，叶片下垂，组织特别柔软；④稳定期（老叶期），顶芽和叶面积停止生长，叶片由绿色转为浓绿色，叶面具光泽，叶片水平伸展，挺直，质地较硬（图 2-5）。此外，生产中也有将稳定后的 15~20d 称为老化期的。各物候期的天数，因地区、品系、树龄和季节不同，差异很大。一般环境条件好的情况下生长快，因此时间短一些，另外幼龄树或高温高湿季节也短一些。在叶片生长过程中，如果遇到不利天气，物候期常延长，在初春气温较低时，植株萌发的第一蓬叶尤其如此。

在国外，1968 年 Halle 和 Martin 对橡胶树叶片物候进行了界定，2008 年 Guyot 等进行了修订。① B1 期，持续 3~6d，小叶背面折叠，叶尖向上，略呈红色；② B2a 期，持续 4~6d，小叶部分或全部展开，叶尖向下，亮红色；③ B2b 期，持续 2~3d，小叶展开，叶尖向下，叶片无光泽并呈浅红色，叶片靠近叶尖的部分和其他小叶的表面紧挨在一起；④ C 期，持续 3~8d，小叶展开且下垂，无光泽并呈浅绿色；⑤ D 期，叶片成熟（老化），小叶展开并与地面接近平行，叶片较硬并呈亮绿色。和国内通用的叶龄标准相比，B1 期相当于抽芽期，B2a 和 B2b 期类似于小古铜期和大古铜期，C 期类似于淡绿期，而 D 期为老化期。

田间条件下，分生孢子和子囊孢子均有很强的适应能力，能够进行远距离传播。其侵染过程大致为分生孢子或子囊孢子借助气流、雨水或其他介体传播到幼嫩枝叶上，条件适宜时萌发并形成一条芽管，前端形成附着胞，其上长出侵染菌丝。侵染菌丝侵入植物组织内，在细胞之间产生菌丝，再从菌丝上长出掌状分枝吸胞，进一步侵入寄主细胞内，随后在 7~10d 后形成大量分生孢子梗。分生孢子梗多簇生，可直接通过叶片表皮或气孔穿出，随后产生大量的分生孢子继续进行病害的扩散。叶片如果受侵染较轻并一直保留在枝条上，会相继产生器孢子和子囊孢子。

A—B1（开芽期）；B—B2a（小古铜期）；C—B2b（大古铜期）；D—C（淡绿期）；E—D（老叶期）。

图 2-5　不同叶龄的橡胶树叶片

（图片拍摄：徐春华，时涛）

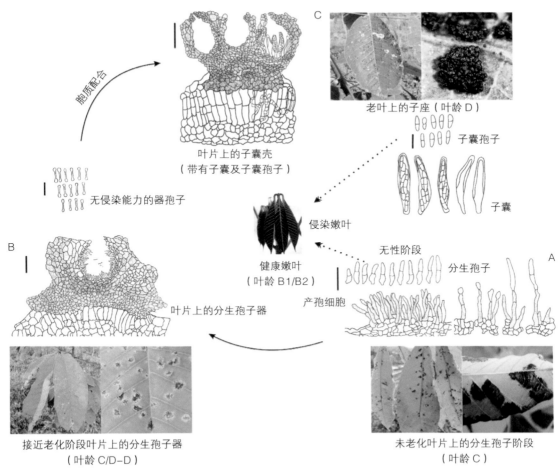

A—分生孢子阶段；B—器孢子阶段；C—子囊孢子阶段。

图 2-6 病原菌的生活史

注：引自 Braz 等（2014），略有改动。

根据南美叶疫病菌的产孢情况，其生活史可以划分为分生孢子、器孢子和子囊孢子等3个时期（图2-6）。病原菌（子囊孢子）成功侵染后，最初在嫩叶上产生分生孢子。随着叶片的老化，病斑上开始产生器孢子，叶片完全老化后产生子囊孢子。田间条件下，病原菌主要以分生孢子反复侵染植株上的幼嫩叶片，造成病害的传播和流行为害。在新老化的叶片病斑上，病菌产生器孢子。器孢子极难萌发，而且不能侵染寄主组织。在完全老化成熟的叶片上病原菌主要产生子囊孢子，其主要在病原菌度过长期干旱、无可侵染嫩叶时期以及其他逆境条件下发挥作用。当橡胶树植株度过落叶期并重新抽叶时，上个季节发病老叶上的（包括保留在植株上的和留存在地面的）子囊壳释放出子囊孢子，侵染橡胶树并开始新一年的侵染循环。老病叶上释放出来的子囊孢子是新病害流行季节主要的初侵染来源，可借助气流和雨水传播，侵染发病后由新形成的分生孢子进行田间传播并引起病害流行。分生孢子可借助气流、雨水、昆虫或其他载体作近距离传播，也可以和子囊孢子通过带病种苗或黏附在人体、物品上进行远距离传播。

1. 病原菌的分生孢子阶段

从受侵染橡胶树叶片的伸长、扩大阶段到老化的第一天，病斑可持续产生分生孢子，产孢时间不超过21d。分生孢子可以在没有降雨或非湿润条件下，通过溅射作用来进行释放或扩散，即可以借助气流（风）进行传播，因此病原菌在干旱季节同样可以进行传播。在橡胶树旺盛生长阶段，病斑上可产生数量非常多的分生孢子，虽然孢子传播距离仅有数十米，但雨季时其在橡胶园内病害扩散过程中发挥着重要作用。在橡胶树植株很少萌发新叶的时期（特别是降水量少的旱季），孢子数量也很少，而在完全不萌发新叶的阶段，特别是不适宜的干旱或冷凉季节，分生孢子也不能在田间存活。

2. 病原菌的器孢子阶段

器孢子在形成后3~4h内萌发，但没有附着在表皮上，而且很快停止生长，其在病害的直接传播、繁殖、蔓延上作用不大。人工培养时器孢子在无菌水或营养液中均不能萌发，接种橡胶树嫩叶也不能致病。分析器孢子可能仅作为配子起作用，而且有可能像水果褐腐病菌（*Monilinia fructicola*）、假尾孢病菌（*Pseudocercospora fijiensis*）等真菌的器孢子一样为产囊体提供营养，也有人认为病菌的器孢子阶段仅仅为了延迟子囊壳的成熟，从而使作为病菌初侵染来源的子囊孢子在田间能够持续释放。

3. 病原菌的子囊孢子阶段

子囊壳的发育速度和生存能力是该病防控技术研究的重点工作，但是不同研究者所获结果之间差异很大。最近的研究结果表明，橡胶树叶片变硬14d后，带有子囊孢子的子囊壳开始形成。随后的50~120d内子囊壳开始大量产生子囊孢子，但产孢时间可以持续200d以上。在子囊壳形成200d以后，除子囊孢子外，还可以发现一些器孢子。受寄主橡胶树组织影响，不同品系上器孢子和子囊孢子产生的数量存在差异。深绿期的老化病叶从植株上脱落一个月后，仍然能够释放子囊孢子。180d叶龄老叶上的子囊壳内仍然带有可致病的子囊孢子，病原菌因此可以度过不适宜的季节并在田间环境再度适宜时重新开始流行为害。在旱季，由于感病叶片数量减少以及老叶脱落影响，病害为害开始减轻。通常，旱季结束后，雨季降雨的到来促进了橡胶树叶片的萌发，从而为病原菌提供了大量幼嫩的易感病叶片，在这种适宜条件下，子囊孢子也大量释放，病害随后迅速发生，进一步在分生孢子的近距离扩散作用下，病害再度开始流行为害。

子囊孢子的释放需要一定的湿度，和降雨相比，高相对湿度（relative humidity，RH）和有露水的环境更为适宜，而且在天气湿润时，病原菌整个夜晚都能够在非常湿润的叶片上存活下来。研究发现从子囊壳变湿润到子囊孢子释放有一个约30min的延迟阶段，但是也有研究发现这个延迟阶段时间没有那么长，湿润后30min内80%的子囊孢子均可释放。如果叶片没有变湿润，即使空气中的水分达到饱和，子囊孢子也不释放。另外，即使叶片上的湿润程度很轻，也能够引起子囊孢子释放，例如相当于 0.5mm 以下降水量的轻度湿润即可做到这一点（孢子释放）。有些研究认为低温是子囊孢子释放的必需条件，但是这个结论存在争议。通常，子囊只有在潮湿、冷凉、黑暗条件下才释放子囊孢子，大多数在夜间、13~16℃时释放，成熟的子囊孢子在有水和 18~28℃条件下能够萌发。目前的研究结果已明确子囊孢子的主要作用是使病原菌保存在发病老叶内以度过不适合橡胶树生长和病害流行的阶段。

4. 病害的传播方式

病害的传播方式是其风险评估的基础，但是现有研究工作较少而且不够深入，因此难以对病害风险进行评估，例如该病传播到亚洲或者非洲的风险程度难以定量分析。1945年，Langford 在哥斯达黎加进行的监测工作结果表明，在海拔低于 180m 的区域，南美叶疫病传播速度很快，发病胶园的受害范围和严重程度与病害初发地点的距离有关，调查区域距离初发地点越远的地方，为害情况就越轻。1992 年 Rivano 研究了分生孢子的传播距离，他将表面涂有 70% 凡士林和 30% 石蜡的玻璃载玻片放置在距离发病林段 20m、50m和 100m 远的距离，通过观察玻片上收集的孢子情况，发现距离超过 100m 后即没有任何分生孢子，但子囊孢子传播距离更远。由菌源橡胶林产生的子囊孢子，有 80% 的概率能够传播 50m，有 40% 的概率扩散到 100m 远的地方，分析其传播能力至少可达数百米远，考虑到田间试验的测量并不精确，实际距离可能更远。因此，子囊孢子也可能使病害进行远距离传播，不但提高了病害的扩散能力，也增加病原菌接触适宜寄主并存活的机会。

田间条件下，病害的近距离扩散主要靠干燥的、空气中散布的分生孢子，10：00 前后，空气中的孢子浓度最高。远距离传播主要靠带病种苗和黏附有病菌孢子的植物材料，人、动物、工具等黏附有病菌孢子时，也有可能传播病害。南美叶疫病流行和暴发成灾的环境条件主要是湿度，浓雾重露、间歇性小阵雨或毛毛细雨比连续下大雨更有利于发病，地势低洼、排水不良等长期相对湿度很高的胶园发病严重。年降水量 1 500~2 500mm 以上、分布均匀无明显旱季的地区，南美叶疫病容易流行，而月平均气温低于 20℃且连续干旱的晴朗天气不利发病。

5. 孢子的萌发和存活时间

孢子的萌发和存活时间也是病害传播研究中的重要问题，其中温度和湿度是影响病原菌分生孢子和子囊孢子发育和侵染的主要条件，极端温度和过多的水分对分生孢子和子囊孢子的存活都是不利的。有关孢子存活时间的现有研究结果之间差异较大，例如 Stahel 认为分生孢子的存活时间少于 1d，而 Chee 等（1986）的研究结果为超过 42d，这些差异，可能和湿度、温度和光照等因素相关。

研究表明，光照条件对孢子萌发基本没有影响，只要温湿度条件满足即可正常萌发。分生孢子在有水分存在的情况下，12~34℃的温度范围内都能够萌发，适宜温度范围为24~28℃，26~28℃下 3h 内萌发率为 87%，在 pH 值 7~8 时萌发率最高。在 20~32℃，前

6h内芽管伸长速度无明显差异，9h后则随温度升高而伸长速度减小（20℃芽管长度为200μm，32℃下仅有100μm）。水分是分生孢子萌发的必需条件，无水情况下不萌发。干燥条件下，分生孢子的1个或2个细胞常失水萎缩，但其与水分接触后即可吸收水分并变膨胀，通常在1.5h内萌发。分生孢子在RH 100%条件下经过6d，RH 85%条件下经过9d后萌发能力显著下降。在低湿情况下，分生孢子一般可存活3d，完全干燥情况下可存活18h。在干的载玻片上，弱光下可存活13d以上。Langford发现分生孢子附着在叶片上会变干燥数天，但是这些孢子在叶片重新变湿润后仍然能够复苏并完成对叶片的侵染。分生孢子在露水或雨水形成的水滴中保持8h以上是萌发、形成侵染菌丝以及刺破并穿透寄主组织表皮的必要条件，侵染成功7d后病斑上开始产生分生孢子，56~63d后达到稳定产孢阶段。

分生孢子能耐0℃低温，在70℃干热条件下30min仍然有部分孢子保持萌发能力。在-6℃下，分生孢子经过49d才能完全失去萌发能力，而在40℃下也需要42d。在4~8℃下，孢子仍能正常发芽，只是芽管伸长较缓慢。pH值7~8条件下处理3h，分生孢子萌发率下降为40%，在pH值5~6条件下，9h后萌发率仅有20%。整体而言，分生孢子聚集成群或者保留在病斑上，保存效果优于扩散分布或单独存在。例如，离体叶片上的分生孢子能存活1d以上，在布料、玻璃、金属、纸、人造革等材料上非密集分布的孢子仅能存活7d以上，在干燥的土壤中聚集分布的孢子可存活12d以上。现有结果表明，分生孢子对紫外线非常敏感，但相关研究结果也有很大差异，存活时间从数分钟到1h不等。通常认为，紫外光（2 537A）照射对分生孢子的萌发具有一定的抑制作用，单个分生孢子照射4min后死亡，而成堆的孢子照射10min后仍有部分孢子存活，保湿培养24h仍有5%~30%的发芽率，接种橡胶树嫩叶同样能正常侵染发病。

有关子囊孢子的存活时间仅有Chee进行了研究，发现其通常在数天内即失去活力，但部分子囊孢子可保持活力达21d。然而，研究发现成熟的子囊壳能存活1~5d，使得病原菌能够度过两个雨季之间的旱季并在下一个季节再度流行。有人认为子囊孢子的释放需要低温（13~16℃），但这种现象在亚马孙流域并不常见，特别是法属圭亚那海岸地区。因此，子囊孢子通常是真菌度过不利环境和长距离传播的一种方式。子囊孢子萌发的最适温度为24℃，在12℃以下以及32℃以上则不发芽。在31℃或-20℃时，存活时间可达8d以上，而且不受湿度影响。田间条件下，孢子的释放需要湿润条件，而黑暗条件有利于释放和萌发，其释放数量多而且孢子萌发快。孢子黑暗处理1h即开始萌发，2.5h完成萌发阶段，而光照条件下4h开始萌发，6h完成。紫外光下照射2min后，90%的子囊孢子死亡，4min后全部失去萌发能力。分别从绿色病叶和干枯脱落的病叶上采集子囊壳，在同一条件下释放子囊孢子的特点也有差异，在饱和湿度下，两者释放孢子的时间分别为12d和9d，RH 65%条件下分别为21d和12d，干燥情况下前者完全不释放而后者为15d，在-6℃条件下分别为12d和9d，在40℃以上条件下分别为9d和18d。

（四）病原菌的遗传多样性

在长期的病害研究中，学者们早就发现不同地区分离获得的菌株在培养性状、侵染同一个橡胶树品系时引起的症状、产孢能力及对不同橡胶树品系的为害程度等方面存在差异，随后开展了病原菌的种群多样性研究。

1970 年 Holliday 分析了 Langford、Langdon 和 Miller 等人的研究工作，在此基础上认为南美叶疫病菌存在 4 个生理小种。Chee 和 Holliday 等进一步分析了有关该病病原菌方面的研究结果，发现病菌种群有更高的多样性，根据不同菌株和一些巴西橡胶树、边沁橡胶树（*H. benthamiana*）之间的互作关系，推测存在 9 个地理来源不同的生理小种。他们还发现南美叶疫病菌不同的小种对杀菌剂苯菌灵（苯莱特）具有不同的敏感性。

随后，在 20 世纪八九十年代开展的许多研究中，都表明了病原菌种群有非常大的多样性。问题是这些研究结果之间很难进行比较，不同的研究甚至会出现相关矛盾的结果。不同学者采用的研究方法和材料并不完全相同，例如橡胶树品系和来源区域不同，有些研究采用离体叶片进行接种，也有一些研究采用活体植株进行接种，另外不同结果的评价标准也存在差异。20 世纪 90 年代，自 1993 年成为南美叶疫病研究计划参与者的法国国际农业研究中心（The French Agricultural Research Centre for International Development, CIRAD）和米其林轮胎公司选择了特定地区的代表性橡胶树品系，建立了南美叶疫病的接种和病原菌毒力的评价方法。该公司共选择了来源不同的 11 个橡胶树品系，包括巴西橡胶树和边沁橡胶树（*H. benthamiana*）的杂交品系 FX2784、FX3899、IAN717、IAN3087、FX2804 和 IAN6158，少花橡胶树（*H. pauciflora*）的初始无性系 PA31，巴西橡胶树的初始无性系 MDF180，以及巴西橡胶树不同无性系杂交的 FX3864、FX985、FX2261、FX4098 等品系，进行病原菌分离物的人工接种，通过评价各个菌株和不同种质之间的互作反应（抗病或感病），发现南美叶疫病菌至少有 53 个小种（João 等，2017）。

随着分子生物学技术的发展，病原菌的遗传多样性进一步得到了研究。Guen（2004）参照前人的方法，设计了 11 个微卫星标记引物，通过 PCR 扩增评价了 11 个病原菌菌株［2 个分离自巴西的巴伊亚州、3 个分离自巴西的马托格罗索州、1 个来自巴西亚马孙州（Amazonas）、4 个来自法属圭亚那、1 个来自危地马拉］的遗传多样性，发现 9 个标记在巴西的 6 个菌株中具有多态性（每个位点 2~3 个等位基因），5 个标记在法属圭亚那菌株中具有多态性（每个位点 2~4 个等位基因）。Lieberei（2006）以一些南美叶疫病菌的生理多样性研究工作为基础，推测该病原菌存在 68 个表现不同反应谱的生理小种。Da 等（2012）利用 2008—2010 年在巴西的巴伊亚州（Bahia）、圣埃斯皮里图州（San Espirito）、米纳斯吉拉斯州（Minas Gerais）、里约热内卢州（Rio de Janeiro）、圣保罗州（Sao Paulo）、马托格罗索州（Mato Grosso）、朗多尼亚州（Landonia）、阿克里州（Acre）等 8 个州范围内，从东亚马孙河到海岸线的不同商业性橡胶树栽培区域不同地点采集的病样中，分离获得 264 个代表性菌株，利用 17 个微卫星标记（表 2-1）开展了这些菌株的遗传多样性研究，发现这些菌株可分为 15 个群体。部分州的不同种植区或同一种植区的菌株均为单个群体，例如朗多尼亚州阿里克斯（Ariquemes）和布里蒂斯（Buritis）两个地区的 6 个菌株均属于 RO1 群体，圣保罗州雷日斯特鲁（Registro）地区的 28 个菌株均属于 SP1 群体，里约热内卢州席尔瓦－雅尔丁（Silva Jardim）的 27 个菌株均属于 RJ1 群体。来自阿克里州 7 个主栽区的 26 个菌株分别属于 AC1 和 AC2 群体，其中 2 个主栽区的 9 个菌株均属于 AC1 群体，而另外 5 个地区的 17 个菌株均属于 AC2 群体。马托格罗索州分别来自庞特斯拉塞尔达（Pontes e Lacerda）和勒提奎拉（Ltiquira）两个地区各 10 个和 8 个菌株分别属于 MT1 和 MT2 群体。来自米纳斯吉拉斯州两个种植区的 16 个和 11 个菌株分别属于 MG1 和 MG2 种群，来自圣埃斯皮里图州 3 个种植区的 15 个、10 个和 12 个菌株分属于 ES1、ES2 和 ES3 种群，而来自巴伊亚州 3 个种植区的 29 个、37 个和 29 个菌株分别属于 BA1、BA2 和 BA3 种群。每个州的菌株均和其他州的菌株归属于不同的种群，除了阿克里州 7 个和朗多尼亚州 2 个主栽区的 32 个菌株属于 3 个种群外，其他 6 个州的 12 个主栽区的菌株均属于独立的种群。在这 15 个种群内，除 BA1 和 BA3 可检测到全部 17 个分子标记外，其他种群仅能检测到部分标记，其中 AC2 仅检测到 11 个分子标记（表 2-2）。15 个种群之间，除 ES1 和 ES3 之间差异不显著外，其中种群间差异显著（表 2-3）。研究结果表明，该病原菌在巴西的遗传多样性可能是受到人类活动的影响，也有可能由于亚马孙地区（阿克里州、朗多尼亚州、米纳斯吉拉斯州和马托格罗索州等）病菌种群与其他大西洋海岸地区（圣保罗州、里约热内卢州、圣埃斯皮里图州和巴伊亚州等）种群之间隔离后遗传漂移产生的结果。

表 2-1 南美叶疫病菌遗传多样性分析采用的 17 个微卫星标记

基因池	基因位点名称	基因序列登录号	标记染料	重复基序	等位基因范围	等位基因数量	无偏估计
1	Mu03	GQ420365	HEX	$(GT)_5 GC(GT)_7$	89~105	4	0.1542
	Mu08	AY228718	6-FAM	$(CA)_8$	112~122	5	0.4005
	Mu11	GQ420358	NED	$(CT)_9 (GT)_7 TT(GT)_4$	195~207	6	0.5481
	Mu24	GQ420360	6-FAM	$(GA)_{31}$	240~250	6	0.4507
2	Mu05	GQ420355	HEX	$(CGC)_5 (\cdots)(TGGA)_5$	99~107	5	0.1990
	uMu09	GQ420357	6-FAM	$(GT)_6$	140~146	4	0.5046
	uMu13	GQ420359	NED	$(TG)_3 [(GT)_3 CG]_9 \cdots (TG)_{14}$	137~155	8	0.5861
3	Mu01	GQ420364	HEX	$(TG)_{13}$	136~152	7	0.6390
	Mu14	GQ420366	6-FAM	$(CA)_5 (\cdots)(CA)_5$	206~220	6	0.4536
	Mu35	GQ420368	NED	$(GT)_{30}$	329~339	5	0.5389

（续表）

基因池	基因位点名称	基因序列登录号	标记染料	重复基序	等位基因范围	等位基因数量	无偏估计
4	Mu37	GQ420361	6-FAM	$(AC)_7 CTCC(CT)_9$	133~137	3	0.1573
	Mu16	AY228713	NED	$(TG)_{11}$	186~192	4	0.3570
	Mu28	GQ420367	6-FAM	$(CA)_{14}$	326~336	6	0.2876
5	Mu38	GQ420362	NED	$CG(CA)_3(\cdots)CG(CA)_4(\cdots)$	197~221	6	0.4286
	Mu41	GQ420363	6-FAM	$CG(CA)_6(CA)_7$	254~270	5	0.4377
6	Mu06	GQ420356	6-FAM	$(CA)_{15}$	106~124	7	0.3864
	Mu09	AY228717	NED	$(TC)_{31}$	164~192	10	0.3108

注：引自 Da 等（2012），略有改动。

表 2-2　南美叶疫病菌种群及其多样性

种群	多样性比例	多位点基因多样性指数
AC1（9）	82.3%（14/17）	1.28（−0.6~3.16）
AC2（17）	64.7%（11/17）	2.83（0.19~5.46）
RO1（6）	76.4%（13/17）	1（−0.59~2.59）
MT1（10）	88.2%（15/17）	1.66（−0.41~3.73）
MT2（8）	82.3%（14/17）	1.33（−0.49~3.15）
SP1（28）	94.1%（16/17）	4.66（1.35~7.96）
RJ1（27）	82.3%（14/17）	4.5（1.04~7.95）
MG1（16）	88.2%（15/17）	2.66（0.14~5.17）
MG2（11）	70.5%（12/17）	1.83（−0.29~3.95）
ES1（15）	82.3%（14/17）	2.5（0.06~4.93）
ES2（10）	70.5%（12/17）	1.66（−0.42~3.74）
ES3（12）	76.4%（13/17）	2（−0.23~4.23）
BA1（29）	100%（17/17）	4.83（1.33~8.32）
BA2（37）	94.1%（16/17）	6.16（2.19~10.12）
BA3（29）	100%（17/17）	4.83（1.41~8.24）

注：种群名称后面括号内的数字为该种群菌株数量；多样性比例指该种群所具有的分子标记占总数的比例；多位点基因多样性指数括号内的数字为95%置信限的数值范围。引自 Da 等（2012），略有删减。

表 2-3　南美叶疫病菌 15 个种群之间差异比较

种群	遗传变异率														
	AC1	AC2	RO1	MT1	MT2	SP1	RJ1	MG1	MG2	ES1	ES2	ES3	BA1	BA2	BA3
AC1															
AC2	0.10														
RO1	0.25	0.36													
MT1	0.23	0.26	0.22												
MT2	0.31	0.36	0.21	0.11											
SP1	0.15	0.13	0.27	0.12	0.19										
RJ1	0.27	0.31	0.17	0.16	0.15	0.19									
MG1	0.38	0.41	0.33	0.18	0.15	0.23	0.17								
MG2	0.25	0.36	0.32	0.22	0.33	0.26	0.27	0.33							
ES1	0.17	0.12	0.36	0.16	0.33	0.11	0.28	0.31	0.25						
ES2	0.22	0.28	0.35	0.20	0.36	0.15	0.27	0.32	0.24	0.16					
ES3	0.18	0.20	0.40	0.18	0.37	0.30	0.32	0.24		0.03	0.15				
BA1	0.30	0.37	0.40	0.27	0.32	0.25	0.32	0.37	0.32	0.29	0.34	0.28			
BA2	0.26	0.31	0.32	0.20	0.25	0.21	0.28	0.30	0.27	0.23	0.21	0.21	0.11		
BA3	0.18	0.25	0.28	0.13	0.18	0.13	0.20	0.21	0.14	0.16	0.12	0.14	0.08	0.06	

注：表中所列数据为遗传变异性百分率，其中 ES1 和 ES3 种群之间差异不显著。引自 Da 等（2012），略有改动。

　　Da 等（2012）进一步在巴西的巴伊亚州 6 个种植区 4 个橡胶树品系（感病品系 FX3864 和 IAN717，中抗品系 CDC312、MDF180、PMB1 和 FDR5788）上分离到 68 个菌株（表 2-4），遗传多样性分析表明可分为 4 个种群。进一步分析发现，来自中抗品系的菌株和来自感病品系的菌株是不同的，这一点和菌株来源地无关。种群 1 和种群 4 的菌株由采集自感病品系 Fx3864 和 IAN717 的病样中分离得到，种群 2 由分离自感病品系 Fx3864 和 IAN717，以及中抗品种 CDC312、MDF180、PMB1 的菌株组成，而种群 3 由来自中抗品种 CDC312、FDR 5788、MDF180、PMB1 的菌株组成。基因型的 PCA 坐标分析及聚类结果获得两个主要的分枝，分别代表 43.8% 和 32.5% 的总变异情况，来自同一地点的一些菌株属于不同的种群。种群 1 的 18 个菌株来自所有 6 个种植区的感病品系，其中 13 个菌株分离自感病品系 Fx3864，马萨兰杜巴（Massaranduba）农场、苏库皮拉（Sucupira）农场和比里巴（Biriba）农场各有 4 个，一个来自 111 种植区（Plot 111），另外 5 个分离自马萨兰杜巴（Massaranduba）农场的感病品系 IAN717。种群 2 的 19 个菌株中，8 个来自种质 Fx3864，其中 4 个来自 111 种植区，3 个来自苏库皮拉（Sucupira）农场，1 个来自比里巴（Biriba）农场；有 4 个菌株分离自马萨兰杜巴（Massaranduba）农场的品系 IAN717；还有 7 个来自中抗品种的菌株，2 个来自橡胶树种质圃（Clonal garden）的中抗品系 PMB1，2 个分别来自马萨兰杜巴（Massaranduba）农场和比里巴（Biriba）农场的中抗品系 CDC312，3 个来自比里巴（Biriba）农场的中抗品系 MDF180。种群 3 的 22 个菌株均来自中抗品系，7 个来自橡胶树资源收集圃（Rubber tree collection），其中的 5 个来自品系 CDC312，2 个来自品系 FDR5788，另外 6 个菌株来自橡胶树种质圃。该种群的其他 9 个菌株来自 3 个农场，其中 7 个分离自品系 CDC312［1 个来自马萨兰杜巴（Massaranduba）农场、4 个来自苏库皮拉（Sucupira）农场、2 个来自比里巴（Biriba）农场］，另外 2 个来自比里巴（Biriba）农场的 MDF180 品系。种群 4 有 9 个菌株，3 个来自 111 种植区的 FX3864，1 个来自苏库皮拉（Sucupira）农场、5 个来自马萨兰杜巴（Massaranduba）农场的 IAN717。用前述分子标记对 4 个种群菌株的遗传多样性进行了分析，结果表明种群 2 和种群 3 的多态性位点比例较高（分别为 100% 和 94%），而种群 1 和种群 4 只有 76% 和 58%（表 2-5）。4 个种群的遗传多样性指数比较相似，在 1.00~2.44，其中 3 个种群最小样本量下的基因型丰富度指数均为 9.00，只有种群 2 为 8.78。种群 2 的特异等位基因丰度、等位基因丰度和基因多样性指数等最高，其次是种群 3。所有病原菌菌株的变异分布分析结果表明，种群之间的变异比例 3.4%，种群内部的比例为 76.6%。种群之间差异显著，相互比对结果表明种群 2 和种群 3 之间同源性最低，为 0.13；而种群 4 和种群 1 之间为 0.35，和种群 3 之间为 0.34（表 2-6）。研究结果表明，不同抗性的橡胶树品系对病原菌种群组成有一定影响，表明其和种群进化有一定的相关性。

表 2-4　巴伊亚州 68 个南美叶疫病菌菌株来源

种植区	菌株数量	橡胶树品系及其分离菌株数量
111 种植区（Plot 111）	8	FX 3864（8）
橡胶树资源收集圃（Rubber tree collection）	6	CDC312（2），FDR5788（2），PMB1（2）
橡胶树种质圃（Clonal garden）	9	CDC312（5），FDR5788（2），PMB1（2）
马萨兰杜巴（Massaranduba）农场	17	CDC312（2），FX3864（4），IAN717（11）
苏库皮拉（Sucupira）农场	15	CDC312（4），FX3864（8），IAN717（4）
比里巴（Biriba）农场	13	CDC312（3），FX3864（5），MDF180（5）

注：引自 Da 等（2012），略有改动。

表 2-5　巴伊亚州南美叶疫病菌 44 种群菌株数量及其多样性

种群	菌株数量	遗传多样性指数	最小样本量下的基因型丰富度指数	特异等位基因丰度	等位基因丰度	基因多样性指数
种群 1	18	2.00（−0.80~4.80）	9.00	1.89	0.21	0.29
种群 2	19	1.91（−0.93~4.75）	8.78	2.46	0.40	0.44
种群 3	22	2.44（−0.66~5.55）	9.00	2.02	0.35	0.35
种群 4	9	100（−0.94~2.94）	9.00	1.71	0.30	0.30

注：引自 Da 等（2012），略有改动。

表 2-6　巴伊亚州南美叶疫病菌 4 个种群之间差异比较

种群	遗传变异率			
	种群 1	种群 2	种群 3	种群 4
种群 1				
种群 2	0.20			
种群 3	0.25	0.13		
种群 4	0.35	0.22	0.34	

注：引自 Da 等（2012），略有改动。

第三节　南美叶疫病发生特点及流行规律

植物病害流行学（plant disease epidemiology）是研究植物群体发病规律、预测技术和防治理论的科学，又称植物流行病学（plant epidemiology，或简称 epidemiology）。它通过观察、试验、模拟、定性或定量分析相结合，以掌握环境影响下寄主－病原物群体水平上相互作用而形成的时空动态规律，逐步深化对植物病害发生流行宏观规律的认识，从而服务于包括南美叶疫病在内植物病害的预测和综合治理。

和世界上其他作物病害相似，南美叶疫病在不同地区、不同橡胶树种质上的发生为害情况是不同的。天气和气候条件是病原菌生长、繁殖、扩散和病害发生、流行的重要影响因素，田间温度、相对湿度、露水、光照、云、风（气流）、降雨的分布等是影响南美叶疫病为害的重要环境因素。在潮湿的热带地区，多变的天气，如气温、降雨的周期及持续时间、多云天气及露水等在病害暴发过程中起着关键的作用，这些因素对病害的暴发都是有利的。在干旱、半干旱、潮湿及半潮湿地区，温度、降雨及相对湿度同样是作物病害暴发的主要因素。人们对于不同的天气因素在不同地点和不同作物病害上的影响已经积累了一定的经验。通过对环境中的病原菌初始菌量（接种体）与相关天气参数相结合进行分析，就能对病害发生的时间和地点进行比较合理准确的预测，及时采取相应的控制手段，将损失降低到最小。另外，及时、适当的防控措施在获得比较理想防效的前提下，还可以减少使用农药对环境所造成的污染。

有关南美叶疫病的田间发生特点和流行规律是制订防控技术方案，特别是确定适宜防治时机的基础，研究者在这方面也开展了很多研究。目前，不同地区的研究结果之间存在一定的差异，可能和研究地区的气候、橡胶树品系、病原菌菌株及评价标准之间存在差异有关。

一、病原菌孢子释放模式

田间条件下，南美叶疫病菌侵染叶片后，病斑能够在不同阶段分别产生 3 种形态、功能均不相同的孢子。

分生孢子主要在病害的田间传播中发生作用，特别是在雨季条件下，植株旺盛生长并且有大量幼嫩叶片存在时，分生孢子的大量侵染能够导致病害在田间的迅速流行扩散。由分生孢子器产生的器孢子，除不具备侵染能力外，其他功能尚不明确。子囊孢子（有性孢子）在橡胶树整个生长季节均可产生，特别在度过干旱季节以及病害在不同地区之间的远距离扩散中发挥重要作用。子囊孢子在南美叶疫病流行中的主要功能表明这种真菌有很强的进化变异潜力，因此培育具有持久抗病能力的橡胶树种质在病害防治中具有重要作用。橡胶树对病害的抗性作用在侵染最初发生时即有可能发挥作用，也有可能在侵染发生后才发生作用。例如中抗品系 MDF180 不能阻止孢子侵染，但是能抑制器孢子的产生。在对南美叶疫病具有部分抗性的橡胶树种质上，病菌仅能侵染生长后期的叶片，和感病品系相比，病斑上分生孢子产生时间延迟且数量降低，而子座的形成也相应推迟且密度下降。

分生孢子器内的器孢子和子囊壳内的子囊孢子，均位于老化叶片正面的子座内。分生孢子器和器孢子仅在叶片接近老化时的短暂阶段存在，并且很快被子囊壳和子囊孢子所取代。橡胶树发芽后，经过 21~30d 的成长阶段，叶片开始老化，子座也随之形成。最初的研究表明有性阶段的孢子只能在 60d~90d 的老化叶片上形成，其中子囊孢子仅在 90~150d 的老化叶片上释放。随后的研究发现子囊壳在叶片老化后的 28~42d 开始成熟，和前述研究不同。Langford 注意到经常出现没有子囊孢子的子囊壳，分析子囊孢子完全释放后，子囊壳仍然能够在叶片上保持数月。特立尼达地区的观察结果表明，在旱季末期，50% 的发病叶片能够释放子囊孢子，表明子囊壳能保持活力达数月之久。

（一）南美叶疫病孢子的释放动态

研究者开展了有关这 3 种不同孢子释放动态的研究工作。

19 世纪 80 年代，Chee 等在特立尼达西印度大学田间试验站的感病橡胶树品系幼苗上采用孢子捕获法开展了孢子的释放规律研究。在对孢子的每日释放动态监测中，发现分生孢子在上午 10∶00 左右数量最多，傍晚开始下降，次日黎明时数量最少。20∶00—21∶00 出现一个小高峰。晴天和阴天条件下，分生孢子的数量都是从 8∶00 起急剧上升，晴天在 10∶00 达到顶点，而阴天则稍迟一些，不过两者在 10∶00—12∶00 捕获的孢子数量基本一致。

和分生孢子不同，子囊孢子的释放动态受空气湿度影响。旱季时白天数量较低，黄昏及夜间则显著增高，次日 6：00 达到高峰，这和旱季白天湿度低、晚上湿度高是相关的。雨季时，子囊孢子一般白天数量高，在 14：00（雨季这个时间段通常在下雨）雨量最大时达到峰值。通常情况下，如果白天下一场相当大的雨，孢子数量即迅速显著增加，而且峰值常比旱季高（1973 年 8 月 6 日 13：00 下雨时记录到的最高孢子量为每立方米空气中 927 个子囊孢子）。4：00—6：00 时释放的孢子，其数量通常多于中午下雨前后释放的数量，表明就诱导子囊孢子释放而言，露水和高 RH 条件效果更好。

子囊孢子数量的增加，也并不一定与降水量成正比，例如 1973 年 8 月 6 日和 24 日的降水量分别为 6mm 和 3mm，而每立方米空气中的子囊孢子数却分别为 159 个和 79 个，分析前几天没有下雨的情况下，子囊孢子也有可能已经大量释放，因此降雨后由于病斑内孢子数量偏少而造成释放量没有增加甚至下降的现象。例如 1974 年 11 月 25 日和 26 日没有下雨，但每立方米空气中分别含子囊孢子 109 个和 80 个。在大雨的日子里，例如 1974 年 10 月 22 日、11 月 6 日和 15 日，日降水量分别为 57mm、36mm 和 37mm，但是这几日却没有获得子囊孢子。晴朗的天气条件下，子囊孢子释放数量急剧下降，至 16：00 降至零。阴天子囊孢子全天大量释放，中午达最高峰。雨天和日照时数少于 5h 的日子之间，其子囊孢子数量峰值之间有微小差异，分析为下雨所致。日照时数多于 5h 的雨天，其孢子数量比日照少于 5h 的雨天多。阴天无雨或日照少于 5h 情况下，孢子数量在中午前后、开始下雨时数量最高。

连续两年的研究中，Chee 等也发现病菌孢子的季节性消长动态略有差异。在 1973 年，分生孢子的峰值出现在 9 月初，而次年峰值出现在 8 月初。子囊孢子的数量在 1973 年的 10 月中旬较高，但次年峰值却出现在 11 月中旬。这些消长动态变化与这两年间雨量分布的差异性密切相关。在 1—6 月的旱季里，雨水很少或无雨，同时也没有发现分生孢子，虽然雨季自 6 月底开始，但分生孢子直到 8 月 1 日才开始出现，随后迅速增加，1 周后即达到峰值。从 8 月中旬至 12 月，分生孢子数量较少。和分生孢子不同，子囊孢子全年均可释放，旱季释放量较少，但随着雨季的来临，数量逐渐增加，8 月 8 日和分生孢子同样达到峰值。随后虽然连续降雨，但子囊孢子数量在 9 月、10 月份持续下降（其中 10 月中旬出现过一次上升现象），随后再次升高，11 月时达到全年的峰值。在一年中前 4 个月的旱季里，子囊孢子很少释放，空气中数量也很少。在雨季的 11 月，子囊孢子大量释放，从橡胶树植株或者地面上收集的带子囊壳的病叶上，随时可以看到释放出的子囊孢子，而在旱季的 1—4 月，病叶上的病斑并不释放子囊孢子。7—11 月为子囊孢子释放活跃期，这个阶段每日高 RH（大于 92%）、低温（低于 22℃）天气可保持 12~16h。9 月、10 月每天气温低于 22℃ 的时间较少，该阶段时间的子囊孢子数量也较少，此后虽然每日低于 22℃ 的持续时间再度增加，但直到 11 月初子囊孢子数量仍很少。

雨季子囊孢子的释放出现两次高峰期，分别是8月初和11月下旬。8月初捕获很多孢子，但10月初则极少，分析可能是由于前期形成的绝大多数子囊孢子已经释放。11月下旬，田间出现第二次也是主要的子囊孢子释放高峰期，由于子囊壳的成熟需时3~4个月，因此分析这些孢子是从当年新形成的子囊壳释放的。在1973年、1974年两年中，当雨季开始且子囊孢子密度增加的7月，研究者可以首先观察到叶片发病，而分生孢子却还没有出现。随后，由于新抽嫩梢发病，病叶上随后开始产生分生孢子和子囊孢子。随着病害的流行加重，两种孢子的数量也开始增加。

2011—2012年，da Hora等（2014）在对橡胶树叶片修剪后，研究了橡胶树叶片不同物候对3种孢子产生数量的影响（图2-7）。在2011年12月15日至2012年的2月24日所进行的第一次研究中，橡胶树新形成的古铜期叶片（12月19日）病斑上很快开始产生分生孢子，直到叶片老化后（试验开始后的26d）为止。淡绿期至老化期的病叶病斑上产生器孢子（12月29日）。32d后，子座开始在病斑正面出现并释放子囊孢子（1月17日）（图2-7A）。2012年9月19日至12月3日进行了一次重复试验，9月28日古铜期病叶的病斑上开始出现分生孢子，持续约28d至10月17日。20d后，即10月9日时，器孢子阶段开始，而子囊孢子在监测36d后开始释放，且仅在老叶上形成（图2-7B）。研究结果表明，南美叶疫病发生后，病斑上最初形成并释放分生孢子，随着病程的发展开始释放器孢子，随后停止产生分生孢子并开始形成子囊孢子。相比之下，器孢子持续释放时间最长且数量最多，分生孢子持续释放时间最短，分析释放时间和数量之间的差异受叶片叶龄、天气、田间管理等多种因素影响。

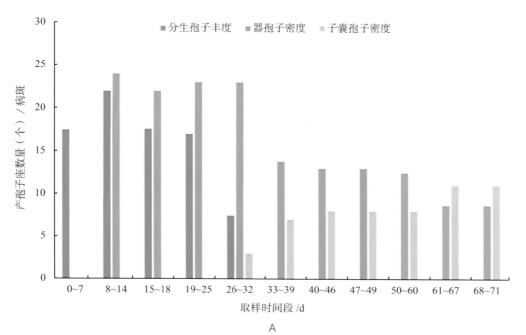

A

图2-7　橡胶树叶片物候对孢子产生的影响：橡胶树品系为RO38

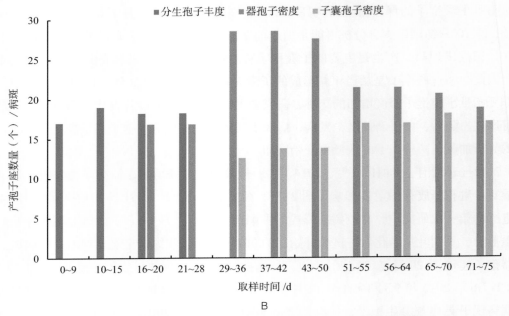

A—2011 年 12 月至 2012 年的 2 月研究结果；B—2012 年 9 月日至 12 月研究结果。

图 2-7　橡胶树叶片物候对孢子产生的影响：橡胶树品系为 RO38（续）

注：引自 Braz 等（2014），略有改动。

（二）橡胶树品系和叶片叶龄对器孢子和子囊孢子产生的影响

Guyot 等（2015）在法属圭亚那的法国国际农业研究中心（CIRAD）康比角试验站（Pointe-Combi experimental station）的橡胶树种质资源圃研究了 3 个橡胶树品系上的器孢子和子囊孢子产生情况。在橡胶树叶片老化后，定期在田间采集病叶，挑取病斑上的子囊壳，压碎后用显微镜观察子囊壳内有子囊孢子的子囊比例，同时计算分生孢子器所释放的器孢子数量，按照制订的标准（表 2-7）根据子囊孢子的丰度（有子囊孢子的子囊比例）和器孢子的数量对不同时期子囊壳的产孢能力进行分级。

表 2-7　子囊壳产生子囊孢子和器孢子的分级标准

分级	有子囊孢子的子囊比例	器孢子数量
0 级（无）	0	0
1 级（很少）	0~2%	1~100
2 级（常见）	2%~5%	100~500
3 级（丰富）	5%~15%	500~1 000
4 级（很多）	15%~30%	数千
5 级（非常多）	30% 以上	一半以上视野均为器孢子

注：引自 Guyot 等（2015），略有改动。

　　研究发现，器孢子在经过一段时间的间隔后数量非常多（出现在两个最感病橡胶树品系 PB260 和 IRCA GY5 的 98% 的叶片上）。随后，器孢子的数量开始下降，120d 后下降至不足 10%。然而，一半以上的叶片在 50~60d 时，其病斑上仍然带有器孢子。在 200d 以后，病斑上仍然可以看到一些器孢子（图 2-8）。在橡胶树品系 PB260 上，器孢子在 10d 以后开始产生，10~20d 时数量最多，随后降低，在 50~60d 时又达到一次峰值，随后下降。在橡胶树品系 IRCA GY5 和 FX3864（对南美叶疫病为中抗水平）上，器孢子均在 20d 以后产生，其中 IRCA GY5 上 50~60d 达到峰值，随后逐步下降，而 FX3864 产生数量较少且表现出一定的波动性，整体上也是逐步下降，表明橡胶树品系的抗病能力对器孢子的产生和释放有一定的影响。总体而言，器孢子在叶片老化后的 10d 内即大量产生，并能持续产生几个月，表明从叶片病斑上开始产生分生孢子到产生子囊孢子这个阶段，均可产生器孢子，也即器孢子的产生不是短暂的瞬时事件，这一点和前人研究相一致。

　　就子囊孢子而言，在 20~30d 的时间段内，不到 20% 的叶片上的子囊内首次出现该孢子。IRCA GY5 和 FX3864 在叶片老化 30d 后，PB260 在老化 40d 后，一半以上的子囊里出现子囊孢子。叶片老化一段时间后，子囊孢子的数量达到高峰期（PB260 为 50d，IRCA GY5 为 60d，而 FX3864 为 70d）。在 IRCA GY5 和 PB260 两个品系上，子囊孢子的数量在 50~70d 时达到最高，30% 以上叶片的孢子丰度级别为 4 级或 5 级，而 FX3864 出现在 80~90d 的数量最高，表明子囊孢子的产生和释放同样受橡胶树品系抗病能力的影响。就子囊孢子丰度 5 级以上的比例而言，FX3864 明显低于另外两个品系，表明该品种能够显著抑制该类孢子的产生和释放。叶片病斑上产生子囊（且带有子囊孢子）的比例在 90~110d 开始逐步下降，但是一直到试验结束，即叶片老化 200d 后仍然有带孢子的子囊存在（图 2-9）。

　　进一步研究了不同叶龄叶片上获得子囊孢子的致病能力，来自 3 个橡胶树品系的评价结果表明，橡胶树叶龄对子囊孢子的致病力（即侵染幼嫩叶片的能力）无任何影响（表 2-8）。

　　在不同时间段随机选择了 132 个子囊孢子样品，加水制备孢子液（避免分生孢子混入），用毛细管接种大古铜期叶片下表面（所用盆栽橡胶树为感病品系 PB260），接种植株放置在 24℃、RH>95% 条件下，接种叶片黑暗处理（即用不透光材料包裹）24h 后，光周期改为 12h 光照 /12h 黑暗，10d 后检查接种结果。致病力等级用病斑平均直径进行分级，共分为 12 个级别（<0.5mm 为 1 级；0.5~1.0mm 为 2 级；1.0~1.5mm 为 3 级；1.5~2.0mm 为 4 级；2.0~2.5mm 为 5 级；2.5~3.0mm 为 6 级；3.0~3.5mm 为 7 级；3.5~4.0mm 为 8 级；4.0~4.5mm 为 9 级；4.5~5.0mm 为 10 级；5.0~5.5mm 为 11 级；5.5~6.0mm 为 12 级）。病斑上的产孢能力用显微镜观察后根据病斑症状和产孢数量分为 6 个等级（形成褪绿病斑同时不产孢为 1 级；形成坏死病斑同时不产孢为 2 级；病斑背面产生少量孢子为 3 级；病斑背面产生较多孢子为 4 级；病斑背面产生大量孢子为

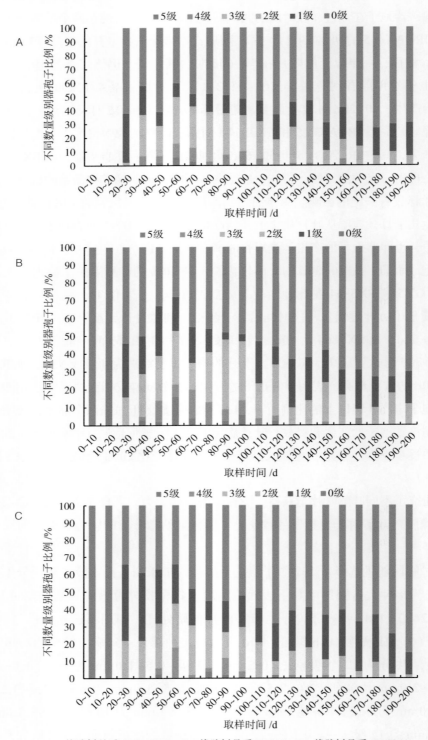

A—橡胶树品系 IRCA GY5；B—橡胶树品系 PB260；C—橡胶树品系 FX 3864。

图 2-8　3 个橡胶树品系病斑上的器孢子产生动态

注：Guyot 等（2015），略有改动。

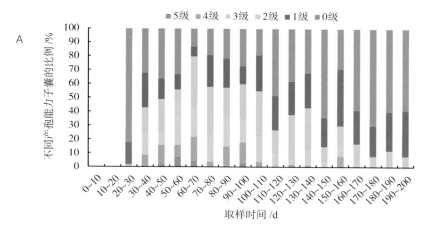

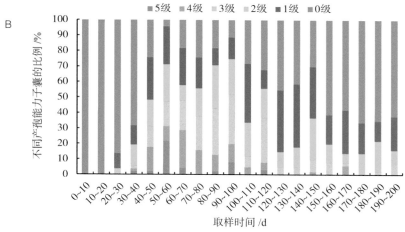

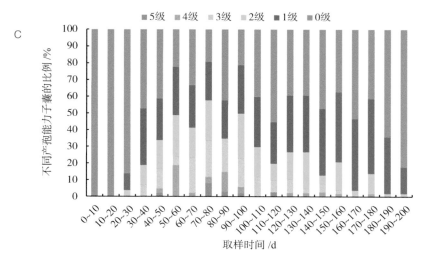

A—橡胶树品系 IRCA GY5；B—橡胶树品系 PB260；C—橡胶树品系 FX 3864。

图 2-9　3 个橡胶树品系病斑上的子囊孢子产生动态

注：Guyot 等（2015），略有改动。

5级；病斑正反两面均产生大量孢子为6级）。这批子囊孢子样品接种后，其中117个成功侵染、形成病斑并正常产孢，其致病力和产孢能力等级分别在2.0和2.3以上，橡胶树品系及叶片的叶龄对子囊孢子的致病力和产孢能力并无显著影响。在叶片老化后（11~20 d），叶片上的子囊孢子已经成熟并具备侵染能力，6个月的老叶上仍然存在有活力的孢子，接种后仍然能够产生大的病斑而且产孢量也很高。6个月以后的老叶通常因南美叶疫病本身的为害或正常老化影响而脱落，因此这个阶段的子囊孢子致病力没有进行测定。

表 2-8　橡胶树叶片叶龄对子囊孢子致病力的影响

叶龄 /d	橡胶树品系	子囊孢子样品数量	成功侵染样品数量	致病力等级（平均）	产孢能力等级（平均）
11~20	FX3864	1	2	2.5	5.0
	PB260	1	1	3.0	5.0
21~30	FX3864	1	1	2.5	4.0
31~40	IRCA GY5	3	1	2.0	4.0
41~50	FX3864	2	2	3.5	5.5
	IRCA GY5	10	10	4.1	5.1
	PB260	1	1	2.0	5.0
51~60	IRCA GY5	6	6	3.7	4.8
	PB260	5	5	2.9	4.8
61~70	FX3864	1	1	2.0	4.0
	IRCA GY5	8	7	3.3	5.0
	PB260	2	2	3.5	5.0
71~80	FX3864	4	2	2.5	4.5
	IRCA GY5	6	6	3.0	4.5
	PB260	5	4	3.6	5.3
81~90	FX3864	1	1	2.5	4.0
	IRCA GY5	6	6	4.7	2.7
	PB260	1	1	4.0	3.0
91~100	FX3864	2	1	2.5	4.0
	IRCA GY5	6	6	4.5	2.3
	PB260	8	7	5.1	2.6
101~110	IRCA GY5	3	2	3.8	5.0
	PB260	2	2	2.8	5.0

（续表）

叶龄 /d	橡胶树品系	子囊孢子样品数量	成功侵染样品数量	致病力等级（平均）	产孢能力等级（平均）
111~120	IRCA GY5	5	4	2.3	4.3
	PB260	8	7	3.1	4.9
	FX3864	2	2	2.8	5.0
121~130	IRCA GY5	1	1	2.5	4.0
	PB260	3	3	3.2	5.3
	FX3864	1	1	3.5	5.0
131~140	IRCA GY5	3	3	3.2	4.7
	PB260	1	1	2.0	4.0
141~150	FX3864	1	0	0.0	0.0
	PB260	5	5	2.8	5.0
	FX3864	4	3	2.5	4.3
151~160	IRCA GY5	8	7	3.4	4.9
	PB260	5	4	3.3	5.3
总计		132	117		

注：引自 Guyot 等（2015），略有改动。

子囊孢子的释放特点也是南美叶疫病流行中的一个重要因子。Hora 等（2014）在田间采集已形成子座的受害叶片，显微观察确认存在子囊孢子后，进行湿润处理（放置在直径 13.6cm 的培养皿内，用 15mL 无菌水进行喷雾处理以模拟 0.48mm 的降雨情况），随后在 RH100% 情况下，用风扇处理叶片并收集释放的子囊孢子，以此分析叶片湿润后子囊孢子的释放动态。在 51 次诱捕试验中，有 3 次没有获得子囊孢子，其他结果表明叶片湿润后，子囊孢子很快就会释放（图 2-10），当叶片没有进行湿润处理时，即使放置在 RH100% 情况下，子囊孢子也不释放或仅有极少量孢子释放。在 41 次试验中，叶片湿润后 10min 内即可释放，其中 13% 的子囊孢子在这个阶段释放出来，42% 的孢子在 10~20min 内释放，而 90min 内 99% 的孢子均释放完毕。考虑到橡胶园内常出现连续降雨现象，进一步研究了连续湿润（每隔 15min 湿润一次）处理下的释放情况，发现和叶片的单次湿润相比，连续湿润并没有延长子囊孢子释放时间，释放数量的动态变化差别不大（图 2-11）。研究者进一步进行了不同间隔时间（2h、3h 和 5h）的湿润试验，发现每次湿润均可引起一次子囊孢子的释放，其孢子释放数量随着湿润次数的增加而减少（图 2-12和图 2-13），但其释放动态均相似。在间隔 26h 的连续 3 次释放试验中，释放数量和动态变化同样出现相似的结果。当 RH 为 100% 时，叶片没有湿润情况下子囊孢子不释放或仅

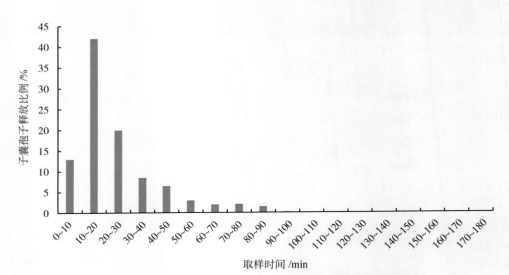

图 2-10　单次浸湿后不同间隔时间段子囊孢子释放比例

注：Guyot 等（2015），略有改动。

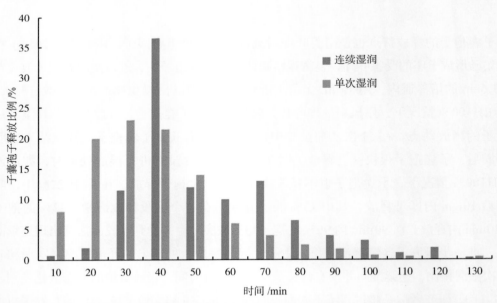

图 2-11　单次湿润和连续湿润后子囊孢子释放动态比较（横坐标为第一次湿润后的时间段）

注：Guyot 等（2015），略有改动。

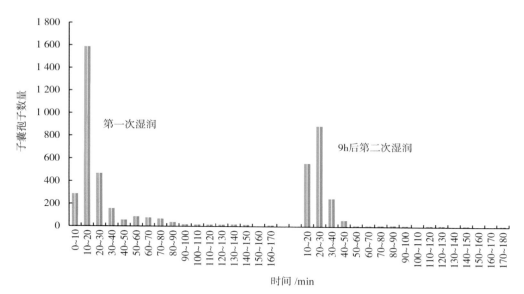

图 2-12 间隔 9h 的两次湿润处理后子囊孢子释放动态（横坐标为湿润后的时间段）

注：Guyot 等（2015），略有改动

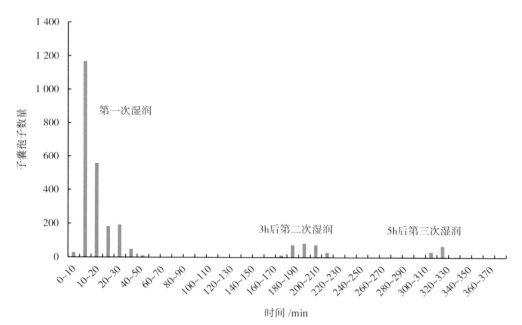

图 2-13 3 次湿润处理后子囊孢子释放动态（横坐标为湿润后的时间段）

注：Guyot 等（2015），略有改动。

有极少量孢子释放，湿润处理后大量释放，再次湿润后同样引起一次释放（图 2-14）。研究发现叶片老化 20d 以后可以看到子囊孢子，但是 50~80d 阶段内产量最多，6 个月后仍然能看到子囊孢子。和另外两个品系相比，中等抗性的 FX3864 上子囊孢子大量产生的时间要晚 10d，子囊孢子的数量也要少一些。

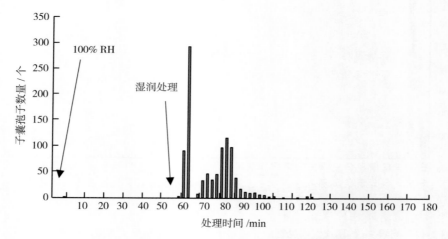

图 2-14　湿润处理（RH100%）后子囊孢子释放动态
注：Guyot 等（2015），略有改动。

大部分情况下，叶片湿润后的第一个 10min 内子囊孢子即开始释放。和其他病原真菌相比，这个释放时间相当快。例如橘霉球孢菌（*Mycosphaerella citri*）在 30~120min 开始释放，侵染豌豆的松球菌（*Mycosphaerella pinodes*）在 30min 后，侵染松树的白色雪霉（*Phacidium infestans*）在 4~6h 后释放，侵染榛树的榛子东部枯萎病菌（*Anisogramma anomala*）在 1~2h 后释放。

橡胶树叶片湿润一次后，子囊孢子可持续释放 1.5h，释放数量在 20min 后快速下降，随后有规律地逐渐下降。相比之下，榛子东部枯萎病菌（*A. anomala*）在榛树叶片湿润并开始释放子囊孢子后，5h 内空气中的孢子浓度迅速升高，6~12h 保持稳定，随后开始下降直到 25h 后不再产孢为止。盘孢属病菌（*Ophiosphaerella agrostis*）侵染草类寄主形成的病斑在湿润后的前 10h 能够释放 80% 的子囊孢子。黑星病菌（*Venturia inaequalis*）侵染苹果形成的病斑在短暂降雨的情况下可持续释放 3h 的子囊孢子，长时间降雨可持续 6h。香蕉黑条叶斑病菌（*Mycosphaerella fijensis*）的病斑在连续降雨的情况下，孢子数量也持续增加，释放行为同样和降雨相关，即每次降雨都引起一次释放行为，但释放的孢子浓度则不断降低，这一点和南美叶疫病菌非常相似。如果降雨持续数小时，外担菌（*Exobasidium vexa*）的担孢子释放数量不断下降，然而在持续小雨的情况下，释放速度基本保持不变。橘霉球孢菌（*M. citri*）在雨停后仍然能持续释放子囊孢子达数小时，但间隔时间较短的多次降雨并不能延长孢子释放时间。榛子东部枯萎病菌只要下雨就能释放子囊孢子，如果是时下时停的阵雨，但是只要榛树的枝条不干燥，这种释放行为就可以在降雨停止后保持5h。相反，如果枝条变干，那么只有在新的降雨发生才能进一步引发孢子释放事件。就黑星病菌而言，降雨并不总是导致孢子释放，如果出现连续两次降雨，那么通常情况下只有第一次降雨能引发孢子释放。

在法属圭亚那地区，当地气温常年波动不大，因此湿度是子囊孢子释放的主要限制因素。然而，在其他地区温度在子囊孢子释放过程中可能具有重要影响。例如，研究者发现香蕉黑条叶斑病菌子囊孢子的释放受到湿度和温度互作的影响，每天释放的子囊孢子数量变化很大，因此分析南美叶疫病菌的子囊孢子释放可能也受温度等其他环境因素影响。

（三）田间管理和天气对分生孢子和子囊孢子产生的影响

前人研究发现，子囊孢子主要在病原菌度过不利环境中发挥作用，而田间病害的流行和扩散过程中主要依赖分生孢子的作用。为了了解在亚马孙流域田间条件下，两种不同类型的孢子（分生孢子和子囊孢子）在橡胶林的病害初侵染和后续扩散过程中的作用，以及天气和寄主因素对其释放和传播的影响，Guyot等（2014）采用孢子诱捕法开展了相关研究。

试验地点位于法属圭亚那康比角（5°20′N，52°55′W）。当地年平均降水量3 000mm，雨季为12月至翌年7月，旱季为8—11月（图2-14A），气温在21~34℃，平均值约26℃。RH较高，白天50%~70%，夜晚95%~100%，日均80%~90%。当地按降水量分为旱季和雨季，但气温变化不大。夜晚相对湿度高，通常大于95%，全年夜晚叶片均有几个小时处于湿润状态。在92%的日子里，叶片可以保持湿润超过9h。日常平均相对湿度在82%~92%，白天为44%~70%。雨季情况下，白天RH在90%左右，降雨后，即使在午后也会更高。

参照前述的橡胶树叶龄分级标准（B1-D），根据植株枝条的生长状况计算物候指数。无任何叶片时指数为0，仅有B1阶段叶片的指数为1级，以此类推，当枝条上仅有D阶段叶片时的指数为181。调查时统计整个试验小区内每个枝条的物候指数，计算平均值。

当枝条上所有叶片均老化后，肉眼观察叶片发病情况并参照Chee等的标准对每个小叶受害程度进行分级（0级，无病害；1级，受害轻，发病坏死面积小于1%；2级，受害程度中等，坏死面积在1%~10%；3级，受害重，坏死面积在11%~30%；4级，非常重，坏死面积在30%以上；5级，叶片受南美叶疫病为害而脱落），计算每个枝条上所有小叶的平均受害级别，进一步计算出每个植株以及整个试验区域的平均病级。

由于试验区域的幼龄橡胶树（即增殖苗）定期进行人工修剪，因此植株的物候期表现出周期波动性，即修剪后仅剩少量或无叶片，植株随后重新抽叶，物候指数再度升高，至下一次修剪为止。每两次修剪之间为一个波动周期，受天气条件、管理措施、树龄等方面影响，每个波动周期内可出现3~6次波动，两个周期之间的波动趋势也并不一致。

试验田块内，2006 年和 2008 年在修剪后 1~2 个月后，南美叶疫病病斑开始在叶片上出现，但 2009 年修剪 6 个月以后才开始发病（图 2-15C），分析可能和修剪后的田间病残体清除程度以及降水量相关。病害在发病 6 个月后达到高峰（即为害最严重的程度），即 2006 年和 2008 年修剪后 8 个月，以及 2009 修剪后的 12 个月，随后病害为害程度略有波动，但变化不大，直至再次修剪。

就分生孢子而言，只有当田间存在病叶时（图 2-15C），孢子才能释放（图 2-15D）。当植株修剪后，分生孢子数量迅速降低至 0（图 2-16A），然而在相邻未修剪的田块，分生孢子持续释放（图 2-16B）。分析分生孢子是在病叶的病斑上产生，由于修剪作用去除了病叶而导致分生孢子的数量也显著下降。田间情况下，分生孢子仅能在发病田块的叶片上产生，而且传播距离很短。孢子释放数量的周期性和植株的物候期是一致的，当植株旺盛生长时（物候指数达到 12）孢子数量达到峰值，表明绝大多数的嫩叶均接近老化（图 2-15B）。当物候指数保持在高位（2006 年 9—10 月）但植株上仅有极少数嫩叶时，孢子数量也很少（图 2-15D）。在旱季，老叶不再产生孢子（图 2-15A）。只有当南美叶疫病为害程度超过 3 级（最高 5 级），释放的孢子数量才能达到高峰（每周高于 1 000 个）（图 2-15C 和图 2-15D）。和 2006 年相比，2009 年 7 月仅有极少孢子，另外 2008 年下半年至 2009 年上半年孢子数量均非常少，表明人工修剪后减少了田间病叶（显著降低了菌源初始数量），植株物候指数虽然回升较快，但病害为害程度较轻，叶片上病斑数量较少，因此孢子数量也相对较少。进一步分析发现，当平均病情指数超过 2.27 时，每周捕获到的孢子数量才能超过 800 个。另外，橡胶树叶片的物候对孢子释放也有一定的影响，当物候指数在 98~139 时，即接近老化的叶片占主导地位时，此时分生孢子的产生和释放均达到最高值。当物候指数超过 139，即老叶为主时，叶片上的病斑开始转为产生器孢子和子囊孢子，因此分生孢子数量降低。

进一步分析了分生孢子在 24h 内的释放动态，发现其全天均可释放，夜晚释放数量少，其中 5:00—6:00 期间释放数量最少，而高峰期出现在 10:00—15:22，即一天中最热、最干燥、风力最大的时间段（图 2-17）。

和分生孢子不同，子囊孢子在全年所有季节，包括橡胶树叶片全部脱落以及无病害发生的阶段，均可释放（图 2-15E）。在试验田块周围 265m 范围内，没有橡胶树存在，但是仍然能够捕获子囊孢子，表明其扩散范围至少可达这个距离。在 2005—2006 年和 2007—2008 年，子囊孢子的数量在两个特殊时期达到最高。第一个时期（2005 年的 12 月至 2006 年的 3 月、2007 年 10 月至 2008 年的 1 月）发生在南美叶疫病流行的开始阶段，第二个时期（2006 年和 2008 年的 5—7 月）发生在流行中期，而两个时间段之间有明显的数量下降现象。和之前相比，2008—2009 年修剪之后子囊孢子的数量明显变少，即使这些阶段降雨丰富而且嫩叶大量产生（到 1 月中旬为止）。同时，病害流行受到限制，田间仅有零星分布的一些小病斑，这解释了仅诱捕到少量孢子的原因。不同年份子

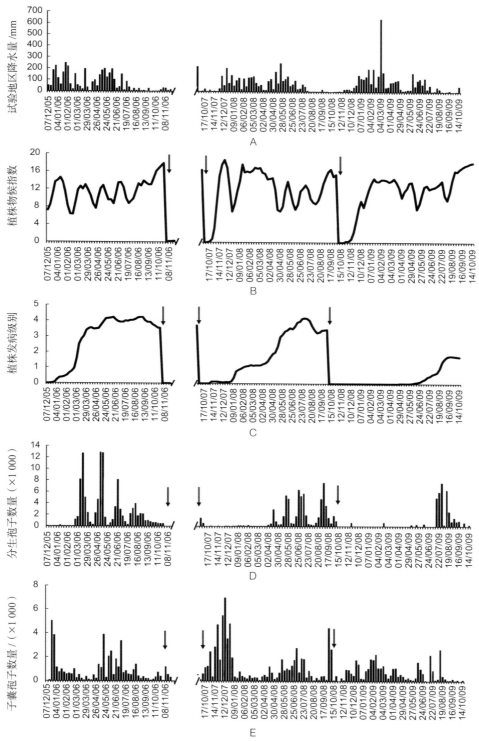

图 2-15　孢子释放动态调查结果（橡胶树品系为 IRCA GY 5）

注：横坐标为调查时间（格式：日 / 月 / 年）；橡胶树品系为 IRCA GY 5，箭头表示人工修剪日期；
引自 Guyot 等（2014），略有改动。

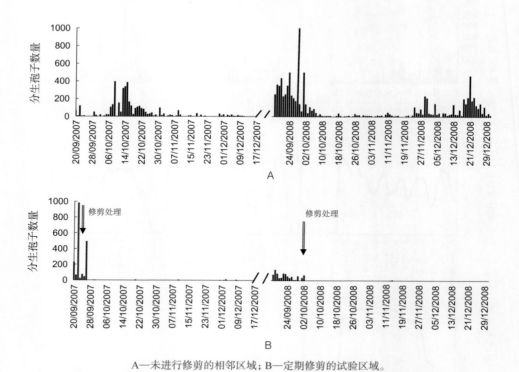

A—未进行修剪的相邻区域；B—定期修剪的试验区域。

图 2-16 两个橡胶林段分生孢子释放动态（橡胶树品系为 IRCA GY 5）

注：横坐标为调查时间（格式：日/月/年），橡胶树品系为 IRCA GY 5，箭头表示人工修剪日期；

引自 Guyot 等（2014），略有改动。

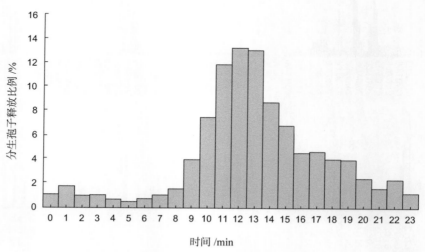

图 2-17 每日 24h 内分生孢子释放动态（橡胶树品系为 IRCA GY 5）

注：引自 Guyot 等（2014），略有改动。

表 2-9 不同地形条件下的分生孢子数量

捕孢器暴露方向	捕孢器设置地点及离地距离											
	低地			山腰			山顶			累计		
	1m	5m	10m	1m	5m	10m	1m	5m	10m	1m	5m	10m
北	6 759	5 064	2 100	3 059	1 546	589	5 175	17 409	689	14 993	8 318	3 318
南	7 358	5 234	1 342	2 947	2 285	1 276	6 507	2 755	1175	16 712	10 274	3 793
东	4 427	3 728	1 170	2 655	1 402	1 322	4 527	2 645	882	11 339	7 775	3 374
西	6670	5 780	2 359	2 901	2 193	965	6 384	2 763	795	15 955	10 736	4 121
合计	25 214	19 806	6 971	11 562	7 426	4 152	22 223	9 872	3 543	58 999	37 104	14 666

注：数据为 1972 年 10 月 11 日至 1973 年 12 月 31 日期间随机选择 30 个显微镜视野的统计结果；引自 Rocha 等（1981），略有改动。

表 2-10 不同地形条件下的落叶量、湿度和孢子数量

病害相关因子	低地	高地
正常落叶（小叶）数量 /（片 /m²）	1 512	999
因病落叶（小叶）数量 /（片 /m²）	2 457	1 622
RH>95% 时长 /h	3 873	1 660
捕获的分生孢子数量 / 个	51 991	35 638

注：正常和因病落叶数量为 1972 年 10 月 19 日至 1974 年 5 月 6 日统计数据，高湿度时长和孢子数量为 1972 年 10 月 11 日至 1973 年 12 月 31 日统计数据；引自 Rocha 等（1981），略有改动。

（二）温度和湿度对病害发生的影响

20 世纪 80 年代，Kajornchaiyakul 等（1986）在巴西巴伊亚州的伊塔布纳（Itabuna）地区利用袋装嫁接苗（品种为 FX 3864），采用人工接种方法评价了温度和湿度对病原侵染的影响。

在高湿条件下，用干燥的分生孢子（干沉积法）进行叶片接种后，前 4h 没有形成病斑，6~8h 后开始出现，数量为 1~11 个 /cm²，8h 后，叶片上形成的病斑数量没有变化。用孢子液（喷洒法）接种后，2h 后可形成约 10 个 /cm²，随着时间的延长，产生的病斑数量和干沉积法所获结果并无明显差异。分析干燥的孢子需要吸收足够的水分后才能够成功完成侵染过程。

孢子接种后，分别在不同温度下处理，结果 19~22℃ 和 23~25℃ 处理下形成的病斑数量最多，分别为 10.1 个 /cm² 和 10.4 个 /cm²，而且病斑大小差异不大，26~29℃ 处理下仅

有 1.4 个 /cm²，而 30~32℃处理下没有产生病斑。病原菌的生物学研究结果表明，病害发展（包括分生孢子的形成、萌发、释放和子囊孢子的释放等）的最适温度为 23℃，接种结果也证明了这一点，即高温天气不利于病害的发生。

评价了 3 种温度及 2 种湿度处理下病害的发展程度，结果发现 23~25℃时病斑扩展最快，19~22℃时最慢，即低温和 23~25℃条件下，叶片上病斑的平均直径比高湿度（套袋处理）条件下高很多。湿度方面，3 个温度处理中低湿度条件下病斑直径均大于高湿度条件下，表明病斑的扩展不需要高湿度条件。19~22℃和 26~28℃且低湿度条件下，接种 7d 后未能产孢，接种 14d 时 3 种温度的低湿度处理均能产生孢子但 23~25℃产孢量很大而另外两个处理数量很少（表 2-11）。

表 2-11   温度和湿度对病斑大小及分生孢子产生的影响

处理		病斑直径	孢子形成	
温度 /℃	湿度（RH）	7d/mm	7d	14d
19~22	低	211	无	很少
19~22	高	176	无	—
23~25	低	484	无	很多
23~25	高	364	很少	—
26~28	低	213	无	很少
26~28	高	207	很少	—

注："—"表示未进行；引自 Kajornchaiyakul 等（1986），略有改动。

孢子接种后分别在不同的温湿度处理下进行培养，发现分生孢子在 7d 内即可形成，但单位面积叶片上产生的孢子数量存在显著差异。在高湿条件下，病斑扩展快，而且产生的分生孢子数量显著高于相同温度而低湿条件下。接种 14d 后产孢数量最多，分析和部分孢子释放有关（图 2-20）。另外，21d 后观察时，各温度在高湿处理下均开始形成分生孢子器。

研究结果表明，病原的侵染和病害的扩展最适温度为 23~25℃，当温度上升到 28℃时并不能抑制侵染，但分生孢子形成数量降低。温度低于 23℃时病原侵染率降低，但低温诱导形成露水，从而间接提高了产孢能力。水分是孢子侵染的必需条件，干燥的孢子需要一段时间高湿处理才能成功侵染并形成病斑。

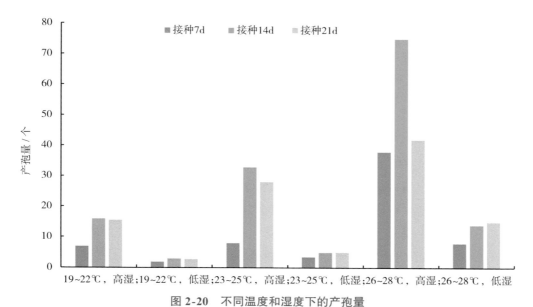

图 2-20　不同温度和湿度下的产孢量

注：引自 Kajornchaiyakul 等（1986），略有改动。

第四节　南美叶疫病适生性分析

目前的监测结果表明，南美叶疫病迄今仍局限在中南美洲从墨西哥（北纬 18°）到巴西圣保罗州（南纬 24°）之间的一些地区发生，尚未传入亚洲和非洲植胶区。即使在该范围内，不同地区的受害情况也有轻、重之分，一些地区甚至尚未有病害发生。分析这与各地区种植的橡胶树品系、病原菌生理小种种群结构等相关，也与气候、天气等因素有关，其中最重要的是湿度条件。因此，国内外均开展了南美叶疫病适生性分析等方面的研究工作。

一、气候和天气对南美叶疫病发生的影响

研究表明，病菌孢子萌发和侵染叶片至少需要 8 h 的潮湿时期，露水、雾和小雨比大雨更有利于病害发生。调查资料表明，高发病区年降水量在 2 500mm 以上，分布均匀，无明显旱季，不会连续 2 个月出现月降水量少于 70~80mm 的情况。这些地区的橡胶树植株在病害的影响下，可连续落叶 4 次，导致嫩梢回枯、幼树死亡。中等程度发病区的年降水量少于 2 000mm，但降雨均匀、无明显旱季。低发病区年降水量在 1 300~2 500mm，但有明显的旱季，有连续 4 个月的月降水量低于 70~80mm。橡胶树在旱季越冬或最冷月的平均温度低于 20℃的地区不发病或病情轻。Guyot（2010）在法属圭亚那连续观察了 IRCA GY5、PB260 和 FX3864 等种质的发病情况，发现 59% 的时间内，每日 RH 高于 95% 的时间大于 9h，以及长时间的潮湿和平均温度高于 25℃ 有利于病害发生，但过多的水分对于病害的发生甚至是不利的。

二、南美叶疫病在全球植胶区的潜在地理分布

曾辉等（2007）分析了寄主植物种类、气温、相对湿度、降雨、光照等适生因子对南美叶疫病菌的影响，了解了该病菌的地理起源、传播历史（自然传播和人为传播）和地理分布，评价了适生因子对该病菌分布南北界和东西界等方面的影响，发现该病的地理分布是在病原菌生物学特性的基础上，受寄主、气候等多个因子综合作用的结果。寄主植物的分布和气温决定了该病害分布的南北界，冬春季节的低温限制寄主的分布以及病菌子囊孢子的萌发侵染，而该病分布东西界则初步认为是降水量及降雨类型起决定作用，一年内有明显长时间旱季的地区不适合该菌的生存和病害的发生。

曾辉等（2008）进一步在了解了该病害发生地区和橡胶树的主要种植区域的基础上，采用 MaxEnt 软件预测了病害在全球的潜在地理分布。适宜值越高表示气候条件越适宜此菌存活。该菌目前分布地的适宜值都在 10 以上，且病害高发地的适宜值在 30 以上，所以将适宜值划分为 3 个等级：适宜值 ≤ 10，适宜度为低，一年当中有较短的一段时间适宜该菌存活；10 < 适宜值 < 30，适宜度为中，一年当中有较长的一段时间适宜该菌存活；适宜值 ≥ 30，适宜度为高，一年当中有很长的一段时间适宜该菌存活。仅考虑气候因素，适宜值 > 10 的区域可以认为是该菌的潜在地理分布区。美洲地区除现有发病区域外，在加拿大和美国东部沿海地区、美国北纬 34° 至墨西哥北纬 18° 之间部分地区、巴西南纬 25° 以南至阿根廷东北部地区、巴拉圭以及智利南方部分地区的气候条件适宜值在 1~10，一年当中有较短的一段时间适宜该菌存活，另外美国佛罗里达州南部地区和夏威夷群岛的适宜值在 10~30，病菌应该能在这两个地方存活较长时间。欧洲大部分地区气候条件不适宜病菌存活，只有意大利、希腊、土耳其和西班牙等国沿地中海部分地区以及葡萄牙西部沿海地区的气候条件适宜值在 1~10。在非洲地区，摩洛哥、阿尔及利亚和突尼斯等国家的沿地中海地区、北纬 12° 至南纬 15° 之间广大地区、东南部沿海地区和马达加斯加都适宜该菌存活，特别是北纬 11° 至南纬 9°、埃塞俄比亚西南和马达加斯加东部气候条件适宜值都在 20 以上，部分地区甚至在 60 以上，非常适宜该菌存活。大洋洲的澳大利亚除东北沿海局部地区气候条件适宜外，大部分地区气候条件适宜值都小于 10。新西兰北部地区气候条件适宜值在 1~10，巴布亚新几内亚、所罗门群岛、斐济等太平洋群岛大部分地区气候条件适宜值在 30 以上，适宜该菌存活。在亚洲，气候条件适宜橡胶南美叶疫病菌存活的地区集中在东亚和南亚北纬 35° 以南的区域以及巴基斯坦、沙特阿拉伯和也门。在印度（东北、西南地区和安达曼岛）、斯里兰卡、缅甸和泰国南方狭长地区、柬埔寨沿海地区、老挝、越南、菲律宾、文莱、马来西亚和印度尼西亚部分地区的气候条件适宜值都在 60 以上，非常适宜该菌存活。在中国，云南省南部、广西壮族自治区南部沿海、广东省南部沿海、海南省和台湾省的气候条件适宜值在 10~30，比较适宜该菌存活。

在气候因素基础上再结合考虑寄主因素，气候适宜值大于 10 的橡胶树种植国家或地

区为该菌的潜在地理分布区。美洲地区的潜在分布区为美国（佛罗里达州南部）、墨西哥（东南部及部分沿海地区）、危地马拉、伯里兹、萨尔瓦多、洪都拉斯、尼加拉瓜、哥斯达黎加、巴拿马、委内瑞拉（南部以及北部沿海地区）、哥伦比亚（低海拔地区）、圭亚那、苏里南、法属圭亚那、厄瓜多尔（低海拔地区）、秘鲁（东部低海拔地区）、玻利维亚（东部和北部低海拔地区）、巴西（南纬25°以北和东部沿海）、特立尼达和多巴哥、波多黎各、多米尼加、海地、古巴和牙买加。非洲地区为几内亚（中部和南部地区）、利比里亚、科特迪瓦（西部地区和南部地区）、加纳（西南地区）、尼日利亚（南部地区）、喀麦隆（中部和南部地区）、中非（中部和南部地区）、加蓬、刚果共和国（中部和北部大部分地区）、刚果民主共和国、乌干达、肯尼亚（西部小部分地区和东南沿海）和坦桑尼亚（北方部分地区和东部沿海地区）。大洋洲地区有巴布亚新几内亚，而亚洲地区包括印度（东北部、南部沿海地区和安达曼岛）、孟加拉国（东部部分地区）、缅甸（北部地区、西部地区和南部狭长地区）、泰国（西部地区和南部狭长地区）、斯里兰卡（南部地区）、马来西亚、柬埔寨（东部地区和西部地区）、越南（中部和南部地区）、老挝、文莱、菲律宾、新加坡、印度尼西亚和中国（海南省、云南省西双版纳地区、广西壮族自治区南部沿海地区、广东省南部沿海地区和台湾省）。预测结果显示，在全球54个天然橡胶种植国家或地区里，除了非洲的几内亚比绍和马里以及目前有该病发生的19个国家或地区，其余33个国家或地区都是病害的潜在地理分布区。国内相关机构应该结合中国不同植胶区的生态条件开展南美叶疫病在中国植胶区的适生性研究，划分出可能出现的高、中、轻或无病区，进一步做好对该病的监测预警工作。

Roy等（2017）在收集了全球范围内温度、相对湿度和降水量等相关信息的基础上，用 Esri's ArcGIS 软件评价了南美叶疫病对主要植胶国的气候风险分析。结果表明，由于橡胶树落叶季节的 RH 和降水量不适合南美叶疫病，因此印度地区发生该病的风险较低。部分地区的幼龄树，其落叶阶段如果遇到有利的天气条件，同样有可能发生。斯里兰卡大部分地区在落叶期间（1—4月）不存在感染该病的风险，但安帕拉（Ampara）和莫内拉加拉（Moneragala）地区的气候适于病害发生。东南亚地区橡胶树落叶时间通常从1月开始，有时候持续到4月。马来西亚、菲律宾和印度尼西亚部分地区的平均气候条件有利于病害度过抽叶期（4—5月），这些地区病害发生风险较大。泰国、越南、柬埔寨和老挝的大部分地区，由于气候条件并不适合，因此风险较低。中国的橡胶树主栽区位于海南和云南，温度和 RH 适宜，但降水量不足，因此发生风险也较低。在非洲，橡胶树主要在2—3月重新抽叶，所有植胶区的平均温度均适于该病的发生。考虑到抽叶期的 RH 和降水量，加蓬、刚果、赞比亚和马拉维等国家仅有部分地区适于该病发生。另外，这些地区下半年气候有利于病害发生，因此幼龄树受害的可能性更大。

Reza等（2019）应用基于 Getis-Ord Gi 的新兴热点分析统计数据，计算出长达30年的地理网格日降水量和地表相对湿度数据，分析了天气条件下，不同地区的南美叶疫病发生概率。将高湿度天气和降水量两个标准相结合，代表着长达数小时的叶片湿润天气，也即适于南美叶疫病发生的环境条件。基于成龄橡胶树形成新叶的时间段，分析该阶段的高湿度天气和降雨情况，发现热带美洲地区从赤道到北纬 8° 地区，没有扩大明显的冷点（冷点可视为不适宜病害发生的区域）范围，非洲热带地区（东经 8°~20°）也出现了同样的现象。印度的喀拉拉邦和卡纳塔克邦（北纬 8° 至北纬 14°）的海岸线地区、印度东部海岸的北纬 11°~13° 和 18°~21° 地区，非洲北纬 11°、西经 15°~31°、北纬 4° 地区，以及东海岸南纬 5°~8°（坦桑尼亚）和南纬 17°~18°（莫桑比克）地区，南美洲的委内瑞拉北部，巴西海岸地区南纬 6°~18°、西经 42°~50° 范围至马拉尼奥和帕拉州以及马托格罗索州南部，这些地区按照两个标准（或至少其中一个）是显著的冷点地点。相关结果和曾辉等人的研究结果存在一定的差异，也表明就湿度而言，部分地区并不适合南美叶疫病的发生。

三、南美叶疫病避病区分析

不同的橡胶树种植区，其气候条件是不相同的，因此病害的发生为害情况也存在显著差异。适宜种植橡胶树且不发生南美叶疫病或病害发生很轻的区域，通常也称为"避病区"。除种植抗病品种外，在避病区建设橡胶园能够避免病害的严重为害，也是拉丁美洲地区发展橡胶树种植业的重要策略。

20 世纪 60 年代，巴西通过研究确定了橡胶树的适宜种植范围以及不利于南美叶疫病发生的地区，提出了避病区的概念，其特征：① 年平均温度高于 20℃、最冷月（7 月）的平均温度 <20℃（16~20℃）；② 年缺水量 0~200（最高 335）mm；③ 年净蒸发量 >900mm；④ 年相对湿度指数 65%~75%。分析认为马托格罗索、米纳斯吉拉斯、戈亚斯、里约热内卢和圣埃斯皮里托这些地区并非橡胶树种植的最佳地区，其具有典型的、最长 5 个月的旱季。在旱季，南美叶疫病菌的侵染循环（即子囊孢子的存活和侵染）受到严重限制，从而导致病害不发生或发生较轻。根据中国植胶区气象资料的初步分析，多数植胶区每年都有很长的旱季，多数地区（除海南岛部分地区）每年都有几个月的月均温低于 20℃，而且橡胶树多在旱季越冬，按巴西提出的标准似乎多数植胶区并不利于南美叶疫病的发生流行。从一些地方（如云南西双版纳、海南岛部分地方）的湿度条件考虑，高温、露水、雾和小雨使叶片保持潮湿达 10h 或以上，同样能满足南美叶疫病发生流行的条件。

在避病种植方面，危地马拉是一个很好的例子。第二次世界大战后，该国在太平洋沿岸避病区建立了第一个橡胶园。由于避病栽培获得成功，该地区橡胶种植面积不断扩大，2014 年报道其种植面积达 10 万 hm²，90% 种植在避病区。

（一）南美叶疫病避病区的划分

由于避病栽培能够有效降低南美叶疫病的防治成本，因此拉丁美洲其他植胶国也开展了避病区的划分和利用工作。

1. 哥伦比亚避病区分析

哥伦比亚是拉丁美洲主要的植胶国之一，当地的橡胶树种植业同样受南美叶疫病为害。该国东部和南部地区属于亚马孙河流域，气候适于发展橡胶树种植业，同时也是南美叶疫病的重病区。在该国亚马孙流域和西北部奥里诺奎亚（Orinoquía）之间气候条件并不适合南美叶疫病的发生，其发病率和受害程度均较低，属于避病区并比较适于发展橡胶树种植业。

中马格达莱纳（Middle Magdalena）地区位于奥里诺奎亚东南部，也在避病区范围内。Yeirme 等（2016）收集了该地区 19 个气象站 1990—2010 年的温度、相对湿度和年降水量记录，根据相关数据，计算了年平均气温和月平均气温、湿度、年降水量、年水量平衡值、年潜在蒸发量、降水量小于 50mm 和 100mm 的月数，以及相对湿度低于 75% 的月数，采用反距离加权法（Inverse Distance Weighted），用 ArcGis 9.3 软件对每个变量及其组合进行处理，根据橡胶树水分需要，结合病害限制性气象因子进行相关分析以进一步确定该地区的避病范围。

基于橡胶树生长对年度降水量和平均气温的需求，中马格达莱纳的大部分地区均非常适于种植橡胶树。如果仅考虑降水量，部分地区适宜度为中度或低度，包括拉格洛里亚（La Gloria）的西南部、里奥维约（Rioviejo）东南部、阿雷纳尔（Arenal）和莫拉莱斯（Morales）的大片区域，阿瓜奇卡（Aguachica）、伽马拉（Gamarra）、里奥内格罗（Rionegro）和贝图利亚（Betulia）北部等地区不建议发展橡胶树种植业。

就年度蒸发量而言，整个中马格达莱纳地区均符合橡胶树生长需求。根据土壤含水量限制，拉格洛里亚（La Gloria）、雷希多尔（Regidor）和伽马拉等地区由于水分严重缺少（>500mm）而不适合，雷希多尔部分地区、提奎西奥（Tiquisio）、阿雷纳尔（Arenal）、莫拉莱斯（Morales）和圣马丁（San Martin）等地区同样缺水（300~500mm），因此也不太适合种植橡胶树。圣罗莎·德尔苏尔（Santa Rosa del Sur）、塞米蒂（Símiti）和威尔切斯港（Puerto Wilchez）等自治市仅有少量地区适合。其他 22 个自治市和圣阿尔伯托（San Alberto）的少量地区均适合发展橡胶树种植业。值得注意的是，如果土层深厚，橡胶树植株对缺水有一定的耐受能力（年缺水量在 300mm 以上）。

由于该地区没有明显的气象学冬季及严重的霜冻天气，因此根据年平均气温、年缺水量、年度最冷月平均气温等相关气象信息的适宜性，该地区可分为 3 个不适宜地区、一个边缘区以及一个适宜地区。年度气温在 25~28℃、最冷月气温高于 18℃、缺水程度中等（300~500mm）且土壤深度符合要求的地区为边缘区，包括里奥阿韦尔（Rioviejo）、阿雷纳尔（Arenal）、莫拉莱斯（Morales）等地区，分布在北部和北中部之间，呈带状自西向东横穿整个中马格达莱纳地区。边缘区以南，除部分零星地区，中马格达莱纳地区的大部分范围均适合种植橡胶树。这些地区年平均气温在 25~28℃、最冷月气温高于 18℃、缺水量在 300mm 以下，包括博亚克港（Puerto Boyaca）、特里恩福港（Puerto Triunfo）、纳尔埃港（Puerto Nare）等地区。

就南美叶疫病避病区而言，圣马丁北部、威尔切斯港（Puerto Wilchez）、西米蒂（Simití）等地区有明显的旱季，其特点为连续6个月的降水量小于100mm。这些地区中，整个提奎西奥（Tiquisio）、莫拉莱斯（Morales）、阿雷纳尔（Arenal）等地区有4个月的降水量小于50mm，因此从降水量考虑，这些地区才是不利于南美叶疫病发生的避病区。萨班纳德托雷斯（Sabana de Torres）和圣玻尔塔（Rionegro）北部、威尔切斯港（Puerto Wilchez）中部、圣阿尔伯托（San Alberto）等地区有一个3~4个月的旱季（月降水量少于100mm），其中1~2个月的降水量少于50mm，因此也属于比较理想的避病区（即病害轻微发生）。这些地区均位于中马格达莱纳地区的北部，降雨较少，可以考虑作为避病区。该地区中部和南部的另外20个城市全年降水量低于100mm的时间少于3个月，有利于南美叶疫病的发生，因此不适于种植橡胶树。湿度是南美叶疫病发生的重要影响条件，基于降水量分析，在最干燥的2月期间，如果RH在70%~80%，也比较适合作为避病区（评价等级为中等）。因此，北部部分地区有两个月的RH低于75%，也适合作为避病区。

结合农艺学和病害流行学，根据缺水量限制、年度蒸发量、最干燥月份的RH、海拔高度、灌溉情况、土壤深度等因素，可进一步划分为一个非限制区和6个限制区。非限制区（完全避病区）的年缺水量大于300mm，蒸发量高于900mm，最冷月RH低于70%，包括拉格洛里亚、雷希多尔、蒂奎西奥（Tíquisio）等北部及部分北中部地区。中马格达莱纳的其他地区均属于有一定限制的避病区。

在完全避病区内，缺水量在500mm以上的地区对橡胶树来说太干燥，而部分地区土壤层太浅或者排水不良，因此拉格洛里亚、里吉多尔（Regidor）、里奥维乔（Rioviejo）、蒂奎西奥等地区并不适合建立橡胶园。在适于橡胶树种植的边缘区，部分地区土壤灌溉条件良好，同样可以考虑作为南美叶疫病的避病区而发展橡胶树种植业，包括蒂奎西奥、里奥维乔和阿雷纳尔西南部。在这些避病区内，种植橡胶树只需要从农艺角度选择合适的品种即可，不需要考虑其对南美叶疫病的抗病性，而其他地区必须考虑病害流行的风险并选择合适的抗病品种。

2. 厄瓜多尔避病区分析

厄瓜多尔也是南美地区主要的植胶国，受南美叶疫病影响，该国橡胶树种植面积相比高峰时期下降了接近一半。除了抗病种质利用外，研究者也开展了"避病区"的筛选应用工作。

Franck等（2015）收集了厄瓜多尔地区的气候、土壤等信息，比较了土壤质地（砂质壤土、粉质壤土、壤土、粉质黏壤土、沙土和黏壤土等）、坡度（25°以下）、沙化（25%以下）、pH值（4.5~6.5）、降水量（1 250~3 500mm）、温度（高于22℃）、海拔（低于1 000m）、生境（去掉森林和植被保护区、自然和森林遗产等）、地下水位（高于 100cm）和土壤深度（超过 50/100cm）等参数，分析了该国适宜种植橡胶树的地区以及南美叶疫病的避病区。考虑到仅太平洋沿岸部分地区的土壤深度超过 100cm，其他地区深度更浅，因此将该参数确定为超过 50cm，在此情况下，橡胶树最大种植面积为 749 824hm²，即太平洋沿岸的 516 610hm²（69%）和东部地区 233 213hm²（31%）。按照省份划分，在太平洋沿岸地区，包括从埃斯梅拉达斯省（Esmeraldas）[埃斯梅拉达斯州（Esmeraldas Canton）和奎宁德州（Quinindé Canton）]、圣多明各省（Santo Domingo de los Tsáchilas）[拉孔考迪亚（La Concordia）和圣多明各省（Santo Domingo）]、洛斯里奥斯省（Los Ríos）[布埃纳·费伊（Buena Fé）、瓦伦西亚（Valencia）、奎维多（Quevedo）和昆萨罗留（Quinsaloma）]、科托帕西省（Cotopaxi）[拉马纳（La Mana）]，一直到瓜亚斯省（Guayas）[恩帕尔梅（El Empalme）、阿尔弗雷多·巴奎佐·莫雷诺（Alfredo Baquerizo Moreno）、西蒙·玻利瓦尔（Simon Bolivar）、米拉格罗（Milagro）、圣雅辛托·雅瓜奇（San Jacinto Yaguachi）和里恩佛（El Triunfo）]一带。在东部地区，包括苏昆比奥斯省（Sucumbios）[舒芬迪（Shushufindi）和新洛哈（Nueva Loja）]和弗朗西斯科·德奥雷利亚纳省（Francisco de Orellana）[拉乔亚·德洛斯萨查斯（La Joya de los Sachas）、洛雷托（Loreto）和奥雷利亚纳（Orellana）]。参照南美叶疫病避病区标准，即 4~5 个月的降水量低于 50mm、2~5 个月的降水量低于 30mm、年度平均降水量高于 1 250mm、年度缺水量在 100~400mm 和最干旱月份的 RH 低于 70%，仅太平洋沿岸存在不利于病害发生的区域，而东部地区不存在。当缺水量在 100~400mm 时，不利于病害发生区的面积约 426 276hm²，考虑到来自亚洲的橡胶树品系在缺水 600mm 情况下能够正常生长[国家农业研究所（Instituto Nacional de Investigaciones Agropecuarias，INIAP）皮奇林格（Pichilingue）的试验站和恩帕尔梅（el Empalme）橡胶园已证明这一点]，因此面积相应地增加到 1 242 641hm²。橡胶树适宜种植区和不利于南美叶疫病发生区之间重合的部分即为适于发展橡胶树种植业的、南美叶疫病发生轻的避病区，面积共计 80 174hm²。这些避病区主要位于瓜亚斯省（Guayas）和洛斯里奥斯省，马纳维省（Manabi）、埃斯梅拉达斯省（Esmeraldas）和玻利瓦尔省（Bolivar）也有少量分布。这些避病区零星分布，面积都比较小，其中瓜亚斯省东部靠近洛斯里奥斯省省会巴巴奥约市的避病区面积相对较大。

（二）避病区病害发生情况

　　Franck 等（2016）在位于厄瓜多尔洛斯里奥斯省避病区的 INIAP 下属的皮奇林格试验站进行了长期的病害监测工作，当地每年有典型的 5 个月旱季，而 6—11 月为典型的雨季。研究者选择了 10 个品系，于 2005 年 4 月种植，其中 RRIM 600 在危地马拉和巴西圣保罗州的避病区广泛种植，因此用作对照。2005—2014 年，系统调查了田间病害发生情况，包括嫩叶和老叶受害严重度、病斑类型和子座密度等方面情况。监测结果表明，2006 年仅在田间零星发生，2007—2010 年常年流行且受害较轻，而且不同年份之间的发生特点基本一致。病害从植株抽叶开始发生（2月），随后迅速流行，9月时为害最严重，根据病斑形成状况，其受害程度接近4级（分为1~6级，其中6级为害最重），随后病害在旱季显著减轻。这些品系中，RRIC 100受害程度最轻，其次为PR 255和PB 314（图2-21）。2—9月的病害调查也表明，不同品系之间的受害状况（即抗病能力）也存在一定的差异。不同年份中，同一品系的老叶受害情况和子座密度之间均表现出明显的相似性，表明这两个病害症状之间存在相关性。

就幼嫩叶片而言，旱季发病率迅速下降，子座密度也非常低。在子座密度方面，每年3—9月期间，每个品系的平均受害程度均在3.5~4级（分级为0~4级，其中4级子座密度最高）。在这些品系中，RRIC 100受害程度最轻，特别在2007年和2008年，分析也可能和该品系受害程度最轻有关。研究结果表明，和重病区相比，避病区的南美叶疫病为害较轻。10个品系中，RRIC 100、PR 255、PB 314和PB 280等种质受害程度最轻。综合考虑长势（树干胸围）、对病害的敏感性、物候等因素，RRIC 100、PB 314、PB 312、PB 280、IRCA 41、RRIM 600和PR 255比较适于该地区。该避病区气候条件并不能充分满足橡胶树种植需求，但RRIM 600的干胶年产量仍然达2t/hm²。

按照相关标准，巴西南部的沃图波兰加（Votuporanga）、伊提奎拉（Itiquira）、里奥维德（Rio verde）和戈亚尼亚（Goiania）等地区均为南美叶疫病的避病区，然而2013年1月和2月，这些地区均出现了南美叶疫病的流行现象，严重影响了当地胶农对橡胶树种植业的信心。Edson等（2015）收集这些地区的气象信息，发现1月12日至2月10日，相关地区的降水量比往年显著增加，增加比例在6%~106%，而几个病害流行期的降水量远高于往年。分析结果表明，病害在避病区的发生并不是由于病原菌增强了对避病区的适应能力，而是当地出现了异常天气情况（降水量增加而导致湿度显著增加），后续的调查结果也证明了这一点。

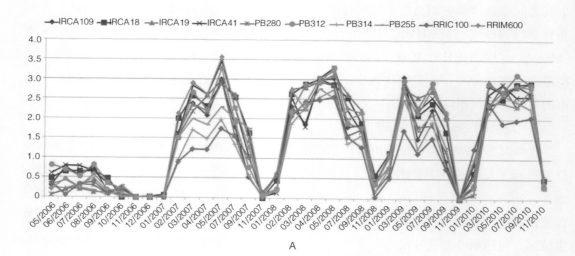

A

图2-21　不同年份各种质受害情况

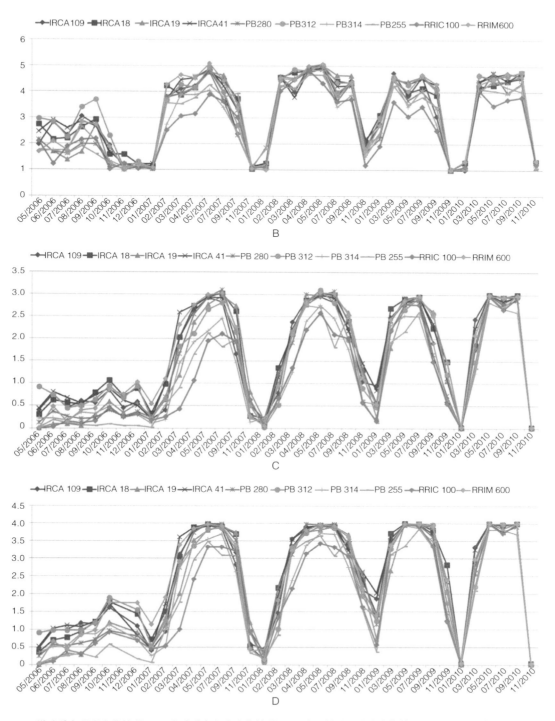

A—嫩叶受害程度变化情况；B—老叶受害程度变化情况；C—病斑数量及大小变化情况；D—子座密度变化情况。

图 2-21 不同年份各种质受害情况（续）

注：横坐标为调查时间（格式：月／年）；引自 Franck 等（2016），略有改动。

第五节　橡胶树抗病育种及抗病机理研究进展

人工培育的橡胶树，不同品种对南美叶疫病等病虫害的敏感性是不同的。抗病性（或耐病性）强的种质，同等条件下受害程度轻且产胶量变化小，因此采用兼具优良农艺性状（高产胶量、耐割、长势旺盛等）和较好抗性的种质是防治南美叶疫病最经济有效的措施。研究者在橡胶树和南美叶疫病菌互作方面开展了大量研究，并开展了抗性种质资源的筛选及相关作用分子机理等方面的研究。

一、国际机构在抗南美叶疫病种质培育方面的工作进展

胶乳是橡胶树最主要的收获物，因此具有产生更多胶乳潜力或者说产胶量更高的品系是橡胶树育种工作的最初目标。筛选具有高产量特性的橡胶树植株，随后通过杂交育种获得无性系子代并进一步进行产量评价和筛选是橡胶树品种改良的主要方法。高胶乳产量是育种工作中最重要的选择指标，更好的植株长势、树皮较厚而且表面光滑、割胶后树皮容易更新，以及对主要病害具有较好的抗性或耐性等性状也是育种工作的重要目标。和产胶量这个最重要的育种标准相比，橡胶树种质对南美叶疫病等病虫害的抗性受重视程度相对较低。

（一）国际机构育种计划

在橡胶树育种工作中，通常采用传统的、循环的、选型交配育种策略，即将具有优良基因型的种质作为后续育种工作的母本材料。由于产胶量是育种工作中首要的评价标准，因此生产中大多数栽培的橡胶树无性系都是通过少量的一些高产、主栽的无性系进行筛选或杂交而选育出来的。这些初期的橡胶树育种工作并没有考虑对南美叶疫病等病害的抗性，忽略了对抗病（或耐病）性状以及相关基因在杂交后代中的筛选工作。因此，许多橡胶树无性系在田间对常见病害表现出了不同水平的敏感性，即受害程度存在一定的差异。

南美叶疫病是世界橡胶树种植中为害最严重的病害，在田间能引起90%以上的产量损失。由于该病的流行为害，巴西及邻近地区所进行的橡胶树栽培工作几乎完全失败。筛选出兼具高产和较好抗病性的橡胶树种质是一项长期的、艰巨的工作，因此抗病育种是该病治理的长期策略。20世纪早期，人们就开始了橡胶树育种工作，不同国家的不同研究机构分别制订了不同的研究计划，其中有关遗传性状方面的研究是在20世纪70年代开始的。20世纪后期，人们开展了橡胶树主要品系对南美叶疫病的敏感性评价工作（Chee，1986），随后开展了主要品系对该病害的抗性评价工作，同时冠接技术也作为南美叶疫病的重要防治技术得到了推广。

由于学者们最初仅对产胶量、植株长势等经济价值大的主要性状感兴趣，因此有关橡

胶树对病害抗性方面的研究工作不受重视。随着南美叶疫病在拉丁美洲地区的暴发成灾，受到人们的关注，研究者随后开始了橡胶树抗病育种方面的研究工作。1928—1933 年，福特公司在巴西亚马孙河的支流塔帕若斯河（TaPajos）地区建立了 3 000hm² 的抗病育种试验基地，1933—1945 年福特公司又在巴西的贝尔特拉（Belterra）设立 6 500hm² 的基地，巴西北方农业研究所（原巴西皮里姆农业研究所，简称 IAN）在 1947—1980 年开展了抗病种质筛选工作。美国农业部（USDA）在 1948 年对橡胶树抗南美叶疫病种质培育状况进行了分析和展望，普利司通下属的火石公司（Firestone）也开展了育种相关工作，部分抗病种质在巴西、利比里亚等地区进行了田间评价工作。1983 年以来，米其林公司（Michelin）收集 1 000 多份橡胶树种质。近年来，法国国际农业研究中心（CIRAD）也开展了和米其林公司的合作工作。其他一些相关的科研机构同样开展了抗病育种相关工作。

（二）抗病种质在巴西橡胶树种植业中的作用

19 世纪，巴西曾经是世界最大的产胶国，最初的商业橡胶均采集野生橡胶树。1904 年，巴西开始发展规模化的橡胶树种植工作，阿马帕（Amapa）、巴拉（Bala）、阿克里等州均建立了大量商业化的胶园，美国福特公司也在巴拉州等地区设立了大面积的种植园，但在南美叶疫病大面积流行的情况下，这些胶园均先后被迫放弃。后来，人们发现种质 Fx25 对南美叶疫病具有较好的抗性，同时受第二次世界大战及随后爆发的朝鲜战争影响，20 世纪 50 年代初巴西颁布法令，开展了第二次发展橡胶树种植业的尝试。60 年代时巴西种植了 2 万 hm² 的橡胶树，其中大部分为种质 Fx25。1964 年，研究者发现橡胶树南美叶疫病菌进化出了新的能够为害 Fx25 的小种，随后大量橡胶园被该病原小种所摧毁，部分胶园再度放弃。70 年代后，国际市场对天然橡胶的需求越来越高，因此在相关科研机构鉴选出一批抗病性较好种质的情况下，巴西政府制订了三期计划，进行第三次发展橡胶树种植业的努力。除传统地区外，巴西也重视在南纬 20° 至南回归线（23°26′）之间非传统植胶区的种植工作。1984 年巴西橡胶树种植面积达 16.9 万 hm²，其中 2/3（约 11.3 万 hm²）分布在亚马孙州（2.6 万 hm²）、阿克里州（约 1.7 万 hm²）、巴拉州（2 万 hm²）、巴依亚州（约 3 万 hm²）、朗多尼亚地区（1.9 万 hm²）等传统植胶区，另外非传统植胶区也有种植，例如保罗州（Paulo，约 1.5 万 hm²）和马托斯尼昂州（Matos Ni Pleiades，0.1 万 hm²）。然而，随着病原菌种群的变异和病害的流行，巴西的橡胶园被迫使用大量农药进行该病的防治，其生产成本和经济效益难以和东南亚地区及非洲新兴植胶区相比。目前，巴西天然橡胶产量落后于亚洲的泰国、印度尼西亚、马来西亚、中国、印度、越南、菲律宾，非洲的科特迪瓦以及中美洲的危地马拉，年产量不足 19 万 t，在世界上排名第十。

（三）橡胶树抗南美叶疫病育种工作流程

与传统的、其他作物的抗病育种工作相似，不同种质之间的杂交也是橡胶树常规育种工作的主要手段，橡胶树不同品种之间的种内，以及橡胶树与近源物种之间的种间杂交技术均得到了大量应用。

橡胶树实生树（由种子发芽后直接长成的植株）定植后5~6年开花，芽接树（进行过人工嫁接的植株，即嫁接苗）定植后3~4年开花，在茎干基部环剥，并用香豆素、三碘苯甲酸或脱落酸叶面喷雾诱导的情况下，大多数1~2年生的无性系芽接树也可提前开花。橡胶树每年开花两次，通常越冬后抽叶时开花一次，2—3月后再开一次，部分品种还会进行第三次开花。例如中国种植的橡胶树，分别在3—4月（第一次）、5—7月（第二次）和8—9月（第三次），其中3—4月开花称为春花，为主花期，开花结果最多。如果抽叶时温度较低或受倒春寒影响春花很少，则以5—7月的夏花为主。

橡胶树的花序为圆锥花序，着生于叶腋或鳞片叶腋，雌雄同株而异花。雌花着生于总花序和小花序（花序梗）的顶端，通常每个花序具雌花3~20朵，多数10朵以上，雌花无花瓣，花萼5裂，比雄花萼片长，米黄色，基部具一绿色花盘，是雌雄花之间主要的区别特征。花序上雄花占多数，但每朵均比雌花小，无花瓣，花萼基部合生，先端五裂，米黄色，有雄蕊10枚，呈两轮排列在花丝柱上，花药2室，成熟时纵裂，花粉长椭圆形，具萌发沟和气囊。子房上位，中轴胎座，无花柱，通常3室，每室有侧生胚珠一枚。柱头着生在子房上，3裂，无花柱。

橡胶树花序的形成是与叶蓬的抽发同时进行的，一般抽芽后约2周现蕾。新叶蓬稳定时，花序生长定型并进入初花期，4~5d后进入盛花期。花期长短与花的性别有关，不同地区也有差异。当两个橡胶树品系的花期相遇后，即可开展常规的去雄、收集花粉、授粉和后续的筛选、回交等工作。

常规的育种工作，通常选定父本及母本种质，待其开花后，对母本花序进行去雄操作，同时收集父本花序上雄花的花药，进行人工授粉操作（图2-22）。由于橡胶树植株通常定植数年后才开花，因此常根据植株开花高度搭建专用的工作台，费时费力且成本很高。

与传统的抗病育种操作一样，南美叶疫病抗性研究也采用了种内和种间杂交技术。最初的橡胶树抗病育种工作采用种内抗性较好的一些种质或单株，后期的种间杂交涉及橡胶树属内另外一个种，即边沁橡胶树（*H. benthamiana*）（品系为F4542）。随后，人们发现南美叶疫病菌不能侵染少花橡胶树（*H. pauciflora*），因此该种的种质（例如品系P10）也应用与橡胶树的抗性研究中。20世纪70年代，巴西橡胶树、少花橡胶树和边沁橡胶树之间均进行了人工控制下的杂交育种工作。研究者用巴西橡胶树两个初始品系PB86和FB74（这两个品系分别由马来西亚和巴西培育而来）进行人工杂交，经过抗病性评价筛选获得了Fx4098品系。然而，在利用野生基因型以及栽培品系的几项杂交研究中，获得具有抗性的杂合性种质产胶量明显偏低，分析持久的抗病性可能存在于巴西橡胶树的野生型材料及其近缘物种中。随后，抗病的、近源物种小叶矮生橡胶树（*H. camargoana*）和巴西橡胶树（品系Fx4098）之间也进行了人工杂交。目前，在多年的研究工作基础上，

A—橡胶树花序；B—去雄及花药收集；C—仅保留雌花的花序；D—杂交工作台。

图 2-22 橡胶树常规育种工作

（图片拍摄：蔡志英，时涛）

学者们已制订出行之有效的育种工作计划。由于橡胶树为高大乔木，从幼苗培育至开割的成龄树并稳定地进行产胶需要很长时间，因此需要 30 年以上的时间才有可能获得生产中可推广的、抗病且高产的橡胶树种质。

常规的抗南美叶疫病育种工作（图 2-23），首先选取亚马孙流域的野生橡胶树种质资源以及人工选育的杂交无性系，通过人工控制条件下的抗性评价（代表性菌株的人工接种试验）进行初步筛选，进一步通过小面积的栽培试验（通常约需要 6 年），评价各种质对病害的抗性水平、植株长势、产胶能力和乳管数量、割面树皮特征等性状。如果直接筛选出抗病能力较强、产胶量高、耐割、易管理的种质，再通过大面积、多地点的栽培评价，明确其在不同主栽区的抗病水平和农艺性状，表现良好的种质可供生产中直接推广应用。小面积的栽培试验如果未能获得令人满意的种质，那么在筛选出高产感病种质及抗病性较好种质的基础上，确定杂交用的父本和母本种质。建立种质杂交圃，采用人工授粉进行抗感种质杂交，然后对获得的种苗进行抗病性评价（抗病性评价工作通常约需4年），进一步通过小面积的、包括抗病性和产胶能力等方面性状的评价试验（6年左右），获得较好种质后再经过大范围的栽培试验（15年左右），最终获得抗性较好且兼具高产等优良农艺性状的种质并进一步推广应用。一般情况下，对100 000朵雌花进行授粉，可获得约6 000株实生苗，经过4年左右的抗性筛选可获得约200株表现较好的植株，小范围种植评价后可获得约20份较理想的种质，最终经过大面积栽培评价后可获得2~4份种质进行推广应用。

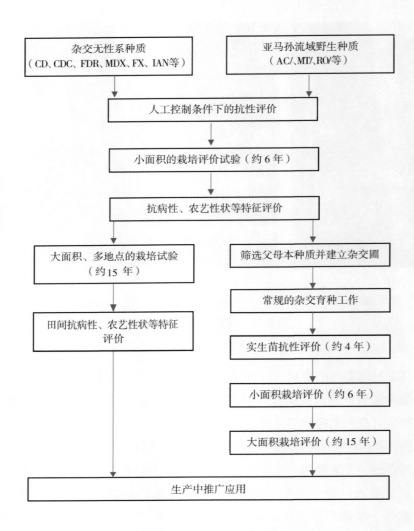

图2-23　橡胶树抗南美叶疫病常规育种流程

（四）国际机构的抗病育种工作进展

20世纪60年代以前，拉美地区选育出对南美叶疫病抗性较强的7个品系。① IAN873（PB86×FA1717）（IAN是巴西北方农业研究所培育的品系代号）：抗南美叶疫病病、炭疽病和季风性落叶病，抗寒性好，速生，好割，耐割不长流，死皮率较低。1978年引入中国；② IAN45-717（PB86×F4542）：同时抗季风性落叶病；③ IAN45-443；④ Fx25：抗病性较好，产量较高且稳定；⑤ Fx3810：抗病性优于Fx25，但产胶量较低；⑥ Fx2261：抗病性极强，但产量极低；⑦ Fx4542：属于边沁橡胶无性系，对南美叶疫病和季风性落叶病为高抗，但产量不高，为杂交育种材料。

60年代以后又培育出一些新的抗病品系。① FX3925：1968年培育出，长势和抗病性均很强；② IAN45-710：抗南美叶疫病菌1号、2号和3号生理小种；③ IAN45-713：抗病能力和IAN45-710相当，但易感白粉病；④ Fx3525、Fx3925和Fx4037：传递抗病基因的能力强于其他无性系。

随着天然橡胶产业的发展，研究者随后又培育出一些新的抗南美叶疫病品种。近年来，巴西培育出CMB197、FDR4575（Harbel68×FDR18）、FDR5240（Harbel68×TU45-525）、FDR5597（Harbel68×TU45-525）、FDR5665（Harbel62×MDX25）、FDR5788（Harbel8×MDF180）、FDR5802（Harbel67×CD47）、CDC56（MDX91×RRIM614）、CDC312（Avros308×MDX40）、CD1174、MDX607（Avros 1581×Madre de Dios）、MDX624（Avros1581×Madre de Dios）、PMB1（primáry clone）等，其中FDR5788、CDC312等种质已进行了7年以上的田间农艺性状评价。

法国农业研究发展国际合作中心（CIRAD）、米其林公司联合巴西相关机构启动了相关的抗病育种项目，命名为Cirad-Michelin-Brazil（CMB），主要在位于法属圭亚那的CIRAD试验站以及分别位于巴西巴伊亚州和马托格罗索州米其林公司的两个橡胶园进行，该项目开展了种质收集、产胶量评价、田间受害情况调查以及人工接种条件下的抗性评价。他们将来自亚洲的魏克汉种质和亚马孙流域种质（包括野生种）进行杂交，筛选病斑不产孢或产孢数量少，不形成或仅形成少量子座的种质，这些种质在低或者高病原菌接种量时均能表现出抗性。在19个杂交组合中，通过730 000朵雌花的授粉，获得33 000株实生苗。国际橡胶研究与发展委员会（IRRDB）于20世纪80年代在巴西的阿克里（Acre）、马托格罗索（Mato Grosso）、罗尼多尼亚（Rondônia）等地区收集到347份种质，分别在法属圭亚那和巴西的马托格罗索进行了抗性评价，发现来自阿克里的种质中，具有抗性的数量更多，但是产胶量低。来自利比里亚和危地马拉的1 000份半野生种质也在巴伊亚和马托格罗索进行了评价，筛选出12份具有较好抗性及中等产胶能力的种质。

米其林公司的两个橡胶园对收集到的39 378株实生苗进行了包括抗病性和产胶量方面的初步评价，其中位于马托格罗索州的橡胶园还评价了13 068份种质对次优植胶区的适应性。随后，对 199 份种质进行了小面积的栽培评价，当树干周长在 50cm 以上时，连续评价了多年的产胶量。76 份种质进一步进行了大面积的栽培评价，其中表现较好的种质进行了保存和扩繁。2013—2016 年，连续评价了种质的产胶能力，结合田间受害调查和人工接种评价，最终获得表型较好的种质 CMB197。该种质受南美叶疫病菌侵染后，所形成的病斑上产孢强度分别为 2 级和 5 级（两种评价方法，产孢分 1~6 级，最高为 6 级），病叶上的子座密度为 0 级（分 0~4 级，最高为 4 级），其产胶量在树干周长 60cm（定植 6 年）后进入稳定、高产期。该种质已参照国际植物新品种保护联盟（International Union for the Protection of New Varieties of Plants, UPOV）的标准开展了种质特异性、一致性和稳定性测试，成为该项目在巴西首个获得保护的抗南美叶疫病且高产的橡胶树种质。

二、橡胶树种质对南美叶疫病的抗性评价

抗病种质的筛选是抗性资源利用、杂交育种及抗性机理等方面研究的基础，研究者开展了大量的研究工作。

（一）橡胶树种质对南美叶疫病的抗性评价标准

通过人工接种，在环境条件受控情况下，通过评价接种叶片的发病情况来评价不同种质的抗病能力差异，能获得比较准确的结果，但不能反映田间环境条件下病害的实际为害程度。在病害流行阶段，通过观察叶片受害及因病落叶程度、病斑产孢和形成子座情况来分析种质抗性水平，能获得比较明确的结果，但工作量太大，而且不同胶园内病原种群可能存在差异。目前，有关橡胶树种质对南美叶疫病的抗性评价，尚无统一的标准。前述米其林公司开展了大量的抗病种质培育和筛选工作，但相关标准并没有得到公认。

根据橡胶树植株受南美叶疫病为害而产生的落叶情况，Cardoso 提出了根据树冠叶片保留比例制定的病害分级标准。叶片全部落光为 0 级，保留 10% 以下为 1 级，11%~20% 为 2 级，21%~30% 为 3 级，31%~40% 为 4 级，41%~50% 为 5 级，51%~60% 为 6 级，61%~70% 为 7 级，71%~80% 为 8 级，81%~90% 为 9 级，91% 以上为 10 级。

Rivano 等（2010）在厄瓜多尔的费希尔地区调查了 8 个橡胶树品种在田间受南美叶疫病为害情况，根据嫩叶上的受害程度和分生孢子丰度，以及老叶受害严重度和子座数量，将橡胶树种质对该病的田间抗性水平重新进行了分级。和 5 级分类标准相比，该标准将抗病性分为 10 个级别，能够更好地比较种质之间的抗病能力差异，同时还建议将田间调查次数减少为两个月一次。因此在大规模的田间抗性工作中，参考该标准能减少约一半的田间工作量。

该标准分级情况如下。

1 级：橡胶树品系完全免疫，即叶片上完全不形成病斑（病原菌不能入侵叶片组织）；

2 级：近似免疫，叶片上出现黄色斑点，但无典型病斑〔病原菌入侵能够引起橡胶树的过敏反应（hypersensitive response, HR）〕；

3 级：非常高抗病性，叶片上仅出现小的坏死病斑并引起轻微伤害；

4 级：高度抗病，叶片上出现较多的坏死病斑，引起轻度伤害；

5 级：抗病，坏死病斑多，叶片受害明显、变小，有时出现轻度畸形（生长受抑制）；

6 级：中等抗病，出现大量坏死病斑，叶片显著受害，变小或严重畸形，部分叶片受害严重而提前脱落；

7 级：中等感病，受害植株出现大量的因病落叶现象，落叶量在一半以下；

8 级：感病，受害植株落叶量在一半以上；

9 级：高度感病，受害植株嫩茎出现回枯现象；

10 级：非常高感病性，受害植株反复落叶，最终死亡。

（二）橡胶树种质对南美叶疫病的抗性评价

由于南美叶疫病在拉丁美洲植胶区普遍发生流行，因此研究者主要通过田间受害程度对种质的抗性水平进行评价，但不同地区的评价结果存在差异。目前，抗性种质的筛选工作，主要集中在巴西和哥伦比亚。

Le 等（2002）收集了分别来自巴西阿克雷州、马托格罗索州和隆多尼亚州的 298 份橡胶树种质，分别种植在法属圭亚那和巴西，通过两年的田间发病情况调查，发现不同来源的种质群体在抗病性方面存在一定的差异。来自马托格罗索州的种质中，81% 的种质均表现为感病，另外两个州的种质整体抗性较好，抗性最好的种质也来自这两个州，而且马托格罗索州的抗病种质稳定性相对较差。

在巴西圣保罗州，Silval 等（2013）通过定期采集田间叶片，评价分生孢子和子座的形成情况及为害的严重度，比较了包括 RRIM600、GT1 在内 18 个橡胶树品系的田间受害情况。各品系为随机区组设计，设 4 次重复，每个重复 3 株，每 15d 采样一次，每株采取 30 张小叶，根据发病情况进行分级。结果表明病害在整个调查期间均有发生，为害程度受品系抗性水平和调查时间不同而有差异。相比之下，FX3864、RRIM725、RRIM711、IAC300 和 IAN873 的表现最好。Suarez 等（2015）调查了橡胶树种质在哥伦比亚中马格达莱纳的玛格达莱娜·梅迪奥（Magdalena Medio）地区的田间发病情况，结果发现 CDC312、FDR4575、FDR5597、FDR5788 和 MDF180 表现为完全抗病，FX3864 和 CDC32 为中抗（部分抗病），而 RRIM901、PB235 和 PB260 为感病，抗病和中抗种质适于在当地推广种植，而感病种质则不宜采用。

在巴西的巴伊亚州，Vincent 等（2008）通过人工接种和田间发病情况调查，评价了橡胶树品系 MDF-180 对南美叶疫病的抗性。大多数情况下，病原侵染后，叶片上能形成可产孢的病斑并能够产生中等水平数量的分生孢子，抗性水平为中抗，而且这个抗性表型不存在病原菌小种特异性。通常，病原菌侵染橡胶树后能产生有性世代，但在该种质上未发现该现象。该种质这种水平抗性已在当地持续了 30 多年，虽然其产胶量低，但是可作为抗病种质培育的亲本使用。Saulo 等（2014）在前期对 960 份种质筛选的基础上，同样在巴伊亚州评价了 9 份抗南美叶疫病种质的农艺性状。经过 12 年的工作，发现这些种质对病害表现出一定程度的抗性，受害叶片的病斑上只能产生少量孢子，FDR5788、MDF180、CDC312 和 PMB 1 等种质的叶片上甚至不能产生有性阶段（不产生子囊孢子）。FDR5788、MDX608、CDC312 和 PMB1 的年产胶量分别为 $2.6t/hm^2$、$2.0t/hm^2$、$1.8t/hm^2$ 和 $1.2t/hm^2$，其中仅有 FDR5788 的产量超过对照种质 FDR 5788。FDR5788 和 CDC312 产量较高且抑制病原菌产生子囊孢子，因此建议在当地推广应用。

在哥伦比亚卡奎塔（Caquetá）地区，Armando 等（2019）在南美叶疫病重病区，评价了 9 个拟推广的、来自美国的橡胶树品系的农艺性状。在病害流行季节，重病区的月降水量高于 300mm，温度高于 25.2℃，RH 高于 88%，露点温度高于 23℃。种植 9 年后，调查发现 FDR5788、FDR5597、FX4098 和 GU198 等种质具有长势旺盛（开割前主干直径大于 40cm）、因病落叶少（保留 79% 以上的叶量）和中抗（受害程度低、分生孢子和子囊孢子产生少）等特点，显著优于对照种质 IAN 873，以及 CDC56 和 FX3899-P1 等。随后，Armando 等（2020）在该地区的低风险区（即气候条件不太适合病害发生），评价了 9 个拟推广的橡胶树种质对南美叶疫病的田间抗性。低风险区常年年降水量低于 2 600mm，平均 RH 低于 82%。各种质种植 10 年后，通过农艺性状评价和受害程度调查，发现大多数种质在开割前长势良好，种质 ECC35、ECC83、ECC60 和对照 IAN873 叶片上受害最为严重，而 ECC29、ECC64 和 ECC90 表现为中抗。

种质 FX 3864 产胶量高，在病害流行地区和其他种质相比，抗性相对较好，且前期发现其在哥伦比亚中部地区并不受该病为害，因此在当地广泛种植。2010 年，研究者在梅塔（Meta）地区种植该种质的胶园首次发现南美叶疫病为害，发病率为 5.78%，分析可能是病原菌突变而导致该种质失去抗性（Ibonne 等，2011）。Victor 等（2017）在厄瓜多尔通过每 2 月调查 1 次植株的病害严重程度以及老叶上子座的形成情况，评价了 8 个品系的田间抗性水平，发现 FDR5788、CDC312 和 CDC56 表现出更好的抗性，而 FX3864 最为敏感。

三、橡胶树和南美叶疫病菌的互作机理

南美叶疫病菌能够侵染橡胶树属包括巴西橡胶树在内的 5 个种，幼嫩的叶片、茎干或果实等组织均可受害。早期，田间调查发现除了高度感病的基因型品系外，有些品系似乎对该病免疫或者具有完全抗性，因此研究者在此基础上提出了抗病育种概念。这些"抗病"品系用于和高产的"魏克汉"种质进行杂交，然而大部分杂交子代至少对一些菌株是敏感的。在对这些菌株的致病性进行鉴定并获得相关的侵染谱后，发现特定抗性和完全抗性这样的概念不适合橡胶树。随后研究方向主要转向了广谱抗性（即水平抗性，指对病菌

的所有小种均具有抗性）相关因子的鉴定，包括病原和寄主之间的许多能够最大程度降低病害严重程度的相互作用因子。

在大量研究工作的基础上，人们对橡胶树和南美叶疫病菌互作机制有了深入的了解，包括不同基因型橡胶树上病斑的类型，以及不同基因型和病菌分离物组合造成不同的症状和致病毒力谱，包括是否出现组织坏死、病斑大小、病斑产孢数量和不同孢子丰度情况、后期是否形成子座等症状差异。初期的研究集中在抗性相关的生理因素，近年来的进展主要为抗病分子机制以及可用于辅助育种的分子标记筛选研究等方面。

（一）南美叶疫病菌和橡胶树寄主之间的互作阶段

目前的研究结果表明，南美叶疫病菌和橡胶树互作过程可划分为 5 个主要阶段。① 孢子萌发和侵染前阶段，寄主橡胶树组织对孢子的侵染潜力具有早期影响；② 侵入和早期侵染阶段，该阶段能诱导早期的抗病反应；③ 叶片定殖、组织细胞间生长和菌丝分枝阶段，该阶段受细胞壁修饰和叶片老化等过程影响；④ 分生孢子的形成阶段，该阶段涉及孢子的产生、数量以及病斑周围和内部的孢子分布情况；⑤ 子座产生和子囊孢子形成，该阶段病原菌已完成整个侵染过程，即将开始下一次的侵染循环。

1. 孢子萌发和侵染前阶段

当南美叶疫病菌的分生孢子到达感病品系的幼嫩叶片后，孢子在叶片的网格状表面萌发。孢子一旦接触到湿润的叶片，能够借助细胞壁上电子致密物质产生的黏附力紧紧地固定在叶片上，即使雨水冲刷也不会掉落。病原菌萌发后产生侵染菌丝，在叶片表面结构的表皮层、3 个表皮细胞的接触地带侵入叶片组织，这个过程可能产生、也可能不产生附着胞。分枝状芽管和附着胞的形成与否及形成程度依赖于侵染前阶段病原菌和橡胶树寄主之间的互作反应。

分生孢子接触叶片后，迅速萌发并形成芽管，芽管的形态受幼嫩叶片表皮的网格状结构影响，因此形态变化较大。芽管的长度、直径、分枝、是否形成附着胞等特征同样受叶片结构影响，侵染过程中也会发生变化。在对抗感橡胶树品系的侵染试验中，孢子在大部分不同抗性水平橡胶树叶片上的萌发率差异不大（不包括抗病品系 Fx25），在对照和感病品系上的芽管较长且较细，而抗病品系上芽管较短且较粗，40h 内长度相差接近一倍，而宽度约为 1.5 倍。病原菌在感病品系上的附着胞形成率低于 6%，在抗病品系上接近 20%（最低为 F4542 上的 14.5%），另外感病品系上芽管分枝率也高于感病品系（表 2-12）。分析抗病品系的表皮层不利于病原菌的侵染，因此抗病品系上芽管形状短而粗可增强其直接穿刺表皮能力。附着胞是病原真菌侵染时芽管顶端膨大产生的特殊细胞结构，通常伴随着甘油的积累而显著地增加其膨压，高膨压有助于病菌侵入宿主组织的表皮层，因此病原菌在感病品系上形成附着胞的比例较低，而在抗病品系上形成比例较高。

表 2-12　橡胶树品系抗性对病菌侵染过程的影响

项目	对照（H₂O）	高感品系		抗病品系				
		GT1	RRIM 600	IAN573	Fx25	F4542	PuA7	F2261
孢子萌发率 /（%，24h）	96	95.5	95	95.8	76	95.5	95.8	95.5
芽管长度 /（μm，24h）	124	114	1 427	56	62	70	66	73
芽管直径 /（μm，24h）	4.2	3.6	3.4	6.0	6.2	5.8	6.1	6.2
附着胞形成率 /（%，40h）	5.2	5.8	5.5	19	17.5	14.5	22.2	20
芽管分枝率 /%		22	未进行	12	未进行	未进行	8	未进行

注：数据引自 Giesemann（1986），略有改动。

2. 侵入和早期侵染阶段

南美叶疫病菌侵入叶片表皮后，菌丝在细胞壁之间生长并定殖在底层组织内。菌丝经常进一步侵入叶片维管束附近的组织层，并沿着叶脉快速扩散到叶片中。在这个生物营养阶段，致病性菌株和感病品系的互作过程中并没有出现细胞死亡现象，然而抗病品系的细胞在直接接触侵染菌丝后即坍塌死亡。研究者认为抗病品系的细胞坍塌现象属于过敏反应并和侵染前形成的抗性因子相关，有可能和东莨菪碱（scopoletin）等能够诱导防御反应的化合物相关。有关抗病品系组织内病原菌侵染过程的过敏反应，是典型的植物对病原真菌的防御反应，可以看作完全抗性或垂直抗性的指标。但是这个概念只适合橡胶树的老化叶片，以及以前没有调查过的同一个属的少花橡胶树这个抗病的近缘种。从生化水平来看，寄主橡胶树抵御病原侵染过程中，经常伴随出现活性氧类化合物的形成、细胞壁内自发性荧光成分的沉积、胼胝质的合成、产生作为植物抗毒素的东莨菪碱，以及侵染菌丝周围限制区域内细胞的最终坏死等现象。

在人工控制的接种试验中，快速的过敏反应通常会导致出现微小的坏死病斑或黄色的小病斑，而在田间幼嫩组织和老化叶片上同样可以看到相同的病斑。老化的叶片表现出严格的阶段专化性抗性，也就是说，不管橡胶树遗传背景如何，所有老化叶片都表现出高抗性。在筛选抗南美叶疫病单株过程中，这种短暂的、阶段专化性的生化抗性增强模式也可以作为一种新的筛选策略。

在入侵叶片和定殖的早期阶段，细胞分解并导致氰化物（氢氰酸）的释放，这种现象是由于液泡的氰化物前体与非原质体产生的 β- 葡萄糖苷酶接触并发生反应所造成的。受释放速度和前体浓度影响，氢氰酸能够抑制橡胶树的防御反应或者仅仅只是释放而不产生任何影响。

3. 叶片定殖、组织细胞间生长和菌丝分枝阶段

在感病品系和病菌的互作中，真菌菌丝在细胞间的扩展通常沿着叶片的叶脉进行，并且能够轻易进入叶脉间组织的质外体区域。这个阶段在 3~5d 后结束，同时菌丝的生长有一个明显的形态变化，即侵染菌丝形成了和初始菌丝垂直生长的侧生菌丝。这种新类型菌丝可以看作是临近定殖叶片菌丝的相邻菌丝，即外表看起来颜色深一些的小点。目前有关病菌侵染过程中菌丝形态变化的研究还在进行中，相关因素似乎和叶片的老化过程相关。在病菌菌丝生长的细胞间隙内，出现了木质素样物质的沉积现象，可能导致病斑尺寸变小。

4. 分生孢子形成阶段

分枝状的菌丝直接朝向叶片的下表皮生长，菌丝形成 24h 内即可穿透下表皮并形成分生孢子梗和分生孢子。小病斑可横向扩展、汇合，形成环状结构并成为大病斑。病斑形成模式的类型是有限的，并且可以重复出现的，这个情况说明菌丝在细胞间的生长和分枝现象是寄主橡胶树基因型和病菌种群相互依存、制约现象的结果。

5. 子座产生和子囊孢子形成阶段

在受害率低的橡胶树叶片上，能够形成有假囊壳的子座结构。受害程度低的叶片能够保留在植株上，而严重受害的叶片在分生孢子形成后即从植株上脱落下来并最终在地面上降解。受害较轻的叶片能够在树冠上保留两个月或更长时间（从受侵染开始计算），叶片上表面的子座能形成小的球状结构并且有可能融合成环状。在这些结构中，伴随着子囊孢子的形成，病菌生活史的有性阶段也最终完成。

有关橡胶树和南美叶疫病菌之间的植物－病原物互作反应，以及针对不同病原真菌小种的寄主专化型反应的描述中，许多其他植物中存在的、大量生化防御现象也在橡胶树中同样存在。进一步的，相关研究结果说明了所有的橡胶树基因型在遗传上都有能进行生化防御的前提条件。寄主防御过程的启动和具体功能取决于寄主基因型和病原分离物之间的信号传导作用，这些过程受相关信号的成功、快速检测，以及完整生化信号链（包括垂直和完全抗病系统）的激活反应所调节。在基于主效抗病基因的广义防御反应中，病斑大小变化、孢子形成模式等方面均有很大差异。研究发现，一些橡胶树品系对所有南美叶疫病菌小种都是敏感的。在橡胶树寄主部分或水平抗性表型表达中，表型变异情况是受寄主本身遗传基因所控制的，但是也受寄主本身生理水平上的瞬时因素所影响。

（二）橡胶树叶片的生理特性及其抗病能力动态变化

橡胶树叶片的生长是一种直接的生长模式。植株开芽后，叶片瘦小，呼吸率高，无净光合作用产物，对致病菌株缺乏抗性。叶片老化后，从感病转变为完全抗病。叶片的老化时间受基因决定，通常需要 12~20d，这个参数对病害防治来说，非常重要。生理学研究表明，叶片从开芽到淡绿期均需要其他组织提供营养，其净能量产生情况为负值。叶片生长的早期阶段，尺寸的增加几乎是指数级别的。在叶片细胞快速扩大、细胞壁也相应迅速增大的生长阶段，细胞壁的硬化过程相对滞后，叶片老化前，即开芽期至淡绿期，细胞壁几乎不产生木质素。在叶片生长过程中，叶绿素含量表现出先增加后略下降并再度增加的过程，叶绿素 a 与叶绿素 b 之间的比例逐步增加（注：两种叶绿素均能吸收光能，但仅有少数特殊状态的叶绿素 a 能够将光能转化为电能和化学能，比例的增加表明光合作用在逐步增强），CO_2 的固定效率从负值逐渐转变为正值（表明叶片从生长过程中的营养消耗转变为营养合成），单位面积鲜重逐步下降至老化后略有回升，叶片干重逐步增加且老化后显著增加，可溶性蛋白浓度迅速降低至老化后轻度回升，和侵染初期防御反应相关的氰化物释放效率在整个生长期变化不大，其中淡绿期最高（表 2-13）。叶绿素 a 与叶绿素 b 之间比例在叶片生长过程中的变化现象，仅在包括橡胶树在内的 3 种植物中发现。在叶片老化开始时，细胞壁的变化和木质素的形成是主要的生理反应。由于细胞木质化，老叶的干重是之前阶段的近 2 倍，这也是病菌在老叶内扩散受限制的原因。

表 2-13　橡胶树叶片生长过程中的生理变化特征

生理指标	叶龄			
	小古铜期	大古铜期	淡绿期	老叶期
叶绿素 /（μg/cm² 叶片面积）	26	33~38	25~33	43~51
叶绿素 a 与叶绿素 b 比例 /（a/b）	1.2~1.6	1.8~2.2	2.2~2.9	3.3~3.6
CO_2 固定率 /［μM CO_2/（m/s）］		−0.72	−0.24	5.1~11.6
叶绿素的 CO_2 固定率 /［μM CO_2/（mg/s）］		16.1	15.3	12.0
叶片鲜重 /（mg/cm² 叶片面积）	19	16	9	11
叶片干重 /（% 鲜重）		18.9	19.6	40.7
可溶性蛋白 /（μg/cm²）	1 150	865	19.6	40.7
氰化物（HCN）释放效率 /（μM CN/g 鲜重）	20	30	37	20

注：引自 Biocenter 等（2007），略有改动。

不同叶龄的叶片切片后，用紫外显微分光光度计分析了叶片中吸收紫外线的化合物含量，发现叶片中间层和初级细胞壁中含有酚类化合物。大古铜期和淡绿期叶片中含有一些芳香族化合物，但是不含木质素。在 298nm 紫外线下，这两个阶段叶片内只有传导性导管的管胞发生木质化，其他细胞的细胞壁缺乏木质素，老化期叶片也可以明显检测到木质素，木质素的存在阶段与叶片老化后开始变硬阶段相吻合。老化的叶片对病原菌具有完整的抵抗能力，所以菌株的侵染反应均因过敏性反应而终止。南美叶疫病菌侵染大古铜期的嫩叶后，引起的防御反应并不完整。侵染过程中可形成可溶性的香豆素和东莨菪碱。东莨菪碱是一种真菌毒素成分，但是在橡胶叶片组织中能达到的浓度不是非常高，另外 Garcia 等（1999）的研究认为该毒素和橡胶树的抗性反应并不直接相关。

　　研究者对病菌侵染过程每个阶段的表现状况（包括孢子数量）进行了观察，发现根据症状可以划分为感病、不完全抗性（部分抗性）等表型。除了这些致病过程中高度变化的特征外，还存在特定阶段的抗性现象，也即仅有幼嫩的、生长中的叶片，未成熟的果实和幼嫩的枝条是感病的。当田间侵染压力较小（病原菌数量较少），或者单个叶片在成长过程中没有受到侵染的情况下，叶片可以发育到具有高度抗病性的老叶阶段。

　　橡胶树叶片具有稳定的生长模式。开芽后，叶片很薄且光合作用产物不够自身生长所需，对具有致病力的病原菌无抵抗能力。在叶片老化后，从易感转变为抗病。田间观察也证明叶片对南美叶疫病菌的抗性表现出从敏感到抗病的变化过程，植株上不同叶龄的叶片对病菌表现出不同程度的敏感性，这一点和品系自身的抗病性不相关，即使感病品种的老叶也表现出抗病性。通常，随着叶龄的增加，叶片从对病原菌敏感逐渐转变为抗病。古铜期叶片对病原菌最敏感，随着叶龄的增加抗病能力也不断增强，淡绿期叶片处于敏感性向抗性过度的阶段，而老叶期具有抗性，能够抵抗病原菌的侵染。叶片从萌发到老化需要12~20d，具体时间和基因、环境等因素相关，老化时间在病害防控中具有重要作用。

　　感病橡胶树品系的叶片在小古铜期对病原菌是高度敏感的，但是在叶片老化后同样表现为完全抗病。所有橡胶树品系的感病叶片在受病菌侵染时，其受害程度均受叶片老化程度影响。叶片的老化是一种短暂、渐进的过程，因此人工接种时，所用的叶片叶龄（开芽后的生长时间）越老，防御反应就越明显。在对病原菌种群的研究中，发现其在侵染程度和寄主品系范围方面差异很大。不同橡胶树品系的叶片在不同叶龄时的抗性也是不同的。

　　不同橡胶树品系叶片的人工接种结果虽然有一定差异，但整体而言，叶片叶龄越大，病斑直径越小，而真菌的世代周期（从接种到病斑重新产生孢子的时间）也越长（图2-24）。橡胶树品系自身的抗病性也是受害程度变异情况的重要影响因素。品系IAN717的嫩芽在接种5d后即开始产孢，病斑直径在2~4mm（图2-24A）。就品系IAN6158而言，叶片叶龄在10d时接种，其产孢病斑直径小于2mm，叶龄大于12d时能够形成小的坏死病斑，但是这些病斑均不能产孢（图2-24C）。老化叶片对病菌入侵表现出有限的感病性，病菌在叶片组织内的扩展也受到限制，同时木质化等后期产生的抗病机制也能够抑制病原菌侵染后的扩展作用。

　　研究者也评价了不同橡胶树品系叶片受侵染时的感病叶龄阶段（图2-25）。Fx3925、IAN873和IAN717等感病品系在叶龄达到16d之前都是感病的，而IAN6158和CNS-AM7907等具有一定抗性的品种在10d后即转变为抗病。另外，就橡胶树品系本身而言，受叶片老化时间影响，叶片在病原侵染时的抗病能力变化也不是完全一致的。如果叶片老化慢，需要的时间长（如天气、营养等因素不利于叶片生长），病菌的侵染过程就会加快，世代周期就短，而老化快的叶片上，病菌侵染慢且世代周期变长。在病害流行学方面，叶片的老化时间是流行的重要影响因素。如果橡胶树品系Fx3925萌芽时的第一片叶子受到侵染，并且能够在尽可能短的时间内产生孢子，那么通过新生成的孢子重新侵染嫩叶，至

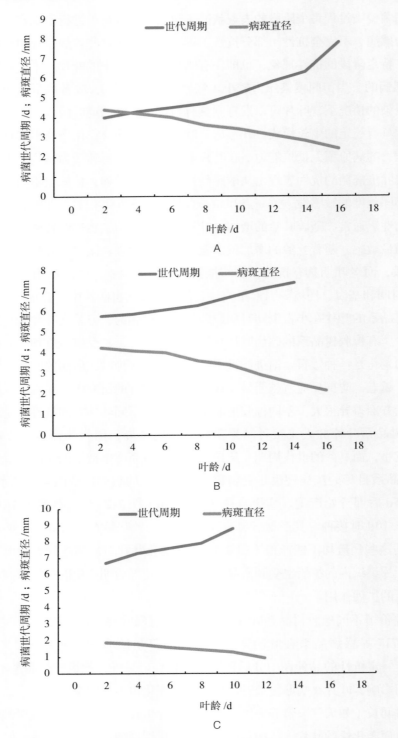

A—品系为 IAN717；B—品系为 Fx985；C—品系为 IAN6158。

图 2-24 不同叶龄橡胶树叶片接种后的病菌世代周期和病斑直径

引自 Junqueira 等（1990），略有改动。

少可以产生 3 个世代。橡胶树品系 F4542 或 CNS AM7907 具有一定抗病性，其叶片受侵染后产孢所需时间与树冠其他老化叶片表现出抗病性的时间几乎一致，因此显著减少了病原菌的世代次数。

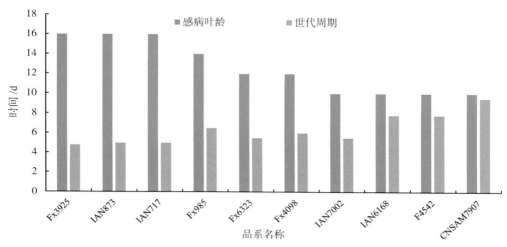

图 2-25　不同橡胶树品系感病叶龄与病菌世代周期

注：引自 Junqueira 等（1990），略有改动。

不同老化阶段的叶片受侵染后，病斑的大小是不同的。随着叶片组织的生长，其对病菌在叶片质外体范围内生长的抑制作用也越来越强。在橡胶树与南美叶疫病菌互作过程的结构学研究中，人们发现受侵染位点能够产生东莨菪碱，同时也能够积累木质素样物质，分析木质素类物质能够阻止病菌的侵染过程。木质化是一个需要能量的过程，受可利用的木质素前体和还原反应所需能量高低的限制。理论上，只有老化且能对外提供多余的光合作用产物的叶片才能够产生防御反应，因此适宜光照条件下橡胶树叶片的抗病作用机制研究非常重要。然而，之前的相关研究中，学者们通常采用离体叶片且在避光条件下进行相关研究，因此相关研究结论值得商榷。

（三）氰化物在寄主抗病反应中的作用

在受病原侵染和组织损伤过程中，橡胶树叶片除了酚类代谢和木质素形成过程的变化，还能够释放氰化物（HCN）。包括橡胶树在内，世界范围内有 3 000 多种植物在植株受损伤时能产生氢氰酸。这些植物的液泡中常累积氰化物前体，这些前体在组织受损时释放出来，和 β-糖苷酶类（通常为 β-葡萄糖苷酶）相混合并反应形成氰化物。一般来说，β-糖苷酶类和氰化物前体是分开储存的，通常作为活跃的质外体成分存在植物细胞壁内。预先合成的酶会将 β-糖苷酶类裂解并释放出一个糖基和一个糖苷配基（苷元），苷元进一步降解并形成氰化物和相应的羰基化合物。氰化物从苷元中释放的整个过程受叶片组织、pH 值和另外一种酶（α-羟基腈裂解酶）影响，这种酶能加速氰化物的释放。

橡胶树的氰化物前体包括葡糖苷亚麻苦甙（glucosides linamarin）和百脉根甙（lotaustralin）。受南美叶疫病菌和其他真菌侵染时，橡胶树受伤的叶片会释放氰化物。氰化物的释放是一种重复合成并释放的过程，在南美叶疫病菌侵染的早期过程中，即病菌入侵24h后出现一个典型的氰化物释放高峰。产生氰化物是橡胶树的固有特征，所有的活体组织，包括种子，都有很强的产氰化物能力，同时积累有氰化物前体及相应的β-糖苷酶。

植物组织内，以单位重量积累的氰化物前体数量以及氰化物释放潜力被称为氰化物潜力或HCN-p。受侵染组织的氰化物释放效率（HCN-c）受受损组织类型及该组织内的β-糖苷酶类活性影响。很多情况下，也受是否存在α-羟基腈裂解酶及其活性影响。研究发现，尽管氰化物的释放潜力和效率存在很大差异，但是所有的橡胶树品系都能够产生氰化物。氰化物的释放效率和组织对南美叶疫病的抗性水平存在相关性，释放效率越高，敏感性就越强。在氰化物释放潜力和释放效率低的橡胶树组织内，抗性反应不受氰化物影响，其病斑形成的整个过程严格受寄主和病原之间互作模式影响，相应地橡胶树品系表现出经典的病原菌小种专化型抗性模式。

人工接种的叶片在保湿处理后，产氰化物能力强的叶片通常形成严重的病斑，然而生氰能力弱的叶片能够表现出防御反应。当用碱类试剂吸收或通过潮湿气流排走释放的氰化物后，高感且生氰能力强的叶片同样形成小型病斑并表现出良好的抗病反应。研究结果表明，氰化物的释放会阻碍叶片的防御反应活性。叶片在感知病菌侵染信号后，氰化物释放效率高的寄主组织在降低氰化物浓度后能表达出完整的防御反应。氰化物的释放是植物组织本身固有的特征，其对动物具有毒性，因此能够有效地避免被食草动物所取食，但是这种作用使得释放能力强的植物更容易受到病原微生物的侵染。这种争议性的抗性反应需要在数量生态学和进化反应方面继续开展大量研究。对橡胶树而言，在生产相关的抗病育种和种质筛选中，必须考虑生氰反应和抗病性之间的相关性。南美叶疫病菌能够耐氰化物，至少在营养生长阶段不敏感。另外，该病菌能够产生可溶性的胞外β-糖苷酶，这种酶对寄主主要的氰化物成分亚麻苦苷（linamarin）具有很强的亲和力。橡胶树叶片组织内的生氰作用活性在不同叶龄阶段是不同的，幼嫩和大多数感病叶片都有明显的氰化物释放潜力和高活性的β-糖苷酶类，在叶片发育过程中，通常老化叶片的氰化物释放潜力较低。

有关橡胶树对南美叶疫病抗性的生理学研究结果表明，植株各种典型的生化特性能够在不同水平上激活对抗性反应的干扰现象。当主要的抗病基因被病原菌菌株自身的毒力因子所克服时，这些反应就出现了。当感病寄主受到致病菌株侵染时，次要基因或者多个抗病因子进行表达，其作用效果体现在病斑尺寸的变化和产孢量的丰度变异上。有关东莨菪碱和木质素形成的多因子反应已有较多研究，但是侵染过程中叶片生理方面的瞬时变化动态还缺少研究。同样地，橡胶树生氰作用导致的抗性反应受阻现象在橡胶树和病菌互作过程中的作用也缺少研究。学者们已经明确生氰作用强的橡胶树品系在病菌侵染时不产生防御反应或反应弱。因此，互作反应中的一些反常的现象可以从"叶龄变化"与"生氰作用"之间互作对抗病能力变化的影响来进行分析。

　　叶片的旺盛生长是橡胶树等热带雨林作物显著的特征（与降水量大导致土壤养分缺乏有关），橡胶树发芽后，叶片从需要能量到供给能量是一个很长的转变过程。叶片是能量合成组织，其能量平衡长期需要母体维持。叶片中的能量合成需要将同化物运输到叶片中才能发生，因此现有的、基于离体叶片的抗性筛选相关试验，所获结果显然和田间条件下、叶片得到母体支持情况下并不一定相同。例如离体叶片中，肉桂酸合成、氨基酸"库"的数量变化，东莨菪碱、木质素和糖苷的活性合成等受母体供给的消耗而减少甚至停止。在活体植株（即叶片保留在植株）上进行的人工接种试验中，由于叶片得到母体组织上相邻器官或组织的供给，因此病原的侵染进展程度和离体叶片是不同的。例如，东莨菪碱的产生是叶片受侵染后产生的抗性反应之一，其产生同样受接种叶片的能量供给影响。接种位点的东莨菪碱累积数量受多个因素影响，其形成受病原侵染、组织受伤、激发子处理和其他一些逆境压力等诱导。东莨菪碱受紫外线激发后会产生蓝色荧光，因此当其从活细胞释放至质外体时，可以很容易地进行检测。东莨菪碱有弱的抗菌作用，因此通常认为其属于植物抗毒素。在细胞壁中，胞外过氧化氢酶在过氧化氢存在的情况下，能够将东莨菪碱转化为黄色/棕色的不溶性物质，同时荧光淬灭。另外，糖基化反应中，即东莨菪碱会转化为糖苷东莨菪碱，从而同样降低其含量。东莨菪碱是在 UDP- 葡萄糖基转移酶（UGT）作用下形成的，而糖苷位于液泡内。在植物和病原互作过程中，UGT 的表达和逆境、病原物相关。实际情况下，糖基化对于次生化合物的合成和存储非常重要，当受到病原侵染时大多数植物会产生和山莨菪碱共存的东莨菪碱。就橡胶树而言，研究者并没有在其和南美叶疫病的互作检测到山莨菪碱，但在其和弱病原菌黑团孢霉（*Periconia manihoticola*）的互作中同时检测到山莨菪碱和东莨菪碱。研究者用黑团孢霉的孢子液分别进行了橡胶树离体叶片和活体叶片的接种试验，经过同样的 2d 暗处理之后，形成了类似的坏死病斑。紫外检测发现离体叶片质外体中的蓝色荧光信号成网状分布，而活体叶片中的荧光信号集中在液泡中。甲醇提取后，薄层色谱分析发现离体叶片中存在东莨菪碱，而活体叶片中为山莨菪碱及微量的东莨菪碱。两种接种处理之间的区别在于活体植株上的叶片能够获得足够的同化物以形成糖苷，而离体叶片缺乏供给，不能获得能量和反应底物以合成 UGT，而现有储备仅能产生微量的东莨菪碱。因此，采用离体叶片所进行的抗性筛选结论必须重新进行评估。除此之外，离体叶片系统中的山莨菪碱产生数量还受到培养条件的高度影响，当生氰能力强的橡胶树叶片在密闭的培养皿内进行接种和培养时，病斑大且氰化物释放量高（每天能产生 38.6mg/g 叶片），而山莨菪碱数量很少（每天仅能产生 0.48mg/g 叶片）。

　　在病原侵染时，叶片产生的氰化物如果立即用碱吸收或用气流带走，那么生氰能力强的叶片上病斑不会扩大并同样形成较小的病斑，而且病斑周围的东莨菪碱的含量将增加至 5 倍。因此，病原侵染过程中植物释放出的大量氰化物可导致其自身的主动防御功能受损，换句话说，生氰能力强的植株可能含有和抗病植株同样的或潜在的抗病相关因子，但是这些因子可能受自身其他因子，例如大量释放的氰化物所抑制。Lieberei（2006）研究发现南美叶疫病菌的幼嫩菌丝具有很高的抗氰呼吸潜力，人工培养条件下加入少量氰化物能够增强病原菌的氧气消耗能力并促进其生长。橡胶树组织内释放的氰化物能够阻碍防御反应，这和人们对植物进化机制的共识并不一致，因此很难被育种工作者所接受。橡胶树在遗传中保持对病害的敏感性，这一点是不大可能的，但是生氰能力在定性和定量方面的研究已经证明是能够遗传的。深入研究发现，橡胶树保持生氰能力是一种多因素进化框架下的自然现象。生氰植物可分为专性及兼性两类，专性生氰植物的氰化物前体合成时，针对每种前体的β-糖苷合成酶、液泡储存等相关基因是组成型表达的，不同植物中相关基因的表达数量存在很大的变异性。很多生氰植物的组织内均含有少量低分子的氰化物，然而橡胶树、菜豆（*Phaseolus lunatus*）、木薯（*Manihot esculenta*）、高粱（*Sorghum bicolor*）、西番莲（*Passiflora capsularis*）和其他大量植物能够积累大量的氰化物前体。

在植物和食草动物互作之间，多年生木本植物是多因素环境压力研究中的有趣模型。在叶片自身的生命周期中，氰化物释放潜力和其他代谢模式是不断变化地，导致其对食草动物和有害微生物的敏感性也相应地变异，生氰潜力和氰化物释放效率使得研究者可以将释放的氰化物进行定量分析并作为组织受伤的反应指标。除了受基因控制，植物组织不同发育阶段的生氰潜力和释放效率也是不同的，通常幼嫩阶段两方面的能力比老化叶片强。氰化物释放后，其在叶片组织内具有高度移动性，几秒内即可到达释放位点附近的细胞，除了能够抑制受侵染位点周围细胞的防御反应，还是很多生化反应的抑制剂。

（四）橡胶树种质多样性的分子分析

1981 年，在国际橡胶研究与发展委员会（IRRDB）组织下建立了相关的国际组织，并开展亚马孙流域原生（野生）橡胶树种质资源的收集工作。这是自魏克汉在亚马孙流域收集橡胶树种子以来，100 多年内第一次系统性开展的橡胶树种质收集工作。这次重新进行的种质收集工作是为世界范围内橡胶树的栽培和驯化提供材料。随后，法国国际农业研究中心（CIRAD）启动了 Biotrop 项目，对所获种质开展了遗传和分子多样性方面的研究，利用 14 个同工酶位点（isozyme locus）、细胞质和细胞核的限制性片段长度多态性（restriction fragment length polymorphism, RFLPs），以及随后的 17 个微卫星位点（microsatellite loci），研究者评价了基因组和分子水平上的遗传多样性变异情况。包括地理起源明确的橡胶树种质在内，这些资源可以分为 6 个遗传种群，覆盖整个亚马孙流域和安第斯西部地区（种群 1）、靠近塔帕霍斯河的东部地区（种群 2）、联邦州阿克雷地区（种群 3 和种群 4）、罗尼尼亚州（Ronnie）（种群 5）和马托格罗索州（种群 6）等 6 个种群。随后的研究发现橡胶树的二倍体基因组具有罕见的重复基因位点，在总长度为 2 150cM 的基因组图谱中，鉴定出 18 个基本的连锁遗传群。采用来自 PB260 和 Fx 3 899 杂交后代的 192 个子代，通过 6 个南美叶疫病菌菌株的接种试验，在 7 个独立的连锁群上鉴定出 8 个抗性相关的数量性状位点（quantitative trait loci, QTLs）。研究者随后根据分子研究数据，绘制了橡胶树对南美叶疫病菌的田间抗性基因谱，并第一次将部分抗性和完全抗性的相关因子在子代进行表达，并证明和 5 个基因簇相关。

在橡胶树抗南美叶疫病的研究中，研究者筛选出 8 个主要的抗病相关 QTLs，其他一些次要因子能够调节主要因子的作用或者干扰这些因子的表型表达。主效抗病因子激活后，能够调控防御反应的全面表达，并产生完全抗性，如控制病菌在叶片中的发育过程，即不形成病斑或形成不产孢的病斑。这种类型病斑的存在为主要抗病因子的存在提供了证据。分子生物学研究也给出了明确的证据，除了引发完全抗性的主要因子，还存在系统性的干扰主要因子表达的次要因子。

对于橡胶树这类多年生的热带植物，植物和病原菌组合的分子互作机制研究能够显著增强分子辅助育种及筛选的可能性，当然这方面还有很多重要问题亟待解决。例如，无论环境条件如何，病斑直径这个特征是否能够作为田间抗性评价的指标还存在争议。总的来说，这一热带多年生植物遗传分析的发展前景是非常有希望的，并且通过进一步的分子标记辅助育种应该是可行的。

（五）生理特征和分子标记相结合是分子标记育种的新途径

鉴定出和抗病相关的数量性状位点（QTLs）有关的主要因子使得潜在抗病基因型的鉴定成为可能。带有这些 QTLs 的橡胶树植株通常拥有激活防御反应的全套代谢系统，因此这些基因型值得进行进一步的研究工作。育种工作中，当鉴定出和高产胶量相关的 QTLs 后，相关植株就是育种和筛选工作的主要初始材料。这些植物中，叶片老化快（即从需要能量供给转变为对外提供能量所需时间短）的植株是最适合的，因此叶片在自身系统合成并激活防御反应方面所需能量的时间和程度必须进行评价。当叶片中东莨菪碱含量显著增高并且木质化迅速进行时，两种成分的存在是完整且成功的防御反应所必需的。除苯丙氨酸解氨酶（phenylalanine-ammonia lyase, PAL）外，另一类为大量的芳香族氨基酸，特别是苯丙氨酸（phenylalanine）。除叶片本身的叶龄外，生氰作用对抗性的抑制也是必须考虑的。氰化物能够抑制光合作用中的 CO_2 固定，以及大量其他酶的活性，包括肉桂酸合成与抗性相关的关键酶 PAL，随后在 GT1、IAN873 和其他生氰能力强的橡胶树品系中均发现了这一现象。氰化物的抑制作用或许也可以解释橡胶树在田间表现出一定抗性，但在室内试验中表现出高度敏感性的原因。育种研究中，避免使用产氰能力强的橡胶树基因型，可以在一定程度上简化育种工作。同样地，叶片生长快、老化快的基因型也是育种中优先采用的材料。目前，来自边沁橡胶树的品系是最有希望的。在同属大戟科、生氰能力强的木薯上，研究者采用反向技术成功获得了氰化物含量低的新品种，因此也有可能获得类似的橡胶树品系，在筛选生氰能力弱的植株时，必须事先明确不影响防御反应的氰化物含量阈值以作为鉴选标准。

四、橡胶树种质抗病机理研究

van der Plank 把植物抗病性划分为垂直抗性和水平抗性两个基本不同的类型。垂直抗性的定义为仅对某种病原菌的一部分小种有抗性，不能对所有小种均有抗性（小种专化性），而水平抗性指的是对病原所有的小种都有抗性（非小种专化性）。这种作物抗病性理论的创新促进了相关研究的开展。

目前，有关橡胶树对南美叶疫病抗性作用机理方面的研究还比较少，但是田间发病情况调查和室内实验分析表明，橡胶树对该病的确存在两种类型的抗性，即垂直抗性和水平抗性（Hashim 等，1978）。病原学方面的研究结果表明，病原菌有数十个生理小种，而最初鉴定时表现为抗病的橡胶树品系对随后出现的病菌小种都表现为感病。通常情况下，橡胶树受病原菌某个或数个生理小种侵染后，侵染位点寄主细胞迅速死亡，阻止了病原菌的进一步扩展，这种抗性属于垂直抗性。以垂直抗性为目标选育出的一些橡胶树品系仅对个别或部分小种具有抗性，因此，当新的病原小种出现后，抗病能力随时有可能降低或完全丧失。例如橡胶树种质中，来自边沁橡胶树的品系 F4542 对南美叶疫病菌 1 号小种表现为抗病，然而该品系的亲本对 2 号和 3 号病原小种表现为感病。

相比而言，由于水平抗性对病原物几乎所有小种都具有抗性，因此持久性比较好。对于具有水平抗性的橡胶树种质，南美叶疫病菌虽然能够成功侵染，但是在组织内的扩展速度变慢，病斑变小，产生的孢子数量也明显降低。因此，虽然水平抗性表现出的抗病能力不如垂直抗性，但持久性强且更适合进行田间推广。

目前，植物病理学家已经鉴定出两种类型的抗性，即完全抗病和部分抗病（中抗）。植株受侵染但不形成可产孢的病斑为完全抗性，主要为近缘物种边沁橡胶树和少花橡胶树，以及巴西橡胶树的部分品系。部分抗病品系表现为叶片受侵染，但是为害程度较轻以及蔓延流行变慢。由于病原菌菌株的不同，某个橡胶树品系可能在某个地区表现为抗病，而在另外地区表现为感病。

在南美叶疫病菌侵染橡胶树过程中，东莨菪碱的显著积累和木质化过程被视为抗病相关现象，然而研究者后来发现并不是所有橡胶树品系在和南美叶疫病菌互作中都出现这两种物质的积累现象。随后，抗病相关分子机理方面，包括抗病相关分子标记筛选、抗病相关基因鉴定以及橡胶树基因组序列测定等方面得到了大量研究。

（一）抗病相关分子标记的筛选

近年来，研究者继续开展橡胶树种质抗病相关分子标记的筛选。目前，RO38 和 MDF180 是研究较多的抗病品系。

1. 品系 RO38 抗病相关分子标记的筛选

目前，有关橡胶树对南美叶疫病的抗性遗传机理方面的研究最早是 Lespinasse 等（2000a，2000b）进行的。研究者首先利用巴西感病栽培品种 PB260 和抗病橡胶品系

RO38（来自边沁橡胶树的种内杂交种质，也称为 FX899，有一定的抗病能力）的 106 个群体杂交子代，分析了两个亲本基因组中的同源连锁群，获得了总计 717 个抗病相关基因簇，包括 301 个限制性片段长度多态性（restriction fragment length polymorphism，RFLP）标记、388 个扩增片段长度多态性（amplified fragment length polymorphism，AFLP）标记、18 个微卫星（microsatellites）标记以及 10 个同工酶标记。这些标记可组合成 18 个连锁群，涉及遗传距离为 2 144cM。基因组上平均 3cM 有一个分子标记，有 9 个标记并不连锁，分离畸变率为 1.4%。在两个亲本的基因组上比较了各位点的遗传距离，发现种间杂交时，父本的减数分裂重组明显少于母本。进一步选用 195 个子代群体，用 5 个不同的病原菌菌株进行人工接种，通过观察老叶上病斑的类型和直径，评价了其在人工控制下的抗性水平。所用菌株均能够侵染亲本 PB260，所形成的病斑上能够产生大量孢子，其中 4 个菌株接种 RO38 后病斑上不能产孢，另外 1 个能产生少量孢子。采用非参数标记对标记测定（kruskal-Wallis marker by-marker test）和区间作图方法（interval mapping procedure）进行了 QTL 筛选，结果在 RO38 图谱中获得 8 个抗性相关 QTL，而 PB260 基因组中仅获得一个 QTL，F_1 子代遗传图谱的分析也获得相同的结果。在对 5 个菌株和寄主的互作类型（即病斑类型）与病斑直径的抗性相关性分析中，均筛选出一个共同的 QTL，而在 4 个菌株的两类抗性（互作类型和病斑直径）分析中，分别有两个共同的抗病相关 QTL。

Guen 等（2003）随后同样采用来自抗病品系 RO38 与感病栽培品系 PB260 的 192 个群体杂交子代种质，在法属圭亚那试验田中，开展了其在田间条件下的抗性连锁遗传研究。田间条件下，病害为害情况调查比人工接种条件下更难进行评价。有利于病原侵染的橡胶树叶片叶龄和病原产孢的时间段很短，通常仅有数天，因此每次调查时仅有一小部分种质能获得相关的评价数据。橡胶树是典型的热带雨林地区、多年生植物，病虫害全年均可发生，橡胶树对病害的抗性评价需要考虑整个季节的变化情况。另外，由于叶片受侵染的准确时间难以确定，而病斑直径、产孢密度和病程进展时间高度相关，因此相关数据受病原菌侵染时间，以及田间调查本身所需要时间的影响。因此，研究者在两年内进行了多次调查，以获得足够数量的子代种群相关数据。

调查中获得侵染严重度（severity of attack, AT）、橡胶树和病原之间互作类型（the reaction type, RT）、子座形成情况定性分析（a qualitative assessment of the presence of stromata, ST）和子座半定量测定（a semi-quantitative measurement of stromata, STQT）等 4 个评价参数。AT 和田间病原接种体（孢子）的数量有关，因此根据叶片上的平均病斑数量和叶片变形情况对 AT 进行分级，其中每张小叶（橡胶树每张叶片有 3 张小叶）上病斑数量少于 4 个为 0 级，而 4 级指小叶上受坏死病斑影响的面积大于 30%，叶片严重变形，并最终坏死。RT 是根据病斑类型来分级的，共分为 7 个级别：0 级表示无病斑形成；1 级和 2 级分别表示坏死，以及褪绿而不产孢的病斑；3~5 级分别代表病斑上少量产孢、中等产孢并有多种孢子，以及大量产孢并有多种孢子；6 级表示叶片正反两面均大量产孢。AT 和 RT 只能在病程的某个阶段观察到，即每蓬叶片出现后的12~16d。子座通常出现在叶片的上表面，是病原菌进入有性阶段的特异特征，只要老叶保留在植株上就可以观察到。ST划分为0级至3级，共4个级别，无子座形成为0级，个别叶片上出现极少量的子座为1级，一些叶片上出现相当多的子座为2级，大多数叶片上出现大量子座为3级。

STQT的数值根据子座的形成数量来确定。在每株橡胶树植株上取5片小叶，根据每片小叶上子座的平均数量来分级，无子座为0级，1~10个为1级，11~50个为2级，50个以上为5级。随后按照下面的公式来计算：

STQT=（1级小叶数量×1+2级小叶数量×2+5级小叶数量×5）/总的小叶数量×5

STQT的数据变化范围为0~5，计算时选择2和5作为权重，其目的是使获得的最终数据和其他3个参数的相关数据范围保持基本一致。

田间调查试验在1999年7月至2000年12月之间进行，共22个月。每两周调查一次，2000年1月（暴雨季节，不利于孢子扩散）和2000年7—9月（旱季）没有进行调查。每个活着的植株对AT、RT和ST各调查20次，而STQT仅在其他参数第8次调查时，即1999年11月病害为害最严重的阶段进行。理论上，每个子代的调查数据为160次。实际工作中，每个子代获得AT和RT调查数据平均为16.7次（标准偏差为5.9），而ST的理论数量和实际数量分别为137次和28.6次。这些数据中，每个子代少于10次的调查数据不再用于后续的遗传分析研究。连续两年获得的AT、RT、ST和STQT等数据（图2-26）并不符合常见的正态分布特征，正态测试实验也证明了这一点，各参数表现出很强的抗性相关性（$P>0.0001$）（表2-14）。

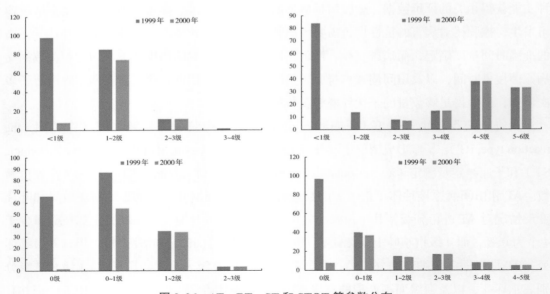

图2-26 AT、RT、ST和STQT等参数分布

引自Guen等（2003），略有改动。

表 2-14 抗性相关性状之间的相关性

性状	AT	RT	ST
RT	0.88		
ST	0.81	0.82	
STQT	0.70	0.70	0.94

注：$P > 0.000\ 1$；引自 Guen 等（2003），略有改动。

由于 4 个参数均非正态分布，研究者尝试用非参数检验法（Kruskal-Wallis method）对所获数据进行分析。在基因组水平上，显著性水平 5% 时，无论 RO38 还是 PB260，连锁群的差异显著性水平均为 0.000 5。在 RO38 种质上，4 个抗病相关性状在连锁群上的分布情况见表 2-15。MX692 和 EM36/14 两个分子标记和抗病相关 QTLs 之间具有相关性，分别位于连锁群 g8 和 g13。位于染色体分子标记 EM36/14 区域内、g13 连锁群上QTL 在 4 个抗病相关性状的卡方值（chi-square value）均具有显著的相关性，而连锁群 g8 上的分子标记 MX692 仅在 ST 这个性状上表现出相关性。

表 2-15 抗性相关性状的基因连锁群相关性分析

性状	连锁群	分子标记	Nb	K	P
ST（RO38）	g13	EM36/14	191	114.31	<0.000 5
ST（RO38）	g8	MX692	137	12.34	<0.000 5
RT（RO38）	g13	EM36/14	172	111.00	<0.000 5
AT（RO38）	g13	EM36/14	171	106.80	<0.000 5
STQT（RO38）	g13	EM36/14	186	109.83	<0.000 5
ST（PB260）	g14	EM22/9	94	19.50	<0.000 5
STQT（PB260）	g14	EM22/9	94	21.61	<0.000 5

注：Nb 为 QTL 检测到的子代群体数量；K 为非参数检验法所获数据；P 为 K 值相关概率；引自 Guen 等（2003），略有改动。

随后用区间作图法（Interval Mapping procedure）对所有 4 个抗病相关性状进行了QTL 分析，进一步证明所有情况下，同一个 QTL 位于连锁群 g13，峰值位于 EM36/14分子标记区域（表 2-16）。该 QTL 在 4 个相关性状上的 LOD 分值分别为 16.0（STQT）、25.5（ST）、38.0（AT）和 76.3（RT），表明该 QTL 上有一个主要的抗病基因。前期对RO38 及其亲本基因组分型结果确定了等位基因的起源，分析该抗病基因簇来源于边沁橡胶树。由于该基因簇中抗病基因的重要作用，该基因命名为 M13-1bn［"M" 表示病原菌为小环腔菌属（*Microcychus*）（注：病原菌目前已重新分类为乌勒假尾孢）；"13"表示连锁群 g13；"1"表示该连锁群中第一个检测到的 QTL；"bn"表示初始来源为边沁橡胶树]。

表 2-16　基于 4 个抗病相关性状的基因组 QTL 分析（区间作图法）

性状	连锁群	分子标记	Pos	Nb	LOD/cM	R^2/%
ST（RO38）	g13	EM36/14	+5	191	25.5	55
RT（RO38）	g13	EM36/14	+5	172	76.3	91
AT（RO38）	g13	EM36/14	0	171	38.0	65
STQT（RO38）	g13	EM36/14	0	186	16.0	33
STQT（RO38）	g14	EM22/9	−11	186	2.9	7
ST（PB260）	g14	EM22/9	−1	94	5.3	24
RT（PB260）	g2	EM22/10	0	94	3.1	15
STQT（PB260）	g14	EM22/9	0	92	5.0	23

注："分子标记"指 LOD 峰值最近的标记；"Pos"指 LOD 峰值和分子标记之间的遗传距离（cM）；"Nb"指已获得相关数据并用量进行 QTL 分析的子代数量；"R^2"指解释表型变异的比例；引自 Guen（2003），略有改动。

非参数检验法在 g8 连锁群中获得的和抗病性状 RT 连锁的 QTL，经过区间作图分析验证后发现无相关性。相反，g14 连锁群中临近 EM22/9 标记处检测到一个新的和抗病性状 STQT 相关的 QTL。由于该 QTL 可能影响子座的形成，因此命名为 *M14-bn*。

在子代群体中，94 个子代的病斑产孢情况为平均程度，表现出显著的 1∶1 分离率。在所有的 4 个参数中，这些子代群体运用区间作图法均表现出分离趋势。研究结果（表 2-16）中有一些有趣的地方，抗性子代群体去除后，"*M13-1bn*"就不再出现，表明相关基因和抗病性是密切相关的，"*M14-bn*"表现出和 ST、STQT 两个性状之间的相关性。另外，在感病种质 PB 260 的连锁群 g2 中筛选出一个新的和 RT 性状相关的 QTL，但是没有找到和 AT 性状连锁的 QTL。这些结果和非参数检验法所获结果是一致的。

进一步用复合区间作图法（Composite interval mapping analysis）对整个子代群体以及感病子代群体进行分析，抗病种质 RO38 共获得包括 "*M13-1bn*" 在内的 4 个 QTL，而感病种质 PB26 中获得 2 个 QTL（表 2-17）。分子标记 EM 36/14 和抗病相关的 "*M13-1bn*" 基因距离很近，次要 QT "*M14-1bn*" 的 LOD 值略高于区间作图法所获数据。另外，还发现一个位于连锁群 g3 中新的 QTL，其 LOD 值为 3.1。

表 2-17　基于 4 个抗病相关性状的基因组 QTL 分析（区间作图和复合区间作图法）

性状	连锁群	分子标记	Pos	Nb	LOD	R^2/%
ST（RO38）	g13	EM36/14	+5	191	25.6	55
ST（RO38）	g14	EM22/9	+5	191	4.4	7
RT（RO38）	g13	EM36/14	+5	172	76.4	91
AT（RO38）	g13	EM36/14	0	171	38.1	65
AT（RO38）	g3	V430	0	171	3.1	3
STQT（RO38）	g13	EM36/14	0	186	16.0	33
STQT（RO38）	g14	EM22/9	+5	186	4.4	8
ST（PB260）	g14	EM22/9	+5	94	5.5	29
RT（PB260）	g2	EM22/10	0	94	3.0	14
STQT（PB260）	g14	EM22/9	0	92	5.2	24

注："分子标记"指 LOD 峰值最近的标记；"Pos"指 LOD 峰值和分子标记之间的遗传距离（cM）；"Nb"指已获得相关数据并进行 QTL 分析的子代数量；"R^2"指解释表型变异的比例；引自 Guen（2003），略有改动。

"M13-1bn"在群体中为 1∶1 分离，其位置已初步确定，位于抗病群体及部分感病个体的分子标记"EM36/14"处。在 192 个子代中，有 16 个没有该标记，有 176 个子代在抗性状态和该标记之间进行了重组，重组率为 1.7%，遗传距离为 1.7cM。通过与 g13 连锁群其他分子标记的比较，分析"M13-1bn"最有可能位于分子标记"EM36/14"和"EM29/3"之间。

除抗病种质 RO38 外，感病种质 PB 260 也进行了同样的 QTL 分析。基于 LOD 评分阈值，采用区间作图法未能获得任何抗病相关的 QTL。然而，采用非参数检验法在对 ST 性状的分析中，筛选到一个位于 g9 连锁群的与分子标记"EM17/5"相邻的且显著的次要 QTL，由于该 QTL 和其他 3 个性状均不相关，分析其可能仅和部分抗病作用相关。本研究所获结果和 Lespinasse 等（2000b）的结果存在一定差异，分析和田间病原种群之间存在差异有关。

Guen 等（2007）进一步采用该杂交子代群体进行了人工控制条件下的抗病相关 QTL 分析。接种时选择了 3 个菌株，分别为 San86［分离自马托格罗索州（Mato Grosso state）北部］、Pmb34［分离自巴西巴伊亚州巴西人邦（Brazilian state of Bahia）RO38 品系的嫁接苗上］和 G98（来自法属圭亚那）。这些菌株首先分别进行了致病谱评价，所用橡胶树种质包括 FX4098、FX985、FX3864、FX2261（亚洲和南美野生型橡胶树种质杂交子代），FX2804（F4542 和亚洲种质的杂交子代）、F4542、RO38（边沁橡胶树品系）、MDF180（南美野生橡胶树种质）、PB260（高产亚洲品系）。通过比较病斑上的产孢能力（sporulation intensity, SL）和病斑直径（lesion diameter, LD），发现 G98 和另外两个菌株之间存在明显差异（表 2-18）。

表 2-18　接种菌株的致病力测定

菌株	橡胶树品系														子代亲本			
	FX4098		FX2804		F4542		FX985		FX3864		MDF180		FX2261		RO38		PB260	
	SL	LD	SL	LD	SL	LD	SL	LD	SL	LD	SL	LD	SL	LD	SL	LD	SL	LD
Pmb34	b	2.0	a	5.0	b	4.0	c	1.5	a	6.0	b	3.0	c	1.5	a	5.0	a	7.0
San86	—	—	a	2.0	b	1.0	c	1.5	b	1.0	b	1.5	c	1.0	a	2.0	a	7.0
G98	b	2.5	b	1.0	b	2.0	b	2.0	a	1.5	b	1.5	c	0.5	b	1.0	a	7.0

注："a" 表示该菌侵染形成的病斑产孢能力强，"b" 表示产孢能力弱，"c" 表示不产孢；病斑直径单位为 "mm"；"—" 表示未进行；引自 Guen（2007），略有改动。

　　感病亲本 PB260 在其和病原菌互作类型（reaction type，RT）和病斑直径等方面均表现出最高的感病性（RT 为最高的 6 级，病斑直径为最大的 7.0mm），所谓的抗病种质 RO38 对 G98、San86 和 Pmb34 等 3 个菌株的 RT 级别分别为 3.0、6.0 和 5.6，病斑直径分别为 1.1mm、2.0mm 和 5.1mm。在抗感亲本的杂交子代中，107 个子代用 San86 接种了 2 次，而 101 个子代用另外两个菌株接种了 2 次。在获得 RT 和病斑直径 2 个参数相关数据后，研究者用 SAS 软件进行标准方差分析（standard analysis of variance, ANOVA），再进一步推导出广义遗传力（broad-sense heritability, H^2）。用菌株 G98 接种时，RT 和 LD 2 个性状均表现出高遗传性，用菌株 San86 时，LD 性状表现出弱遗传性，而用 Pmb34 时两个性状以及 San86 的 RT 性状均没有表现出遗传性（表 2-19）。因此，用菌株 Pmb34（针对两个性状）以及 San86（针对 RT 性状）来进行遗传分析是很难的。所有子代群体接种 3 个菌株的数量分布分析表明，相比另外两个菌株，G98 接种结果为偏态（skewed distribution）分布（图 2-27）。就 RT 性状而言，1 级和 2 级指病斑上不能产孢，3~5 级指病斑反面产孢量逐渐增加，而 6 级指病斑正反两面均能够产孢。接种 G98 后，RT 级别大部分为 1 级，San86 大部分为 5 级，而 Pmb34 多数为 5 级和 6 级。在 LD 性状方面，子代群体 G98 接种后表现为抗病的偏态分布（典型病斑直径 2mm），接种 Pmb34 表现为感病性（典型病斑直径 5mm），而 San86 为两者之间（典型病斑直径 3mm）。就整个群体而言，San86 属于高致病力菌株，而 Pmb34 属于强致病力菌株。

表 2-19　接种子代数量及广义遗传力

菌株	N1 （接种 1 次子代数量）	N2 （接种 2 次子代数量）	H^2（RT）	H^2（LD）
G98	175	101	0.50（$P<0.001$）	0.57（$P<0.001$）
San86	168	107	0.15（不显著）	0.27（$P<0.01$）
Pmb34	167	101	0.03（不显著）	0.17（不显著）

注：引自 Guen（2007），略有改动。

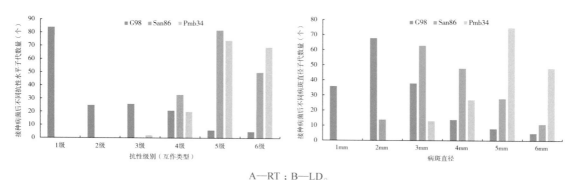

A—RT；B—LD。

图 2-27　子代群体在接种 3 个菌株后两种抗性表型的数量分布

引自 Guen（2007），略有改动。

就感病亲本 PB260 而言，3 个菌株接种结果的分析表明基因组中没有明显的抗病相关 QTL。在对抗病亲本 RO38 基因组的分析中，发现了不同的 QTL，而感病子代群体在接种菌株 G98 情况下没有找到抗病相关的"*M13-1bn*"QTL。表 2-20 中列出了根据阈值所得出的明显相关以及两个推导得到的抗病相关 QTL，及其基因组定位、置信区间和表型重要性。

表 2-20　杂交子代群体对 3 个菌株抗性相关 QTL 在 RO38 基因组中的筛选结果

菌株	性状	QTL 定位	分子标记	KW K 值	KW P	IM LOD 值	IM R^2/%	MQM LOD	MQM R^2/%	共有分子标记
G98	RT	g11-1	gHbCIR215	—	—	2.4	8.4	4.2	7.8	*M13-1bn*
		g11-2	M613	—	—	3.4	10.0	4.4	8.7	*M13-1bn*
		g12	LAP	11.2	<0.001 0	—	—	—	—	*M13-1bn*
		g13	M13-1bn	61.9	<0.000 1	15.4	34.3	（15.4）	（34.3）	*M13-1bn*
		g14	EM22/9	—	—	—	—	3.9	7.0	*M13-1bn*
		g15	EM3/17	—	—	2.9	7.9	—	—	*M13-1bn*
		g16	EM54/1	—	—	2.4	4.3	2.4	4.3	*M13-1bn*
	RTs（感病品种）	g11-1	gHbCIR215	16.7	<0.000 1	3.9	17.3	3.4	16.2	*M13-1bn*
		g11-2	M613	16.5	<0.000 1	4.3	24.3	4.0	18.8	*M13-1bn*
		g14	EM22/9	13.2	<0.000 5	3.5	19.0	3.5	14.5	M613
		g15	EM3/17	10.9	<0.001 0	2.6	14.6	3.7	15.7	M613
		g16	EM54/1	14.7	<0.000 5	4.1	21.6	4.1	17.6	M613
	LD	g4	EM58/7	—	—	2.8	8.6	3.7	7.3	*M13-1bn*
		g12	EM15/3	11.2	<0.001 0	3.4	9.0	4.5	7.6	*M13-1bn*
		g13	M13-1bn	69.0	<0.000 1	15.4	34.2	（15.4）	（34.2）	*M13-1bn*

（续表）

菌株	性状	QTL 定位	分子标记	KW		IM		MQM		共有分子标记
				K 值	P	LOD 值	R^2/%	LOD	R^2/%	
G98	LDs（感病品种）	g4	EM58/7	—	—	2.9	8.5	—	—	EM15/3
		g11-1	gHbCIR688	12.6	<0.000 5	—	—	—	—	EM15/3
		g12	EM15/3	14.4	<0.000 5	3.7	19.9	（3.7）	（19.9）	EM15/3
San86	RT	g2	gHbCIR540	10.9	<0.001 0	—	—	—	—	EM15/3
		g12	EM15/3	51.6	<0.000 1	12.9	33.6	（12.9）	（33.6）	EM15/3
Pmb34	RT		—							
	LD		—							

注："KW"指非参数检验法；"IM"指区间作图法；"MQM"指多重 QTL 作图法；分子标记指非参数检验法（KW）所获 K 值最高处的基因组位置，或者采用距离区间作图法（IM）和多重 QTL 作图法（MQM）时所获 LOD 值最接近的因组位置；"R^2"指解释表型变异的比例；"LAP"和"gHbCIR540"为推导的 QTL；引自 Guen（2007），略有改动。

在接种菌株 G98 情况下，非参数检验法（kruskal-wallis test，KW）和多重 QTL 作图法（multiple QTL mapping，MQM）在 RT 和 LD 两个抗病相关性状的连锁分析中均发现一个重要的 QTL，其与抗性遗传分子标记"M13-1bn"非常接近，而且 LOD 值在区间作图法（interval mapping，IM）中高于 15，KW 得出的 K 值高于 60（图 2-28）。之前 Lespinasse 等（2000b）最先通过人工接种评价发现了这个主效 QTL，Guen 等（2003）之前通过田间抗病相关性状的连锁分析也证实了这一点。"M13-1bn"标记和 IM 方法所获结果的峰值区域距离最近，也是 MQM 方法得出的共有标记因子。

采用 MQM 方法，通过 RT 性状分析，从连锁群 g11 中筛选出两个抗性显著相关的 QTL，一个和标记"gHbCIR215"相邻，另一个和"M613"相邻，两者的距离为 29.6cM。和标记"gHbCIR215"相邻的 QTL，和 Lespinasse 等（2000b）获得的研究结果是一致的，而和"M613"相邻的 QTL 之前并无相关报道，但是其定位在一个 RFLP 标记的抗病基因簇内。

就 RT 性状而言，通过 MQM 方法获得了另外两个次要的 QTL，分别位于连锁群 G14 和 G16。Lespinasse 等（2000b）之前已经通过接种不产孢的菌株 G70 鉴定到 G16 连锁群上的 QTL，而没有鉴定到 G14 上的 QTL，但 Guen 等（2003）通过田间抗病性状（子座形成相关）分析获得了 G14 上的 QTL。

在连锁群 G12 上，基于 LD 性状连锁分析，和分子标记"EM15/3"相邻处也获得了一个显著的 QTL（MQMQ 方法所获 LOD 数值为 4.5），和 Lespinasse 等（2000b）所获的一个 LAP 同工酶标记距离很近。同样的，基于 LD 性状连锁分析，在连锁群 G4 上，和分子标记"EM58/7"相邻处也获得一个显著相关标记（LOD 值 3.7）。Lespinasse 等

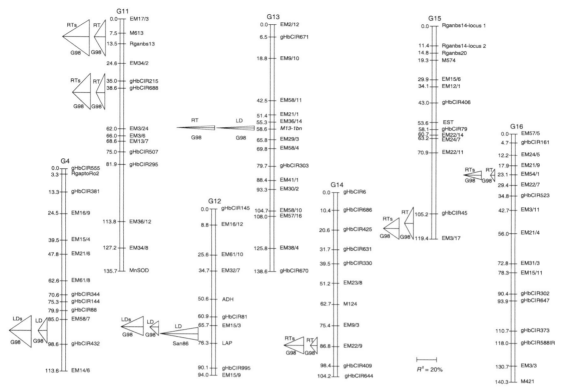

图 2-28　两个菌株接种情况下 RO38 基因组抗病相关 QTL 筛选

注：引自 Guen（2007），略有改动。

（2000b）在分析菌株 Una2 接种结果时也获得和这个相关的分子标记，菌株 G77 接种结果分析同样推导出该标记，其峰值标记位于"gHbCIR88"标记内。

在对感病子代群体分析中获得了更多确定的结果。由于"M13-1bn"为单一形态，和抗病相关等位基因相比，其标记在子代群体中的分离是非正态分布的，因此感病群体中不可能筛选到该标记。就 RT 性状而言，通过作图分析筛选到 5 个显著相关的 QTL，推导出的峰值位置，即 3 个可能的、比较确定的共有分子标记分别为"M613""EM22/9""EM54/1"。就 RT 性状来说，整个子代群体得到的 QTL 都是显著相关的或者推导其相关的，这些标记在感病子代群体中同样是显著相关的，表明 G13 上主效 QTL 的存在对抗病相关 QTL 的分析存在负面影响。G15 上和标记"EM3/17"相邻的 QTL 是通过整个分离群体推导得到的，和感病子代群体是显著相关的，即该 QTL 和抗病相关基因为负相关的，在抗病育种工作中意义不大。就 LD 性状而言，G12 上的 QTL 在感病群体中也得到了验证，但 G4 上的次要 QTL 没有在感病群体中发现相关性。

在接种菌株 San86 情况下，根据 RT 性状得出的广义遗传力指数很低，因此不可能得到有效的抗病相关 QTL。实际上，3 种方法的分析结果均没有获得和抗病性显著相关的 QTL。就 LD 性状而言，在连锁群 G12 获得一个和"EM15/3"相邻的 QTL，该 QTL 在分析菌株 G98 接种结果时已筛选到，但其 LOD 值更高，为 12.9，表型相关比例为 33.6%，MQM 和 KW（K 值 51.6）分析得出了相同的结果。另外还推导出一个位于 G2 连锁群上的 QTL（峰值标记为 gHbCIR540），Guen 等（2003）之前也根据田间抗病性状鉴定出该 QTL。接种菌株 Pmb34 所获相关结果中，3 种方法均未能获得任何抗病相关 QTL。

2. 品系 MDF180 抗病相关分子标记的筛选

MDF180 是一个对南美叶疫病具有明显持久抗性的橡胶树中抗品系，其受侵染叶片病斑的分生孢子释放能力下降，同时所有病原菌株均不能产生有性阶段。即使田间存在强致病力病原菌菌株，该种质的抗性也能保持 30 多年且没有明显变化。Vincent 等（2011）利用种植在法属圭亚那的 351 个杂交子代群体（MDF180 为父本，PB260 为母本），系统观察其田间发病情况，同时随机选取 195 个子代进行人工接种评价。人工接种所采用的 3 个菌株包括来自巴西巴伊亚州重病胶园的 FTP39 和 PMB23.1，以及来自法属圭亚那的 CB101。在对 10 个橡胶树品系的致病力评价中，3 个菌株表现出较大的差异性，其对 PB260 的致病力最强，病级为最高的 6 级。除此之外，FTP39 和 PMB23.1 对 RO38 同样达到 6 级（根据病斑类型），PMB23.1 对 FX2804 也为 6 级，而 CB101 对其他 6 个品系最高为 3 级（另外 3 个品系未接种）。根据病斑直径，MDF180 对两个巴西菌株表现为中抗（3 级），对圭亚那菌株表现为抗病（2 级）。

在对子代群体进行的人工接种中，两个巴西菌株的接种结果表现出非常高而且显著的广义遗传力，而圭亚那菌株的接种结果并不理想，根据病斑类型可发现明显的遗传性，而根据病斑大小并不能发现这一点。所有子代的表型（抗病能力）均在两个亲本之间。因此，容易筛选出对两个巴西菌株的抗病相关 QTL，而不能获得对 CB101 的 QTL。在对子代群体田间发病情况的调查中，发现分别根据病斑类型和大小的子代数量分布呈现明显的双峰现象，表明可能有一个主效的抗病相关因子。

所有子代群体均进行了基因分型，并进一步用于构建连锁群。最终获得了 203 个多态性微卫星标记，155 个来自 PB260，161 个来自 MDF180。11 个 AFLP 引物组合产生了 212 个标记，其中 110 个来自 PB260，120 个来自 MDF180。另外，有几个杂合子标记由于存在分离畸变或者位置不稳定而删去。最终获得的遗传图谱上有 113 个连锁标记，包括 110 个微卫星标记，1 个 STS 标记和 2 个 AFLP 标记，多数（109 个）包括 3 个或 4 个等位基因。该连锁图谱由 18 个连锁群组成，其大小相当于 PB260 基因组图谱的 77%，以及 MDF180 的 84%。平均 8~10cM 基因组即有 1 个标记，这个连锁图谱的饱和度并不充分，但标记密度足以监测主要的抗病相关 QTL。图 2-29 为抗病亲本 MDF180 基因组上的连锁图谱。

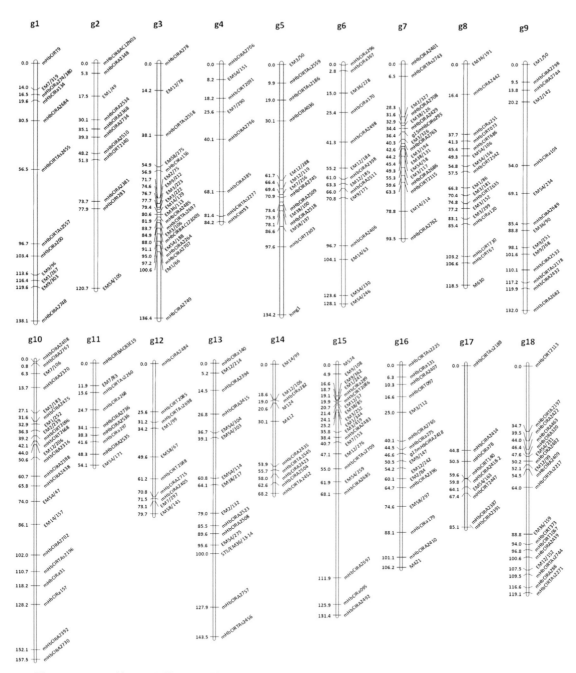

图 2-29 MDF 基因组上的抗病连锁标记（157 个微卫星标记、96 个 AFLP 标记和 1 个 STS 标记）

注：引自 Vincent 等（2011）。

　　最终进一步筛选出 6 个抗病相关的 QTL，其中 2 个为主效基因。1 个 QTL（M15md）位于连锁群 g15 上，和标记"mHbCIRT2086"的距离为 1.0cM（图 2-30），其和田间抗性，以及 CB101 接种后病斑类型表型有很强的相关性，但和另外两个菌株接种时的两类表型连锁性较低。另外一个 QTL 标记位于连锁群 g13 上，和标记"mHbCIRA2757"之间距离为 7.0cM，和两个巴西菌株接种时的表型有很高的连锁性，和接种 CB101 的表型也有相关性，但和田间抗性之间无相关性。另外还有 4 个次效 QTL，分别位于连锁群 g1（和标记"mHbCIRa134"相邻）、连锁群 g14（靠近标记"mHbCIRM124"）、连锁群 g10（接近标记"mHbCIRA31"，和接种 FTP39 菌株后的病斑类型相关）和连锁群 14（毗邻标记"mHbCIRTA2545"，和另外一个 QTL 分别位于不同位置）。位于 g15 中的主效 QTL，其贡献率为 81%~100%（田间抗性调查结果），而在人工接种时，贡献率分别为 2%~66%（接种 CB101）和 5% 左右（接种两个巴西菌株）。另外 1 个 g13 上的主效基因，在接种巴西菌株时，贡献率为 60%~68%。其余 4 个次效 QTL 的贡献率在 5%~10%。

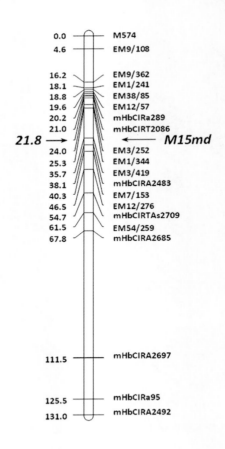

图 2-30　主效 QTL 在连锁群 g15 上的位置

注：引自 Vincent 等（2011）。

（二）抗病相关基因的筛选

在抗病育种基础研究中，科学家也开展了抗病相关基因的筛选工作，FX2784、FX3864 等种质也用于相关研究。由于橡胶树基因组很大，每 1cM 约 70 万个 nt（核苷酸），因此在没有进行相关种质的基因组测序并获得可靠数据的情况下，很难通过遗传方法直接从 7×10^6 nt 的基因组中筛选出确切的抗病相关基因。

1. 品系 FX3864 抗病相关基因的筛选工作

Hurtado 等（2015）采用对南美叶疫病菌菌株 GCL012 具有抗性的橡胶树二代种质 FX3864（来自橡胶树品种 PB86 和 B38 的杂交子代）开展了抗病相关差异基因的筛选工作。采用高通量测序技术评价了该种质在接种菌株 GCL01 前及接种 48h 后的基因差异表达情况。采用从头组装（de novo）将获得的 158 137 220 个测序数据组装为 90 775 个片段重叠群（contig），其 contig N50 长度为 1 672（注：将测序获得的所有 contig 按照从长到短进行排序并依次进行相加，当相加的长度达到 contig 总长度的一半时，最后一个加上的 contig 长度即为 contig N50。该长度可作为基因组序列测定结果好坏的一个判断标准，越长越好）。在参考数据辅助下，组装获得 79 278 个 contig，contig N50 长度为 1 324nt。最终获得 86 个在种质 FX3864 和菌株 GCL01 互作过程中的差异表达基因，7 个 AP2/ERF 乙烯依赖超基因家族的成员表现为下调表达，涉及细胞壁合成及修饰的 3 个基因上调表达并造成水杨酸（salicylic acid, SA）数量的增加，而预测的基因 *CPR*5（该基因在拟南芥中控制着对寄生霜霉的抗病性）下调表达。分析结果表明该种质的抗性和水杨酸、乙烯、茉莉酸（jasmonic acid, JA）等代谢途径有关，相关途径也是植物抵御病原侵染的重要作用机制。

2. 品系 MDF180 抗病相关基因的筛选工作

抑制消减杂交（suppression subtractive hybridization，SSH）具有高富集度，低背景和消减混合物中 cDNA 丰度的均一化等优点，在差异表达基因 cDNA 克隆中用途很广。Dominique 等（2011）采用 SSH 技术，利用橡胶树品系 MDF180 和感病品系 PB314，接种病原菌后开展了抗病相关基因的初步筛选工作，制备了 5 个不同接种时间的 cDNA 文库，其中 MDF2 个（接种 6~72h 和 4~28h）、PB314 3 个（6~72h、4~28h 和 34~58h），每个文库的 EST 冗余度在 23%~87%。对 8 027 个表达序列标签（expressed sequence tags，EST）进行了测序，经过质量评价、整理和拼接，最终获得 1 165 个序列及 458 个重叠群（contigs）。这些序列中，49% 可按功能分类，21% 功能未知，30% 无同源序列，而 80% 的序列为叶片组织特有的，因为其与胶乳转录组中的 EST 无任何同源性。

3. 品系 FX2784 抗病相关基因的筛选工作

FX2784 为一个全抗性基因型（数量抗性，病斑不产孢并且不形成子座），在法属圭亚那和巴西的马托格罗索州为全抗性，但在巴伊亚州为高度感病。研究者评价了其对不同来源菌株的敏感性，发现其对 46 个菌株为高抗，另外 4 个高度敏感。大量的田间调查结果表明其抗性可能为单基因所控制。在法属圭亚那和巴西，研究者利用微卫星标记对FX2784 和感病种质杂交子代进行了混合群体分离分析（bulk segregant analysis, BSA），发现其分离比为 1 : 1，进一步证明其为单基因抗性（Vincent 等，2013）。BSA 分析发现抗病相关基因和 g2 连锁群上的微卫星标记是紧密连锁的，位于基因组上命名为"M2fx"的区域，其长度大约为 10cM。

Koop 等（2016）选择抗病品系 FX2784、中抗/耐病品系 MDF180（部分病斑产孢，不形成子座）、感病品系 PB314（大量产孢并且均形成子座）以及菌株 PMB124（来自巴西巴伊亚州的米其林橡胶园）作为供试材料，采用高通量测序技术开展了橡胶树抗病相关基因的筛选工作。各种质从增殖苗上选取芽条，嫁接实生苗后在温室内进行管理，锯秆并在长出古铜期的新叶后，新制备孢子液（$2×10^5$ 个/mL，添加 0.05% 的吐温）后用小型喷雾器进行接种，以 0.05% 的吐温为对照。（24 ± 2）℃、RT95% 以上、12h/12h 光周期条件下 12d 使病菌完成孢子萌发、菌丝在细胞组织内的扩展以及相关症状的形成。随后，接种植株在温室内自然光照处理以诱导病菌完成有性态阶段。各处理在接种后 24h、48h、96h、168h 和 216h 时进行取样并提取 RNA。

研究者从 Dominique 等（2011）构建的文库中，筛选出一套非冗余的，共 1 623 个通用基因（Universal Gene，Unigen）的表达序列标签（Expressed Sequence Tags, ESTs），进一步筛选出 21 个候选的抗病相关基因以进行进一步的表达分析（表 2-21），包括 4 个活性氧（reactive oxygen species, ROS）产生、12 个活性氧清除、5 个叶片衰老相关等基因，同时以 9 个持家基因（elF1Aa、UBC4、UBC2b、YLS8、RH8、RH2b、UBC2a、40S 和 ACTIN）为内标。

表 2-21　21 个基因的引物序列及扩增长度

	相关基因	参考基因序列登录号	引物序列（5′ -3′）	PCR效率/%	片段长度/nt
活性氧产生	呼吸暴发氧化酶同系物 A（HbRBOHA）	KU535873	GGGTGCCATTCAAATGGAGAGACAGC; ACGCCCTGCTCATTGTGCATG	1.85	1.85
	呼吸暴发氧化酶同系物 B（HbRBOHB）	KU535874	GGTGACGCCCGTTCAACCCTC; AGCCAAGACAGGCGCACCAC	1.73	195
	呼吸暴发氧化酶同系物 C（HbRBOHC）	KU535875	GGTCCAAGCTCTCAACCATGCC; TGCCAACACTGGCATCCCGC	1.80	166
	呼吸暴发氧化酶同系物 D（HbRBOHD）	KU535876	ACCACTCGAATGAGCCTTGTTCACG; TGGCCCATATGGAGCACCAGC	1.66	245

（续表）

	相关基因	参考基因序列登录号	引物序列（5′-3′）	PCR效率/%	片段长度/nt
活性氧消除酶	细胞质铜锌超氧化物歧化酶（HbCuZnSODcyto）	AF457209	AGACACAACAAATGGCTGC; TGAGTGAAGGTCTTGTAAC	1.90	200
	叶绿体铜锌超氧化物歧化酶（HbCuZnSODchloro）	KU535879	GGCAGAAGCAACAATTGCGG; GCAGGGAACAATGGCTGCC	—	232
	锰超氧化物歧化酶（HbMnSOD）	L11707	CTTGGACAAAGAATTGAAGAAGC; ATACACTTCACTTGCATACTTCC	1.72	202
	过氧化氢酶（HbCAT）	HQ660588	TATAGATCCTGGGCACCTG; GGTGGCATCATCTTCAAATG	2.06	190
	抗坏血酸过氧化物酶1（HbAPX1）	AF457210	TTACCGATCCTGTCTTCC; CCATCAACAACCAAACCAC	1.91	218
	抗坏血酸过氧化物酶2（HbAPX2）	HO213971	TTACCGATCCTGTCTTCC; ATCAACCAACCCACTGCC	1.92	222
	脱氢抗坏血酸还原酶（HbMDHAR）	HO213972	AGCCCGAGAAAAATATGGTGGC; TTCAGTTTGCCAGAATCTATCCAG	1.86	113
	细胞质 γ-谷氨酰胺半胱氨酸合成酶（HbGCL1）	HO213974	CAAGGAAATTGGGTTCTTG; TCCAAAAATTCAATGCAG	1.82	202
	叶绿体 γ-谷氨酰胺半胱氨酸合成酶（HbGCL2）	HO213975	ACTCCTGAAGAAACACAAATGCTG; GCCTCAGCAATCTAATTCACCTTAATAG	1.90	294
	预测的半胱氨酸合酶（HbOASTL）	HO213973	CATCAAGCCGGGTGAGAGTGTC; CATGCCCCTTGCTGGATCAG	1.94	208
	谷胱甘肽过氧化物酶（HbGPX）	KU535880	ATGCACAATGTTCAAAGCTGAAT-TCC; GAGCATATCGCTCCACAACCT	1.73	198
	脱氢抗坏血酸还原酶（HbDHAR）	KU535881	TCTCCCAGAGGATGTTATTGCTGG; GGGATAAATGCTGCCTGACAGAG	1.63	207
叶片衰老	脱天蛋白酶（HbCASP）	AF098458.1	ATTGCTGAGACAGATGGTG; CACATCTCATAATAGCACGC	1.80	190
	半胱氨酸蛋白酶（HbPCYST）	KU535878	CCATGGTCTCTTCTGTTGCTGC; CGCTTGAATAGAACGTCGCGATAAG	1.86	205
	DNA 结合 WRKY 转录因子（HbWRKY2）	HO213976	CCAAGCTGCCCTGTCAAG; AGCTCTCATAGGGGTCGCAG	2.00	200
	果胶裂解酶（HbPLY）	EU009501.1	GATATTACCATTTCAAGGTGCCGC; CAGCATAAATGCCCCAGTTCCTC	1.79	205
	乙酰 COAC 酰基转移酶（HbKAT2）	KU535877	ATGGAACCACTACCGCTGGGAA; AGCCTTCACTGCAGCTGGAATTG	1.95	194

（续表）

相关基因	参考基因序列登录号	引物序列（5′ -3′）	PCR效率 /%	片段长度 /nt
真核细胞延伸因子 1-α（elF1Aa）	HQ268022	CGTGACTATCAGGACGACAAGGC;GCCAGCACCATCATCCTCC	—	150
泛素结合酶E4 类（UBC4）	HQ323249	GACTCCTTATGAGGGCGGAGTC;GCTATCAGGTTCAGGGTGAGCC	—	229
泛素结合酶E2 类（UBC2b）	HQ323247	CCGACCAAGTTTTCATTTCGGGTG;GCACCACTAATCCCCTGCAG	—	153
硫氧还蛋白类蛋白（YLS8）	HQ323250	TCGTCGTCATCCGATTCGGC;TCTTGCTTGTCCTTGAGAGCCC	—	258
持家基因 DEAD 盒依赖 ATP 的RNA 解旋酶 8（RH8）	HQ323244	GGTTGGTAGATCAGGCAGGTTTGG;CCATTGTTGCCGCTCATCATTGTTG	—	208
DEAD 盒依赖 ATP 的RNA 解旋酶 2（RH2b）	HQ323243	GAGGTGGATTGGCTAACTGAGAAG;GTTGAACATCAAGTCCCCGAGC	—	173
泛素结合酶E2 类（UBC2a）	HQ323246	CATCCAAACATTTATGCGGAT-GGAAGCA; AACTCTGCTCAA-CAATTTCACGCACTC	—	206
核糖体蛋白（40S）		ACAGGCTCATCACCTCCAAG;CAACCACAAAAGTGCAATGG	—	—
肌动蛋白（ACTIN）	HO004792	AGTGTGATGTGGATATCAGG;GGGATGCAAGGATAGATC	1.95	195

注："—"表示未进行；引自 Koop 等（2016），略有改动。

　　研究者首先评价了不同样品基因型及各个取样时间点对这 21 个基因本底水平表达（非接种对照）的影响（表 2-22），这个阶段，叶片从接种时含有花青素的古铜色小叶转变为含有叶绿素的长而宽的小叶。8 个基因的表达量明显受到橡胶树种质基因型的影响（其中 5 个表现出明显的差异显著性，$P < 0.000\,1$）。HbRBOHA 和 HbCuZnSOD cyto 两个基因在感病种质 PB314 和抗病种质 FX2784 中有相同的表达量，略低于中抗种质 MDF180，感病种质 PB314 和抗病种质 FX2784 的 HbCAT 基因表达量是耐病种质 MDF180 的 70 倍和 50 倍以上，而 MDF180 的 HbGCL1、HbGCL2 和 HbWRKY2 基因表达量比另外两个种质低 2~11 倍。然而，MDF180 的 HbDHAR、HbGPX 和 HbPCYST 等基因比另外两个种质的组成性表达水平高。在 9d 的试验期间，3 个种质的对照样品基因 HbCAT 的表达水平下

降，而基因 *HbWRKY2* 表达水平显著增加（主要在 96~216hpi。注："hpi" 为接种后的小时数，即 hours post-inoculation），另外 *HbPLY* 基因同样在 3 个种质中表现出表达量持续增加的现象。

8 个基因在所有时间点的表达情况受基因型影响，其中 4 个影响显著。基因 *HbRBOHA* 和 *HbRBOHB* 在 216hpi 时，在抗病种质 FX2784 和感病种质 PB314 中表达量下降，而在中抗种质 MDF180 中持续上升。另外，*HbGPX*、*HbDHAR*、*HbPCYST* 和 *HbRBOHD* 基因的表达水平在 FX2784 和 PB314 中保持稳定，而在 MDF180 的 216hpi 时显著增加。

表 2-22　不同基因型和时间点对 21 个基因本底表达量的影响

基因	橡胶树种质			基因型影响概率	hpi 影响概率	基因型与 hpi 互作影响概率
	PB314	MDF180	FX2784			
HbRBOHA	0.38a	0.23b	0.36a	0.000 2	0.009 8	0.019 7
HbRBOHB	0.36a	0.28ab	0.24b	0.005 0	<0.000 1	0.000 1
HbRBOHC	2.0E~03a	5.1E~03a	1.8E~03a	ns	ns	ns
HbRBOHD	5.3E~02a	7.6E~02a	4.7E~02a	ns	0.000 4	0.003 0
HbCuZnSODcyto	2.5E~04a	1.6E~04b	2.4E~04a	0.04	ns	ns
HbCuZnSODchloro	1.8a	2.6a	2.4a	ns	ns	ns
HbMnSOD	2.7a	2.8a	2.6a	ns	ns	ns
HbCAT	2.4E~02b	4.7E~04c	3.3E~02a	<0.000 1	0.000 4	ns
HbAPX1	1.81a	1.59a	1.56a	ns	ns	ns
HbAPX2	6.1E~03ab	5.3E~03b	8.5E~03a	ns	ns	ns
HbMDHAR	4.9E~02a	3.8E~02a	3.8E~02a	ns	ns	ns
HbDHAR	6.8b	13.5a	6.1b	<0.000 1	<0.000 1	<0.000 1
HbGCL1	3.3E~01a	1.2E~01c	1.8E~01b	<0.000 1	ns	ns
HbGCL2	2.5E~02a	9.01E~03c	1.5E~02b	<0.000 1	ns	ns
HbOASTL	7.7 E~02a	7.0 E~02a	6.8 E~02a	ns	ns	ns
HbGPX	0.78b	1.03a	0.67b	0.016 0	0.001 0	ns
HbCASP	0.53a	0.49ab	0.42b	ns	ns	ns
HbPCYST	1.4 E~02b	3.7 E~02a	1.4 E~02b	0.000 2	<0.000 1	<0.000 1
HbWRKY2	4.1 E~03a	3.6 E~04c	1.6 E~03b	<0.000 1	0.007 0	ns
HbPLY	2.9 E~01a	2.8 E~01a	2.3 E~0a	ns	<0.000 1	ns
HbKAT2	1.4 E~01a	1.7 E~01a	1.6 E~01a	ns	ns	ns

注："ns" 表示 $P>0.01$，即差异不显著；小写字母为该行数据的差异显著性标记（$P<0.05$）；引自 Koop 等（2016）。

在接种南美叶疫病菌情况下，*HbROHA*、*HbROHB*、*HbCAT*、*HbGCL1*、*HbGCL2*、*HbPCYST* 共 6 个基因的平均本底水平表达量没有变化，但其在不同橡胶树种质中的表达水平是不同的（表 2-23）。然而，*HbDHAR* 和 *HbWRKY2* 两个基因在病原侵染后，不同基因型种质及不同 hpi 的表达量均显著升高。接种和非接种对照的所有基因表达情况分析发现，*HbRBOHD*、*HbCuZnSOD cyto*、*HbAPX2*、*HbMDHAR*、*HbCASP* 和 *HbPLY* 等基因在不同种质之间表现出新的差异性。这些不同基因型之间在接种病原后的表达差异包括中抗品系 MDF180 的 *HbRBOHD* 和 *HbCASP* 基因在 216hpi 时表达量升高，抗病品系 FX874 的 *HbAPX2*、*HbCuZnSOD cyto* 和 *HbMDHAR* 基因表达量下降，以及感病品系 PB314 在 168hpi 时 *HbPLY* 基因表达量增加。

层次聚类分析法显示了接种和未接种叶片之间 mRNA 表达的倍数变化，表明表达模式相似的基因是成簇聚类的（图 2-31）。抗病种质 FX2784 的 *HbDHAR* 和 *HbRBOHC* 基因在 24hpi 时表现出强烈下调表达，其次为 48hpi 时的 *HbPCYST* 基因。同时，*HbRBOHD* 和 *HbPLY* 基因在 48hpi 上调表达，随后下降，可能和过敏性坏死反应中的氧暴发有关。一些基因，例如 *HbGPX*、*HbRBOHB*、*HbGCL1* 和 *HbWRKY2*，在 48hpi 时表现出中等程度的上调表达。在中抗种质 MDF180 中，基因 *HbWRKY2* 在 216hpi 时表现出明显的上调表达，而在抗病种质 FX2784 中，基因 *HbRBOHD* 在 48hpi 表现出一定程度的上调表达，而基因 *HbDHAR* 在 216hpi 下调表达。

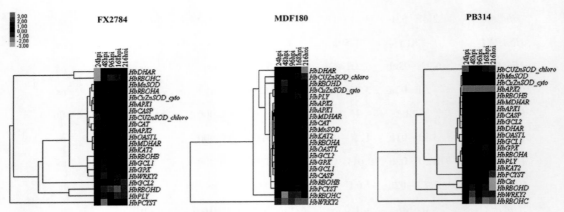

图 2-31　3 个橡胶树种质受侵染后衰老、ROS 产生及消除相关基因的层次聚类分析
注：每个基因的 mRNA 水平表达倍数变化用红色（上调）或绿色（下调）表示；引自 Koop 等（2016），略有改动。

和 FX2784、MDF180 相比，在感病种质 PB314 中 *HbRBOHD*、*HbCAT* 和 *HbWRKY2* 等基因为明显下调表达，而 *bRBOHC* 在 216hpi 时上调表达。感病种质中 6 个稳定表达基因（*HbCuZnSOD chloro*、*HbGPX*、*HbRBOHA*、*HbPLY*、*HbKAT2* 和 *HbDHAR*）在 FX2784 和 MDF180 中分别在 168hpi 表现出中等程度的上调表达，而 *HbPCYST* 基因在

216hpi 为强烈上调表达（表 2-23）。

前人研究表明，最重要的酶促活性氧产生系统是依赖还原型辅酶Ⅱ（还原型烟酰胺腺嘌呤二核苷酸磷酸，NADPH）的氧化酶复合体，其中研究最多的是哺乳动物的 gp91phox（也称为 Nox2），植物中也鉴定出多个同源基因。细胞质膜中依赖 NADPH 的氧化酶，类似于 Nox5，同样在 ROS 信号传导中发挥关键作用。该酶含有黄细胞色素，其能够形成还原活性氧（过氧化氢）的电子传递链。图 2-32 总结了 3 个橡胶树种质中推导出的活性氧清除系统调控作用机制。

结果表明，两个 *HbRBOHs* 基因在抗病 FX2784 和感病 PB314 种质中均有明显的表达。在 24hpi 时，FX2784 的 *HbRBOHC* 基因为下调表达，而 *HbRBOHD* 为上调表达。中抗种质 MDF180 也表现出同样的现象，*HbRBOHC* 基因表现出延迟的下调表达。相反，感病种质仅在 216hpi 时 *HbRBOHD* 表现出下调表达，而 *HbRBOHC* 基因表现为上调表达。这是首次观察到 *RBOH* 基因家族的成员在抗性不同的植物中表现出差异表达。多数情况下，*RBOH* 基因表达量的降低会减少活性氧的产生，有关病原菌的侵染环境、寄主植物及其 *RBOH* 突变体方面的研究结果表明多种因素调节着植物对病原菌的敏感性。Marino 等人指出，在植物和病原菌互作过程中，NADPH 氧化酶的调控机制非常复杂，需要通过对 *RBOH* 基因家族的综合研究来鉴定和该基因家族相关的信号网络。

理论上，在抗病种质 FX2784 中，*HbROHD* 基因表达量的短暂上调和 *HbCAT* 基因的下调可能和过敏反应中活性氧的短暂积累有关。在中抗种质 MDF180 中，FX2784 和 PB314 的 *HbCAT* 基因本底表达量比其高 50~60 倍，该基因仅在 216hpi 时观察到中等程度的上调表达。然而，尽管 *HbRBOHD* 在 48hpi 时中等程度上调表达，但活性氧积累和 DNA 片段化都没有发生。另外，分析发现 *HbWRKY2* 基因的过度表达也参与了木质素的积累过程。因此，活性氧的产生和木质化是直接相关的，有助于避免活性氧的积累并抑制病原菌在组织内的扩展。在感病种质 PB314 中，活性氧的积累和 DNA 的片段化等两种现象都可能和 216hpi 时 *HbRBOHC*、*HbCuZnSOD cyto* 基因的上调表达以及 *HbCAT* 基因的下调表达有关。

（三）结构抗性研究

有关不同组织结构在病原侵染过程中的作用机制，研究者也开展了大量研究，其中 Koop 等（2016）在研究 3 个不同抗性水平种质的抗病相关基因时，还分析了侵染过程中的组织学和细胞学变化情况。

用二氨基联苯胺（diaminobenzidine，DAB）对橡胶树叶片进行染色，发现感病种质 PB314 组织内出现一些褐色的沉淀，表明产生了过氧化氢（H_2O_2）（图 2-30G）。相比之下，中抗种质 MDF180 仅在 216hpi 时出现一些沉淀（图 2-30F），同时这两个种质的无菌水对照无任何活性氧产生（图 2-33D 和 E）。PB314 的病斑在 168hpi 时出现了核 DNA 断裂现象（表明细胞受病原菌伤害而开始凋亡）（图 2-33M），但另外两个抗病及中抗种质

表2-23 不同基因型、病原接种及时间点对各基因表达的影响

基因	PB314 对照	PB314 接种	MDF180 对照	MDF180 接种	FX2784 对照	FX2784 接种	基因型影响 P值	hpi影响 P值	接种与对照之间 P值	基因型与hpi之间互作 P值	基因型与接种之间和对照之间比例 P值	基因型/接种与对照之间 P值
HbRBOHA	0.38a	0.43a	0.23d	0.27cd	0.36ab	0.31bc	<0.0001	0.0004	ns	0.0010	ns	ns
HbRBOHB	0.36ab	0.44a	0.28bc	0.41a	0.24c	0.22c	<0.0001	<0.0001	ns	<0.0001	<0.0001	0.0020
HbRBOHC	ns	ns	5.1E-03a	5.7E-03a	1.8E-03a	1.0E-03a	ns	<0.0001	ns	ns	ns	ns
HbRBOHD	5.3E-02b	4.2E-02b	7.6E-02ab	11.9E-02ab	4.7E-02b	4.7E-02b	0.0010	<0.0001	<0.0001	<0.0001	ns	ns
HbCuZnSODcyto	2.5E-04a	2.6E-04a	1.6E-04bc	1.4E-04c	2.4E-04ab	2.3E-04abc	0.0010	ns	ns	ns	ns	ns
HbCuZnSODchloro	1.8a	1.9a	2.6a	2.6a	2.4a	2.0a						
HbMnSOD	2.7ab	2.8ab	2.8a	3.0a	2.6ab	2.2b	ns	<0.0001	ns	0.0020	0.0020	ns
HbCAT	2.4E-02b	2.5E-02b	4.7E-04c	5.1E-04c	3.3E-02a	2.6E-02b	<0.0001	<0.0001	ns	<0.0001	<0.0001	<0.0001
HbAPX1	1.81a	1.75a	1.59a	1.79a	1.56a	1.47a						
HbAPX2	ns	ns	5.3E-03bc	4.8E-03c	8.5E-03a	7.6E-03ab	0.0010	<0.0001	ns	ns	ns	ns
HbMDHAR	4.9E-02a	4.8E-02ab	3.8E-02bc	4.0E-02bc	3.8E-02bc	3.2E-02c	0.0010	<0.0001	ns	ns	ns	ns
HbDHAR	6.8b	7.2b	13.5a	7.0b	6.1bc	4.4c	<0.0001	<0.0001	<0.0001	<0.0001	<0.0001	<0.0001
HbGCL1	3.3E-01a	2.8E-01b	1.2E-01d	1.3E-01d	1.8E-01c	2.3E-01b	<0.0001	<0.0001	ns	<0.0001	ns	ns
HbGCL2	2.5E-02a	2.1E-02b	0.9E-02e	1.1E-02de	1.5E-02cd	1.8E-02bc	<0.0001	<0.0001	ns	<0.0001	ns	ns
HbOASTL	4.7E-02ab	6.4E-02bc	7.0E-02bc	8.7E-02a	6.8E-02bc	6.0E-02c	ns	<0.0001	ns	ns	ns	ns
HbGPX	0.78ab	0.99a	1.03a	0.89ab	0.67b	0.74ab	ns	<0.0001	ns	0.0001	0.0001	ns
HbCASP	0.53a	0.51ab	0.49ab	0.49bc	0.42bc	0.40c	0.0040	<0.0001	ns	ns	ns	ns
HbPCYST	1.4E-02b	2.0E-02b	3.7E-02a	4.8E-02a	1.4E-02b	1.7E-02b	<0.0001	<0.0001	ns	<0.0001	<0.0001	ns
HbWRKY2	4.1E-03a	4.8E-03a	3.6E-04c	2.1E-03b	1.6E-03bc	2.0E-03b	<0.0001	0.0040	0.0040	0.0030	0.0030	ns
HbPLY	2.9E-01ab	3.4E-01a	2.8E-01ab	2.2E-01bc	2.3E-01bc	1.9E-01c	0.0004	<0.0001	0.0040	0.0004	ns	ns
HbKAT2	1.4E-01b	1.4E-01b	1.7E-01a	1.9E-01a	1.6E-01ab	1.5E-01ab	0.0020	ns	ns	0.001	ns	ns

注："ns"表示差异不显著；"nd"表示未进行；引自Koop等（2016），略有改动。

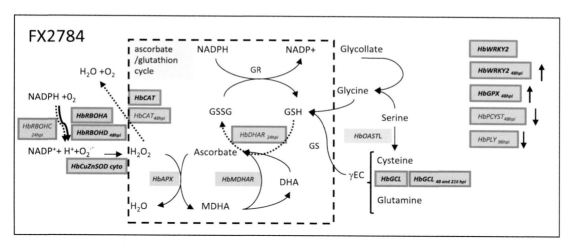

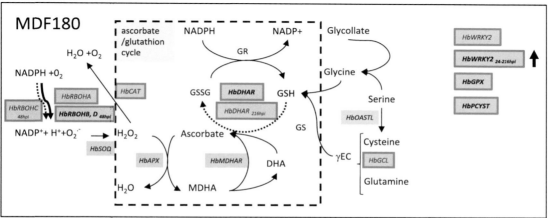

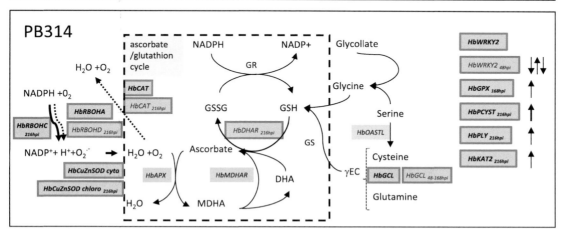

图 2-32　3 个橡胶树种质的活性氧清除途径及推导的关键基因调控作用

注：蓝色背景为本研究相关基因，绿色框内的基因表明本底水平高（加粗）或低（正常）的基因，蓝色框内为南美叶疫病菌侵染后上调或下调表达的基因，粗线表示上调表达，虚线表示下调表达；引自 Koop 等（2016），略有改动。

无此现象，同时用 NDA 降解酶处理的对照（图 2-33H、图 2-33I 和图 2-33J）叶片组织出现了典型的、阳性 TUNEL 检测结果［注：细胞凋亡时，基因组 DNA 受内切酶作用而断裂，暴露的 3'-OH 可以在末端脱氧核苷酸转移酶（terminal deoxynucleotidyl transferase，TdT）的催化下加上荧光素（FITC）标记的 dUTP（fluorescein-dUTP），从而可以通过荧光显微镜或流式细胞仪进行检测，这就是 TUNEL（tdT-mediated dUTP nick-end labeling）检测细胞凋亡的原理］。

感病种质 PB314 在接种后 96hpi 时，栅栏薄壁细胞中出现淀粉粒丢失现象（图 2-33A 和图 2-33B），叶绿体也出现扁平化（图 2-33C 和图 2-33D）。在 168hpi 时，栅栏薄壁细胞的细胞质减少，而且细胞质中的细胞器也减少（图 2-33E 和 2-33F），这些反应通常是病原侵染、叶片光合电子传递效率降低以及二氧化碳同化作用变慢等方面因素共同作用的结果，最终导致叶片提前衰老。和对照相比，颗粒状类囊体变黑且密度较低（图 2-33G 和图 2-33H），而且其膜组织呈弥漫状，可能和叶绿体基粒片层的解体是一致的。

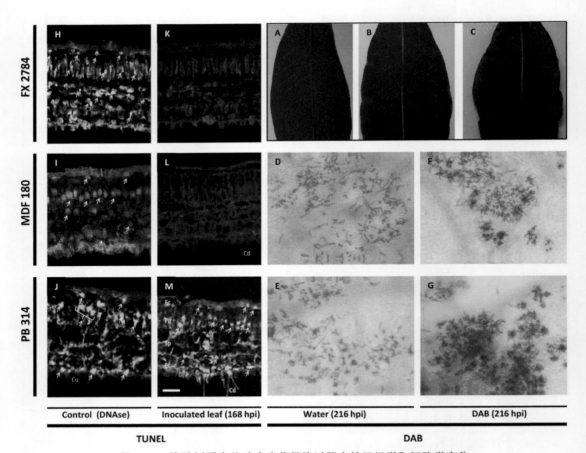

图 2-33　橡胶树受南美叶疫病菌侵染过程中的组织学和细胞学变化

注：箭头表示出现核 DNA 断裂（DNA 降解酶处理和病原侵染处理）；

引自 Koop 等（2016），略有改动。

五、橡胶树基因组序列测定研究进展

近年来，随着分子生物学相关技术的发展，橡胶树基因组序列也得到了测定和分析。马来西亚的 Ahmad 等（2013）完成了对高产橡胶树品种 RRIM600 的高通量测序，组装的基因组序列数据约 1.1gb，预测结果显示有 68 955 个基因，其中 12.7% 是橡胶树独有的基因，大多数关键基因和天然橡胶生物合成、橡胶木形成、抗病性和过敏性相关。带有核苷酸结合位点（nucleotide binding site, NBS）的抗病基因是植物最大的抗病基因家族，RRIM600 共筛选出 618 个该家族的基因，参照水稻中的结构标准可以分为白介素受体类（toll interleukin ike receptor, TIR）NBS、卷曲螺旋结构类（coiled-coil, CC）NBS、TIR-NBS-LRR（富亮氨酸重复序列 leucine rich repeat, LRR）、CC-NBS-LRR 和 NBS-LRR 共 5 个亚类。其他植物中，含有 LRR 结构的抗病基因占优势，而橡胶树中大多数基因不带有该结构。该种质中还带有 147 个病程相关蛋白（pathogenesis-related protein, PR）和 96 个早期的系统获得性抗性（systemic acquired resistance, SAR）和过敏反应相关基因。所有这些抗病相关基因分布在 65 个拼接片段（scaffold）上，而 NBS 类基因常成簇分布，根据这些基因的预测功能，进一步构建了 SAR 和 HR 信号途径。在此基础上，Yuko 等（2018）进一步构建了 RRIM600 的基因组和转录组数据库，向世界范围内的研究者提供基因组信息，包括 RNA 序列的基因功能注释、多重转录组数据、太平洋生物科学公司（pacific biosciences, PacBio）异构体测序获得的全长 cDNAs，以及来自帽分析基因表达技术（cap analysisgene expression, CAGE）的全基因组转录起始位点（transcription start site, TSS）分析结果。该数据库提供关键字、序列同源性和基因表达等多种搜索方式，用户可以通过相关基因的网页和专业的基因组相关浏览器进行访问。

和其他研究较多的作物基因组测序研究结果相比，马来西亚发布的 *RRIM*600 基因组存在序列覆盖率较低（仅有 13 倍）、缺少大的插入片段文库［例如 fosmid 基因组文库（利用兼具 F 因子和黏粒特征的 Fosmid 载体构建的文库）、细菌人工染色体（bacterial artificial chromosome，BAC）文库］等缺陷，导致基因组组装效果差，scaffold N50 仅为 2 972 个核苷酸（注：scaffold N50 的意义和 contig N50 相似，将测序获得的所有 scaffold 按照从长到短进行排序并依次进行相加，当相加的长度达到 scaffold 总长度的一半时，最后一个加上的 scaffold 长度即为 scaffold N50。该长度是基因组拼接结果好坏的一个判断标准，越长越好），限制了相关工作的开展。

Chaorong 等（2016）获得了中国自行培育的橡胶树高产品种热研 7-33-97 的高质量基因组图谱，其基因组大小为 1.37Gb，scaffold N50 为 1.28Mb（即 128 万个核苷酸），覆盖了 93.8% 的基因组，带有 43 792 个预测的蛋白质编码基因。云南热带作物研究所等机构联合开展了主栽品种 GT1 的序列测定工作（Liu 等，2020），采用单分子实时测序（single-molecule real-time sequencing, SMRT）、高通量染色体构象捕获（high-throughput chromosome conformation capture, Hi-C）等技术将大小为 1.47Gb 的基因组组装成 18 个预测的染色体，以此为基础建立了一个染色体进化模型，发现在过去的 1 000 万年内，3 个橡胶树特异的长末端重复（long terminal repeat, LTR）逆转录转座子家族（retrotransposon families）快速、爆炸性进化导致橡胶树属和木薯属植物分别进化后产生 65.88% 的差异（970Mb）。进一步的分析发现虽然橡胶树驯化时间较短，但数百个基因的遗传多样性已显著降低。目前，尚无抗南美叶疫病橡胶树种质的基因组测序结果得到报道，但亚洲地区的这些橡胶树品种测序结果无疑可供相关抗病机理研究进行借鉴。

第六节　南美叶疫病防治技术研究

和其他作物病害一样，南美叶疫病的防治工作同样需要根据其发生流行规律、成灾因子及现有相关技术的实施能力和效果来制定防治策略，在不同的时间段、不同地区因时因地进行病害的防治工作。防治的目的是以最经济易行、对环境影响尽量小的方法取得最大的综合效益。病害的防治策略可分为避免病害发生和减轻受害程度两方面，病害监测、选育并推广抗病 / 耐病种质、选择病害不发生或发生轻的地区建立胶园、在病害常发地区施用化学药剂减轻为害程度、采用生物因素来减轻病害的发生等均为主要且有效的防治策略。

一、病害监测技术

长期性、系统性的监测工作，能够获得不同时空条件下南美叶疫病的为害情况与相应环境因子特征的相关数据。对病原菌来说，可以获得其发生流行、生活史阶段（分生孢子、器孢子或子囊孢子阶段）、田间菌量以及种群多样性、菌株抗药性、致病谱等信息，对橡胶树来说，可获得植株生育期、不同生长阶段的受害程度、不同种质之间的受害程度差异等信息，同时也可获得不同种植规格（株行距、间作等）、水肥管理、田间小气候等信息。在监测工作的基础上，可以明确南美叶疫病的整体疫情消长动态，获得自然环境、农事操作等因素对流行为害方面的影响信息，从而为相关防治策略的制定和技术的研发应用提供依据。

监测工作应该在病害流行期进行普查和随机踏查，重点明确该病在主栽区的发生为害情况。每个调查地点均应获得相关的基本信息，包括：调查地点、面积、经纬度，调查人及联系方式，海拔，寄主橡胶树品种 / 品系名称，橡胶树栽培模式（套种 / 株行距等），橡胶树植株生育期（树龄 / 类型等），天气因素，农事操作（水肥 / 除草 / 农药施用情况等），调查时间，发病特点（受害器官及其位置 / 田间病株分布特点等），调查地的株发病率、叶发病率和病情指数，南美叶疫病菌为害阶段（初发 / 病斑 / 产孢类型等）等。调查前应制作相关的田间调查记录表，每个地点每次调查均记录一次相关信息。

在多年南美叶疫病监测工作的基础上，通过相关数据的积累，提出该病害在橡胶树每个生长周期的始发时间、发生地点、寄主物候、发育期、病害田间典型特征等主要的监测分析指标，研发监测技术，在主栽区进行验证和熟化应用后，制定出监测技术标准。由于病害在拉丁美洲的橡胶树种植区普遍发生，单个或少量研究机构难以完成对整个病害流行区的系统监测，应该在建立标准化监测技术的基础上，在重病区选择有代表性的固定监测点，建立监测网络，对整个地区或国家的南美叶疫病开展联合监测并进行统一、协调的防治工作。

常规的病害监测工作主要采用人工方法，定期、随机选取植株上不同部位的叶片，肉眼观察受害情况并获得相关信息，这种操作在实生苗、嫁接苗、增殖苗等高度较低的植株上，特别是小面积胶园中是可行的。橡胶树种植中，最具有经济意义的开割橡胶树为高大乔木，人工采集叶片非常困难且花费的时间、人工成本很高，难以进行，不能满足大面积、规模化监测工作的需求，一定程度上还影响了监测结果的准确性与及时性。

遥感技术是从地面到空间的各种对地球、天体、植物等观测的综合性技术系统的总称。遥感平台是遥感过程中乘载遥感器的运载工具，包括高空气球、飞机、火箭、人造卫星、载人宇宙飞船等。在这些平台中，卫星遥感调查具有视点高、视域广、数据采集快和重复连续观察的特点，获取的资料为数字化，可直接进入用户的计算机图像处理系统，因此研究应用较多且重要性日益显著。在作物病虫害防治方面，利用遥感技术进行病虫害监测得到了飞速的发展。针对不同遥感数据源的特点，对不同病害胁迫下的叶片等植物器官的光谱响应特征进行分析，通过选取病害敏感性波段所表现的波谱特性，对遥感信号进行分析和建模，从而实现病害的有效监测和为害程度分类。卫星遥感存在成本高、受云层影响大、距离远造成数据精度下降，以及重访周期长等限制性因素，因此在规模有限的种植园作物病害监测中并不适用。

近年来，随着无人机科技的进步，在遥感数据的获取领域研究应用日渐增多，形成由无人机系统与遥感技术结合于一体的无人机遥感技术。该技术具有实时、无损和规模尺度大等特点，以及自动化高、灵活方便、高分辨率等优点，获得的研究区域影像对于病害状况的了解更加直观，能够在与目标作物不直接接触的情况下，实现对探测对象的有效监测，逐渐成为农作物病害监测中的新型技术，为区域尺度和野外规模的遥感监测提供了良好的技术支持。该技术在水稻、棉花等大田作物（林娜等，2020）以及槟榔（赵晋陵，2020）、香蕉（Calou等，2020）等热带作物病害监测中发挥重要作用。

就橡胶树而言，陈小敏等（2016）基于中国海南地区2001—2014年的遥感增强型植被指数（EVI）分布图，通过计算相邻时段EVI的变化量，分析橡胶林MODIS/EVI指数的时空分布及变化特征，确定判断橡胶叶片春季物候期的EVI指标，建立了橡胶树春季物候的遥感监测技术。在病害监测方面，马来西亚研究发现橡胶树品系在健康、受白粉病为害和严重受害时，表现出不同的光谱特征，以此为基础研发出橡胶树白粉病的无人机遥感技术（Hamzah 等，2018）。巴西与英国联合设计并试飞成功了一款小型无人机，可携带重约 4kg 的传感器，可以从空中捕捉红外图像，并测量植物的叶绿素数值，以帮助科研人员监控森林火情等灾害。目前，有关南美叶疫病的无人机遥感监测技术研究尚无相关报道，但未来有望成为重要的监测技术。

二、抗病（耐病）种质利用

抗病品种是指在同样的田间环境情况下，不受病害为害或为害较轻的作物品种，而耐病品种指的是虽然严重受害，但产量/品质影响较轻的品种。种植抗病（或耐病）品种能够有效减轻病害的为害程度，节省防治成本，是生产中最经济、有效和安全的措施，而抗病（耐病）种质培育和应用也成为南美叶疫病防治的主要策略之一。

自然条件下，橡胶树稀疏分布在热带雨林内，种间和种内存在着广泛的遗传多样性变异。为了提高橡胶树的产胶量，人们将其从生物多样性高、生态平衡的亚马孙地区引种到其他地区并进行驯化，人工选择取代了适应性强的自然选择，减少了种间和种内的多样性变异。当遗传背景相似，甚至完全一致的感病橡胶树品系密集种植在一起时，极易受到南美叶疫病及其他病虫害的为害。和自然条件下橡胶树植株稀疏分布相比，密集种植使得病原菌很容易从最初的受侵染植株扩散到周边，乃至整个橡胶园的所有植株。为了控制南美叶疫病的为害，人们通过遗传杂交来培育具有特定抗病性的橡胶树品系，然而这种育种工作最终进一步降低了橡胶树种质的遗传多样性，并常常去掉了所获种质原本具有的抗性（即水平抗性）。

早期的橡胶育种计划中没有考虑到水平抗性。研究者筛选出高产且抗病性较好的橡胶树品系，并在生产中推广应用，但田间长期种植后发现这些品种因病原种群变异而丧失抗病能力，同样受到南美叶疫病的严重为害。现代抗病育种工作非常重视水平抗性，目标是希望培育出能够对南美叶疫病菌多个小种均具有较好抗性的无性品系，以扩大适应范围并延长抗性利用时间。为了培育出这样的品系，相关种质应在不同国家、不同地区的苗圃（特别是国际性苗圃）中进行试种，使其能够接触到差异大、遗传多样性尽可能丰富的病原菌种群，而这些抗性评价苗圃也应该尽可能多地收集不同来源的病原小种。

田间实际情况下，病原菌因故不能产孢、橡胶树提前或推迟越冬、叶片脱落等因素都有可能使南美叶疫病发病轻甚至不发病，从而使橡胶树表现出"抗病性"。相比水平抗性，田间抗病性这个概念包含内容更丰富，也更符合生产一线的实际情况。在人工接种代表性病原菌菌株并进行抗病性评价的基础上，结合田间受害情况，以及包括产胶量在内的农艺性状的评价，可以筛选出具有较好抗病性且兼具优良农艺性状的种质供生产中应用。

RRIM600 是巴西唯一广泛种植的来自东南亚地区的东方无性系，尽管其对南美叶疫病敏感性较高，但它的受害程度仍比 RRIM501、RRIM605、RRIM701、PB86、Tj1 和

AV1301 等品系要轻。在特立尼达的橡胶树苗圃中，按正常株行距种植而且行间种植有其他无性系的 RRIM600，其整体受体情况表现为中等。同一苗圃内，密植且间种（或相邻种植）GT1 时，RRIM600 的发病率显著上升。GT1 是一个对南美叶疫病高度敏感的品系，分析 RRIM600 出现高发病率是由于 GT1 所产生的大量病原菌接种体（分生孢子）侵染的缘故，而密植减少了植株之间的距离，因此提高了接种体传播和侵染的成功率。RRIM605 是一个父本未知的品系，该品系受侵染后，叶片坏死严重，但病斑上产生的分子孢子很少。用 RRIM605 代替 GT1 和 RRIM600 间作时，RRIM600 同样出现很高的发病率，这种现象表明过度密植有助于病原菌在橡胶树群体之间传播扩散，因此虽然 RRIM605 病斑上产生的孢子较少，但同样能够顺利地向周边传播。子囊孢子是南美叶疫病的田间初侵染来源，而 PR107 病叶产生的子囊壳非常稀少，相应地产生数量很少的子囊孢子，分析该品种在降低田间病害流行率中应该具有较高的实用价值。

在南美叶疫病发病胶园，引进一个新的、具有新抗病基因的橡胶树品系，能够对原有的病原菌种群产生新的选择压力，有可能使病原菌通过基因突变、进化出能够侵染这个新品系的生理小种。这种情况是病原菌通过自然选择，对变化后的新环境做出的适应性反应。虽然这个品系对原有小种仍然具有抗性，但在田间出现新的病原小种情况下，有可能表现出感病性。

正确的病害防治策略，必须考虑田间病原种群的变异性和多样性，应持续改变橡胶树品系抗病基因型以对付可能出现的、新的致病性小种。因此，完善的抗病育种工作应及时跟踪相关种质的田间抗病水平变异情况，及时开展新种质的培育和筛选工作。显而易见的是，对于橡胶树这种生育期很长的作物而言，想做到这一点成本很高且难度大。因此，生产中很难培育出兼具高产、抗病且抗性持久的优良橡胶树品系。

抗病品种的合理布局是在掌握不同种植区的病原小种种群分布，以及不同抗病种质对各病原小种抗性水平的基础上，合理安排不同的抗性种质分布。在同一个种植区，单个抗病种质的种植面积应适当控制，同时建议尽量种植多个抗病种质，以减轻单一抗病基因型对病原种群的选择压力，延长种质的抗性保持时间。

本章前面提到 CIRAD 等机构已培育出包括 CMB197 在内的很多高产且抗病的种质。巴西的坎皮纳斯农艺研究所（Agronomic Institute of Campinas）同样开展了相关的抗病种质培育工作。通过评价割胶前后的长势、树皮厚度、树皮再生能力、树干分枝性、抗风性、死皮病发生率、越冬对产量的影响等农艺性状和对南美叶疫病的抗性，经过多轮筛选，筛选出 11 个抗病能力和 RRIM600 相似，但是产量优于当前主栽品种的种质，进一步的田间示范应用发现 CDC308 和 FDR5788 这两个种质具有长势旺、抗南美叶疫病以及高产等优点，具有良好的商业应用前景。这些种质在不同的主栽区经过抗性和农艺性状评价后，可供生产中选择应用。

三、化学防治

使用杀菌剂的化学防治是作物病害防治中的常用方法，具有快速高效、使用方法简便、不受地域季节限制、便于大面积机械化防治等优点。另外，由于天然橡胶为工业原料，不需要考虑粮油等作物的食品安全性问题，因此使用杀菌剂来进行南美叶疫病的防治是非常必要且有益的。杀菌剂的使用与橡胶树的抗病种质利用之间完全不存在矛盾，为主要的病害防治手段之一。

（一）杀菌剂的使用原则

病害防治的目的在于减少引起病害的病原菌（接种体）数量，或者降低病害在植物群体中的扩散速度和为害程度，或者这两方面都减少或减轻。化学防治的最初目标集中在减少病害的发生，但这种做法忽视了病害发生率、病原菌种群数量和病害增长率之间的相互关系，因此成本高且效果并不理想。

通常有两种方法能增强杀菌剂的使用效果。第一种方法是只在需要时施用杀菌剂，即根据预报系统提示来进行，但由于南美叶疫病在橡胶树越冬后抽芽期即开始发生且受热带雨林地区高降水量的影响而迅速流行为害，因此病情预报系统对该病的防治没有很大的实用价值。第二种方法是结合橡胶树品系的水平抗性能力，适当调节施药频率，即增加高感种质的施药次数而减少抗病种质的施药次数。然而，对于大多数橡胶树品系来说，并没有开展水平抗性的评价工作，实际上也没有可靠的评价标准以供参考。目前，主栽品种中仅RRIM600对该病为中等抗病，因此在该橡胶树品系本身具有一定程度抗病能力的情况下，生产中可以使用较少量的杀菌剂。

南美叶疫病病原菌能够在一个季节内产生许多世代的分生孢子和子囊孢子，因此我们可以把它看作是一种有"复合影响"的病害。在整个橡胶树种植季节内，任何时候产生的接种体都能够重新侵染其他叶片或植株，引发病害并造成流行为害，所以病害的严重程度是按照"复合速率"增加的。van der Plank 用一个公式来描述这种"复合影响"的病害在一个季节内的增加速率。如果 x 是任何时候发病组织（或接种体）的数量大小，r 是任何时候病害（或接种体）的增长速率，则可得出公式 $dx/dt=rx(1-x)$，该公式将影响单一病害流行严重度的两个变数联系起来。首先，原始接种体（或受侵染初始植物组织）数量 x（在 $t=0$ 时）决定着病害流行的起点，如 x 大，既田间初始病原数量多时可能引起严重的流行；其次，接种体的侵染率 r 可以看作是接种体的扩散和侵染能力。如果 r 高，同样可能发生严重的病害流行，即使初始菌量虽然数量很少，但由于田间条件适宜，传播扩散快的情况下，病害也可以迅速扩散而流行为害。

病害的流行学特征有助于明确该病害防治工作中使用农药的最有效途径和最佳的施药时机。对于南美叶疫病这样的病害，由于接种体（分生孢子）增加迅速且原始接种体（子囊孢子）数量大，必须致力于从这两个方面予以抑制。田间情况下，包括叶片潮湿度、相对湿度和温度之类的环境因子均有可能影响增长速率 r，从而显著地影响病害的扩散为害程度。尽管人们知道在潜在 r 较高时，通常要比潜在 r 较低时需要施用更多的杀菌剂，但是现有的病害预报技术对南美叶疫病的发生动态预测准确率较低，因此很难准确判断出合适的施药时机。

田间条件下，病害的流行和为害程度受寄主叶片的叶龄和数量、寄主的抗病能力和病原菌的致病力、杀菌剂的使用效果和田间环境等多种因素影响。对真菌性南美叶疫病来说，其流行为害受到下列 4 种因素的影响：① 侵染效率（传播到健康组织上的孢子中，成功萌芽、侵染并最终形成新病斑的孢子所占比例）；② 潜伏期（从寄主组织上出现新病斑到病斑上开始产孢所需要的时间）；③ 新形成病斑的产孢能力（主要为分生孢子和子囊孢子的产生数量）；④ 传播能力期限（病斑能有效产生具有侵染能力孢子的时间）。流行性病害的经济防治工作要求把侵染率尽可能降低到零，即一个病斑所产生的孢子后代传播扩散后，只产生一个病斑或不产生，进而减少接种体（孢子）的产生速率（即表观侵染率）。定期施用杀菌剂可以降低病原菌孢子的侵染成功率、抑制病原菌的扩散并减少接种体（孢子）的产生数量，从而有效地降低病害的增长速率，减轻为害程度。

（二）杀菌剂的选择依据

杀菌剂通过直接作用于病原菌而发挥作用，因此只有对病原菌抑制作用强的有效药剂才有可能在田间有效减轻病害的为害程度。20 世纪 50 年代，Langord 等推荐用代森锰锌来进行防治工作，随后 Chee 等（1979）开展了有效防治药剂的筛选工作。通过带毒平板上病原菌落形成数量、药剂对苗圃叶片受害程度和产孢数量影响，以及在不同降雨数量和持续时间下药剂对田间病菌孢子萌发影响的评价，从 50 多种药剂中筛选出甲基硫菌灵、苯菌灵（苯莱特）等一批防效较好药剂。Chee 等（1986）随后对药剂的室内筛选方法进行了改进，发现纤维素膜比带毒平板法效果更好，并进一步比较了百菌清、代森锰锌、三唑二甲酮、环吗啉、苯菌灵、多菌灵和甲基硫菌灵等药剂对孢子萌发的抑制作用。目前，巴西地区常用的杀菌剂包括苯菌灵、三唑酮、甲基硫菌灵、百菌清、代森锰锌、戊唑醇等药剂。

在用来防治南美叶疫病的 4 种常用杀菌剂中，代森锰锌、百菌清起非专化性作用，而苯菌灵和甲基硫菌灵起专化性作用。前两种杀菌剂仅能在植物组织表面杀死萌发的真菌孢子而不能渗入植物组织内发挥作用，即不能穿过植物的角质层屏障，而苯菌灵和甲基硫菌灵为内吸性杀菌剂，能够抑制或干扰病菌细胞分裂中纺锤体的形成，影响细胞分裂，除植物表面外，还能够进入组织内部发挥作用。

杀菌剂虽然能够有效抑制病原菌的生长和传播扩散，但在长期使用情况下，南美叶疫病菌在药剂的选择压下，有可能产生具有抗药性的突变菌株。从目前的研究经验来看，抗性菌株的出现主要取决于农药的类型，而不是病原菌本身。例如，苯菌灵和甲基硫菌灵相对比较容易诱导病原菌产生抗药性，而使用代森锰锌并不容易产生抗药性，这种差异性可能受杀菌剂作用靶标数量的影响。苯菌灵、甲基硫菌灵等苯并咪唑类杀菌剂仅作用于单一靶标或单一蛋白，病原的靶标或蛋白变异后即不再对药剂敏感，所以容易出现具有高抗药性的菌株。代森锰锌和百菌清能够进入病原真菌组织内部，同蛋白质、核酸，以及其前体的硫氢基、氨基、羟基或羧基基团发生明显的非专化性化学反应，从而产生一种多靶标作用。病原菌要通过突变机制产生高度的抗性则需要在许多不同靶标上都发生变化，出现抗药性菌株的概率更低，所以不大可能诱导病原菌产生有效的抗性。

迄今为止，还没有关于南美叶疫病菌对苯菌灵或甲基硫菌灵产生抗性的记载。这种现象可能和这些内吸性杀菌剂的应用时间还相当短有关，另外这些药剂多数情况下是和代森锰锌交替使用的，更延缓了抗药性的产生时间。植物病原菌对苯菌灵等内吸性杀菌剂产生抗性是一种众所周知的普遍现象，所以这种状况可能会有所改变，也就是说南美叶疫病菌很有可能产生抗药性菌株。田间情况下，病原菌出现抗药性突变菌株的概率受到病原本身特性的影响。和生长缓慢、不形成气生孢子的病原菌相比，产孢量高的南美叶疫病菌等真菌出现抗药性菌株的速度明显要高很多。

（三）杀菌剂的使用方式

目前，杀菌剂使用时应注意交替使用不同类型的农药，以及综合选择作用机理不同的多种农药，从而有助于推迟并减缓南美叶疫病菌产生抗药性的风险。生产中一旦发现这个病原群体对某种农药产生了抗性，那么应立即放弃使用该类农药并换用其他不同类型的农药。对于作用机理类似，病原菌能够产生正相关或者交叉抗性的同一类农药，如果病原菌出现抗药性，那么这些相关的农药同样应该排除不用。

粉锈宁和咪菌腈（RH 2161）是应用较晚的内吸性杀菌剂，在橡胶树苗圃内进行的田间小区防治试验证明其对南美叶疫病有优异的防治效果。Silva 等在巴西的田间小区应用试验中，同样证明了这一点。因此，应将该药剂列入有效药剂名单并在生产中推广应用。为了降低病原菌产生抗药性的概率，该类非苯并咪唑类内吸性杀菌剂应该与苯菌灵或甲基硫菌灵等交替使用。百菌清是传统的杀菌剂，但该药剂在南美叶疫病防治中应用较少，可能和该药剂在当地市场上难以买到且价格较高有关。

内吸性杀菌剂能够借助蒸腾作用在植株组织内移动，理论上可将该类杀菌剂施用在土壤中，利用它们的移动性能进行病害防治。实际应用中发现，该类杀菌剂施用在根部时，其在木质部组织中移动的范围不大，因此效果不佳。研究者尝试将苯菌灵施用在苹果幼苗的根部，发现有时候能够对叶部病害产生较好的防效，但效果不稳定。目前，有关在植株根系土壤中施用内吸性杀菌剂以防治南美叶疫病的研究工作尚未开展，但分析其在苗期（特别是实生苗阶段）可能有一定效果。

生产中，仅使用一种杀菌剂或者仅施药 1 次，很多时候效果都不理想。例如，苹果病害防治中，敌菌丹能够有效地附着在叶片等组织表面，而且对疮痂病的防效相当稳定，因此在病害发生期施用该药剂 1~2 次即可获得较好的防效。就南美叶疫病而言，在橡胶树叶片上喷施触杀性、保护性等杀菌剂后，在光照、气流（风）、雨水以及叶片本身生长等因素的影响下，叶片表面的药剂会发生化学分解或降低有效成分浓度，同时新形成的大量叶片并没有受到杀菌剂的保护，因此杀菌剂对病害的控制效果迅速降低。另外，在病害的不同流行阶段，施用同一种类不同剂型药剂所取得的效果也是不同的。因此，应根据病害的具体发生情况，合理选择药剂种类并确定施药间隔时间和次数。

在橡胶园内，只要林段内存在大量易感病的幼嫩橡胶树叶片，且田间天气潮湿情况下，或者因过于密植（行间距偏小）、地势低洼积水而导致橡胶园内空气湿度很高时，南美叶疫病就容易发生流行。在橡胶树苗圃和幼龄胶园内，植株抗病能力较弱，防治的目的主要是保护新形成的、易感病的叶片，避免其受到严重侵染。因此，抽叶期内防治的关键在于提高施药频率（间隔天数少于7d），以及尽量提高药液对叶片等组织表面的覆盖程度，而杀菌剂的种类和使用时的有效浓度相对来说是次要的。在成龄以及开割的橡胶园内，每个橡胶树生长季节开始后的第一轮施药应选用甲基硫菌灵（建议有效成分浓度为0.14%），该药剂为内吸性，未覆盖的部分组织也由于药剂的内吸传导作用而得到保护，因此有利于保护植株上新形成的嫩叶，同时防止尚未凋萎的受害老病叶上的病斑释放子囊孢子。和可湿性粉剂相比，该药剂胶悬剂的渗透力高、药效更好而且挥发性小，因此该剂型能够更有效地抑制子囊孢子释放。另外，甲基硫菌灵施用到叶片上后，能够阻止病斑上形成子囊壳，从而限制子囊孢子的产生，减少下一个生长季节的病害初侵染源。因此，当橡胶园内80%以上植株有80%以上叶片达到14d叶龄而对侵染产生免疫力时，最后两轮喷药也应该用甲基硫菌灵（建议有效成分浓度为0.07%）。和甲基硫菌灵相比，同为内吸性的苯菌灵药效更为持久，并且能够阻止病原菌产生分生孢子，因此在中间几轮（产生分生孢子阶段）施用时效果最为理想。甲基硫菌灵和苯菌灵这两种内吸性杀菌剂按照每间隔5d施用一次（建议用热雾机施药以提高效率），能够有效保护易感病叶片免受病原侵染，从而把田间菌量和病害为害程度降低到较低水平。

Courshes曾用一种不易挥发的铜基杀菌剂防治马铃薯晚疫病，结果证明与对照相比，药剂的保护效果和药液覆盖度相一致。他进一步发现杀菌剂的沉积物即亮蓝色杀菌剂微粒附近也能够形成一些病斑，表明使用杀菌剂后病原菌仍然可以在非常接近杀菌剂的位置完成侵染，也有可能在药液未能覆盖的任何部分出现。为了研究雨水对药剂在组织表面的覆盖度影响，Courshes将马铃薯放置在人工降雨器下面以及室外雨水中，发现病原菌在施药后的侵染现象无明显差异，表明这种侵染现象和雨水冲刷无关。这个研究结果说明适量的药剂即可发挥对病害的控制作用，过多的药剂没有必要并且并不能显著提高防治效果，从而建议生产中在达到药效的前提下，可以适当减少药剂的使用数量，从而降低防治成本并减轻药剂残留对环境造成的危害。

在橡胶树南美叶疫病防治方面，负责防治工作的农技人员应根据橡胶园所在地区的天气条件、品系的感病程度和橡胶树植株的长势（假定任何时候均可进行施肥以提高植株长势和抗病能力），合理选择合适的施药时间、药剂种类及其有效成分浓度以获得满意的防治效果，不一定要严格按照叶龄初期和末期使用甲基硫菌灵、中间阶段施用苯菌灵来进行。相关人员对于寄主橡胶树、南美叶疫病菌、胶园小气候环境和田间管理措施（包括人工施药）这种病害四面体互作关系应加深了解，以提高防控能力和水平。

（四）助剂对杀菌剂效果的促进作用

在农药生产中，有效成分的原药通常要和其他的助剂（即使用的各种辅助物料）混合后才能够供生产中使用。不同的助剂具有不同的功能，能够有助于有效成分的分散（包括分散剂、乳化剂、溶剂、载体、填料等）、有助于发挥药效或延长药效（包括稳定剂、控制释放助剂、增效剂等）、有助于防治对象接触或吸收农药有效成分（包括湿润剂、渗透剂、黏着剂等）以及增加安全性和使用时的便利性（包括防漂移剂、安全剂、解毒剂、消泡剂、警戒色等）。

1. 油基杀菌剂的优点

目前，添加矿物油（作为展着剂和黏着剂）作为助剂的杀菌剂剂型，包括烟雾剂、乳油、油悬浮剂等具有黏着性和展着性好，能够有效提高药剂覆盖度和渗透性、抗雨水冲刷、在水中分散性好、性质稳定等优点，因此在作物叶部病害防治中的应用日益广泛。在西班牙巴伦西亚地区，研究者对香橙树施用 175μg/mL 苯菌灵 +1% 油的杀菌剂，评价了叶片表面的药剂有效成分残留物数量，发现与施用 500μg/mL 苯菌灵（不加油）的一样多，即仅用 1/3 的药剂即取得了相同的效果，可有效降低药剂的施用量。

橡胶树叶片表面覆盖有广泛的蜡质层，具有较强的疏水性，因此使用油基杀菌剂能获得比其他剂型更好的效果。在马来西亚，使用油基杀菌剂防治橡胶树其他叶部叶片病害早已获得成功，而在中国使用热雾机施用烟雾剂进行白粉病和炭疽病等两病的防治已成为每年春季的常规操作，南美地区采用热雾法喷施甲基硫菌灵或代森锰锌来防治南美叶疫病，也可获得良好效果。

2. 表面活性剂的作用

表面活性剂是一类能显著降低溶剂表面张力的物质，其分子结构有着共同的特点，均由非极性的疏水基团和极性的亲水基团等两部分组成，在农药加工中起着湿润、分散、乳化增溶等多种作用。任何药剂在施用到植物组织表面时，接触角度是其是否能够均匀铺展的重要因素。表面活性剂能够减少药剂液滴的表面张力、降低界面张力并缩小液滴与表面的接触角度，有助于液滴的分散和铺展。

Furmidge 计算过用氯化十六烷基吡啶作表面活性剂时，杀菌剂沉积物在橡胶树和其他作物叶面上的保留系数，发现大多数情况下沉积物随着表面活性剂浓度的提高而增加，该现象在低浓度范围内特别明显。就橡胶树叶片而言，少量增加该活性剂即可使药液液滴的保留系数显著提高。在巴西，防治南美叶疫病时主要用 Triton X114、Ag-bam 和 Atarbane 等表面活性剂作为乳化剂和辅助剂，以提高杀菌剂的防治效果。另外，有一些表面活性剂本身就可能具有杀菌作用，从而增强了药剂对病害的防治作用。研究者在橡胶树苗圃中进行了相关的防治试验，用几种不同的非离子表面活性剂（浓度均为5%）喷施在形成有子囊壳的叶片上，结果发现 Triton X102 能完全阻止子囊孢子的释放，证明了这一点。

（五）常规植保机械的优缺点

包括南美叶疫病在内的作物病虫害防治中，先进的植保机械不仅能迅速控制病害，而且能有效提高农药利用率，减少农药对农产品和环境的污染。通常，植保机械按照所用的动力可分为人力（手动）植保机械、畜力植保机械、小动力植保机械、拖拉机配套植保机械、自走式植保机械、航空植保机械，而按照施用化学药剂的方法可分为喷雾机、喷粉机、土壤处理机、种子处理机、撒颗粒机等。

喷雾机是最常用的机械，包括人力驱动的手动喷雾机和马达或电机帮助下的电动喷雾机，按照工作方式可分为压缩式和摇杆式。操作人员可以很方便地在橡胶园内走动，灵活性好、行走快，而且结构简单，对专业技术知识要求低，便于保养维修。由于喷药杆较短，适合于苗圃使用，定植树和开割树过于高大，药液难以达到树冠。另外施药效率低，在大区域大田块作业时，安全性低，劳动强度大，生产成本高。近年来，随着科技的发展，喷雾机也得到了显著的改进，例如风送式喷雾机、喷杆式喷雾机等。风送式喷雾机是利用打气筒将空气压入药液桶液面上方的空间，增大压强并将药液压入喷洒部件并呈雾状喷出。和常规的喷雾机相比，具有功率高、射程远、覆盖范围广、可实现精准喷雾等优点，其动力选择方便、工作效率高、喷雾速度快、操作灵活且使用安全可靠，另外根据现场布局的不同，分为车载移动式、固定式、拖挂式、高塔分体式等多种规格可供选择。但就成龄后植株高达 20m 以上的橡胶树而言，风送式喷雾机仍然并不适合。

热力烟雾机又叫热雾机、气雾发生器或喷烟机，可分为触发式烟雾机、热力烟雾机、脉冲式烟雾机、燃气烟雾机、燃油烟雾机等。采用油剂作为载体的农药，在热雾机内经高温瞬间气化，当气体从排出管喷出后，遇冷空气冷凝成细小雾滴，悬浮于空中呈烟雾状而形成热雾。由于喷出的热雾密度低，容易向上层扩散，药剂中添加适量热雾沉降稳定剂即可以控制雾滴扩散的高度，因此在植物病虫害防治中得到广泛应用。该类机械单个工人即可操作，施药效率很高，每小时可施药 $2hm^2$ 以上，在橡胶树病害防治中已得到广泛应用。不同型号热雾机的工作参数是不同的，有的型号喷出的烟雾剂雾滴能达到 30m 的垂直高度，并且其铺展幅度达到 152m。由于橡胶树叶片被这种雾滴充分包围，因此药剂在叶片表面上的覆盖度能达到尽可能完美的程度。与常规喷雾法相比，热雾法的优点十分突出，能够根据病害发生情况制订灵活的施药计划。由于药液在风力的作用下容易弥散，因此风速等天气因素影响很大，最适合郁闭度 0.7 以上、宽度 30m 以内的橡胶树林段。施药时机以清晨和傍晚无风或微风天气为最佳，阴天不下雨的情况也可喷烟作业，达到 3 级风即不能作业。使用中，应根据风速风向多次关闭药门开关并调整行走路线，直到头烟和尾烟均能升到目的树冠为止。无风或者微风天气可走"S"形路线，或者多个烟雾机齐头并进，烟雾机之间间隔15m左右，有风天气，烟雾机之间间隔可加大到30~50m。操作人员工作中必须步行，行走速度要均匀适中。目前，热雾机已在主要植胶国得到广泛应用，在中国每年春季的白粉病防治中，该类药械更为常见。

田间条件下，用热雾机喷施甲基硫菌灵或代森锰锌来防治南美叶疫病，已获得良好效果。就苯菌灵而言，目前尚未用热雾法进行过施药试验，但是分析应该可以取得良好的效果。和其他常用杀菌剂相比，百菌清的升华温度低，因此具有低温下容易气化这一优点，目前南美地区市场上已销售一种商品名称叫作Xotherm Termil的20%百菌清的热雾剂。使用热雾机的缺点之一是加热会使药剂中的有效成分与其他油剂成分分离而挥发掉，从而导致药剂沉降在叶面上时黏性很差。使用改良过的Tifa热雾机可以在一定程度上改善这种缺点，由于药剂被注入远离燃烧器的排气尾管末端，受热较少因此不易和其他成分分离，但是也降低了药剂施用效率。

在橡胶树因病落叶期间，相比油基杀菌剂，施用粉剂能够获得更好的防治效果，因此喷粉器也是生产中常用的施药器械。按驱动方式喷粉器分为手动和电动两种，通常由一个漏斗（通常带有搅拌器）、一个将颗粒以均匀速度送达喷洒装置的计量装置和一个送风机或风箱组成，产生的气流能够把粉剂送往目标植株，其中手动喷粉器包括背包式喷粉器、活塞式喷粉器、风箱式喷粉器和旋转式喷粉器。早晨橡胶林叶片湿润，也没有什么气流，因此是进行喷粉的适宜时机，因此喷粉工作通常在清晨开展。根据喷粉机型号，通常需要由1个、2个或者4个工人操作，按照地形在橡胶树行间行进。喷粉时由于粉尘能够扩散到邻近的地区，因此可以按照每次喷粉2~3行树进行。一台电动喷粉器1d可以喷洒10~12hm^2。

（六）航空植保（飞防）在南美叶疫病防治中的应用前景

为航空农业航空生产服务的主要包括作业平台（飞行器本体）、遥感监测技术及装备、作业（喷施药、肥、除草剂，播种，辅助授粉等）技术及装备等。自1903年莱特兄弟发明了世界上的第一架载人动力飞机后，美国在1918年就第一次用飞机喷洒农药杀灭为害棉花的害虫，开创了农业航空植保的历史，随后加拿大、苏联、德国和新西兰等国也将飞机用于农业生产。第二次世界大战以后，化学杀虫剂、除草剂等农药相继出现，迫切需要一种高效率的喷洒机具，而战后大量小型飞机过剩，因此纷纷转为农用，农业航空得到迅速发展。20世纪50年代以后，为农业设计的专用和多用途农业飞机相继出现，到50年代末，直升机也加入农业航空行列。在农业航空的发展中曾少量使用过热气球和飞艇，目前已很少采用。

美国是当前航空植保技术最为成熟的国家之一，有农业航空相关企业2 000多家，具有完善的协会管理制度，其中包括国家农业航空协会（National Agricultural Aviation Association, NAAA）和近40个州级农业航空协会。美国的农业航空主要以有人驾驶固定翼飞机为主，在用飞机数量 4 000 架左右，65% 的化学农药采用飞机作业完成喷洒，年处理耕地面积 40% 以上（120 万 hm^2 以上），平均 2 万 hm^2 耕地拥有 1 架农用飞机。目前，水稻种植中已 100% 采用飞机施药防治（蔡良玫等，2019）。

日本的航空植保始于 20 世纪 50 年代，由于该国山地较多，不适合固定翼飞机作业，因而普遍采用有人直升机进行病虫害防治。1983 年，日本农林水产省决定将无人直升机也引入航空植保，此后 20 年间植保无人机的市场覆盖率持续上升。至 2003 年，无人机在水稻防治上的应用率首次超过了有人直升机。2015 年，日本无人直升机达到 2 668 架，飞手（即无人机操作员）约 14 000 人，作业面积 96.3 万 hm^2，占总施药面积的 50% 以上。近年来，日本航空植保使用的飞行器以参控无人直升机为主，同时也出现了微型无人机。微型无人机的购买费用少，技术操控门槛低，成为航空植保的新选择。根据日本农林水产省公布的数据，2017 年微型无人机作业面积约 8 300hm^2，是 2016 年的 12 倍以上，发展迅速。

中国航空植保的初始时间与日本基本相同，也在 20 世纪 50 年代。早期所用飞机主要由苏联、美国生产，搭载自主设计的喷洒装置。最初防治对象为小麦的病虫草害，应用地区集中于北方的黑龙江垦区、新疆建设兵团等地，主要进行作物保护和森林保护作业，而耕地零散化的南方区域则未开展航空植保。2010 年，中国第一架农用植保无人机诞生，低空空域逐步对民用领域开放的政策也于同年出台。2011 年，华南农业大学发起并组织成立了国内首个"国家农业航空产业技术创新战略联盟"，用于农用无人机的驾驶培训与学术交流。2014 年，中央 1 号文件明确提出加强农用航空技术，植保无人机被纳入部分省级农机购买补贴目录（河南等），浙江、山西等地开展了无人机植保飞防试验示范项目。从 2015 年底开始，大量金融资本和社会资本陆续进入该行业，中国航空植保呈现井喷式发展。截至 2017 年，全国植保无人机保有量达 1.4 万架以上，从事航空植保的服务组织超过 400 家，无人机防治面积达 666.7 万 hm^2，用于水稻、玉米、小麦等主要粮食作物，苹果、葡萄、柑橘、豇豆、小白菜等园艺作物，以及棉花、花生、油葵、油菜、茶叶等经济作物的有害生物防治。

为避免或减轻农药对非靶标生物的影响和对环境的污染，航空施药作业必须考虑以下 2 个方面的因素：①作业条件，如作业时的气象条件，特别是风向、风速；②飞行参数，如飞行高度和飞行速度需根据作业条件（气象条件、作业面积大小等）、喷液量的要求调整。

航空施药技术主要解决以下 3 个方面的问题：①非靶标区的飘移；②提高防治效率；③提高作业可靠性。航空喷雾设备主要由供药系统、喷射部件及控制部件等组成。供药系统由药箱、液泵、管路等组成。液体农药和粉剂农药用同一药（液）箱装载，药液箱位于机身中部（飞机重心附近）。液泵由电机驱动或风扇驱动（只能用于固定翼飞机）。喷射部件应能根据不同施药作业要求更换不同型号的喷嘴或喷射部件（薛新宇等，2008）。

为了保证飞行安全，减少植保作业的负面影响，联合国粮农组织（FAO）制定了《飞机施用农药的正确操作准则》，对包括飞行员的培训，农药的选择、运输及贮存，个人防护及意外事故的处理等方面进行规定。机具的技术要求包括施药机具的选择、机具性能要求、喷雾系统的校准、作业区域预先警示等，田间施药技术要求包括田块的调查、气象条件、处理时间、药液配制、田间操作、机具清洗、个人防护、残液处理等，而作业完成后应保存田间喷雾记录、设备维修保养记录、操作人员健康监测记录、个人防护设备记录等。

在航空植保作业时，飞行高度过高会使雾滴挥发和漂移，但飞行高度过低又会造成条带状影响，造成药液在目标物上分布不匀，适宜的飞行高度理论上讲是飞机距作物顶端3~4m，使喷洒的药液能够均匀地散布在目标物上。但由于低空飞行受地面障碍物（电线杆等）威胁，考虑到安全因素，因此一般推荐安全作业高度10m以上。

目前，航空植保用飞机主要有3种：轻型固定翼飞机、直升机和轻型无人驾驶直升机。固定翼式轻型飞机作业时尽管是采用超低空飞行，从安全性上讲，由于受上升、下降气流波动的影响，很难达到距作物3~4m的飞行高度，且受田间障碍物如电线、电杆、树木等影响，飞行高度过低极易引起安全问题。采用直升机作业，其螺旋桨造成的空气涡流能使农药喷洒到植物茎叶的背面，提高喷洒效果，农药用量比地面作业低；与固定翼飞机相比，直升机的耗油量稍大，但可在田间起降作业，减少了机场、跑道等的建设费用。在很多国家，有人驾驶的固定翼飞机和直升机在机场附近等地区的空域受到限制，因此无人机是近年来的主要发展方向。与前2种机型相比，轻型无人驾驶直升机的优越性非常明显：①具有直升机的高效作业性能和良好喷洒效果；②由于无人机采用人工遥控技术和自动导航技术，保证了飞机操控者的安全性；③自动化程度高，作业机组人员相对较少，劳动强度低；④采用超低空作业，药液喷洒时漂移减少，使作业环境空气中农药的含量大大降低，减少了对环境的污染；⑤无人机机体重量轻，运行成本低，每天可施药60hm^{2}以上。

产业需求是航空植保技术发展的主要驱动力。例如中国从20世纪50年代开始，陆续在新疆、东北等地区使用固定翼飞机进行植保作业。在当时"简单再生产"的小农经济框架下，尽管飞机施药相较于背负式药械施药有着明显的先进性，但自给自足且劳动力充裕的农村家庭经营方式却无迫切的需求动机，相当长的时间内中国航空植保产业发展相对缓慢。21世纪以来，中国农村劳动力缺乏的问题在城镇化建设进程中日益凸显，迫切需要节约劳动力的农业生产方式，而农业机械的高效性正是解决"农户兼业化导致农业劳动力投入田间管理时间不足"问题的关键。航空植保以适用性广、防治效率高、节约人力与作业成本等优点，在很大程度上弥补了传统植保机械的不足，因此相关产业在中国迅速发展。

中国热带农业科学院环境与植物保护研究所开展了包括南美叶疫病在内的橡胶树叶部病害航空植保技术研究。2016年在广东省阳江市采用有人驾驶旋转翼直升机进行了开割橡胶树施药试验，每架次 20min 即可施药超过 200hm²。2018 年 7 月，在海南省白沙县大岭农场，使用大疆 MG-1 进行了对橡胶树嫁接苗的病害防治试验（图 2-34）。该无人机喷头型号 XR11001×4，流量 1.3~1.5L/min，飞行速度 3m/s，飞行高度 1.0m（距离作物），喷液量 37.5L/hm²，飞防时效 37.5min/hm²。飞防小组由 2~4 人组成，包括机长 1 人（负责飞行规划制定，无人机飞行操作）及机务 1~3 人（负责机械维护，油 / 药液补给，蓄电池更换，运输转移等）。由于该类小型无人机载药量少，风场小，仅在橡胶树苗圃内、植株较矮且叶量隐蔽度较低情况下适用。就开割橡胶树而言，植株高大、树冠叶片数量多，另外由于日晒作用，树冠上部叶片受病虫为害较轻，下部及中下部为害较重，而飞防作业时药液从上往下喷洒，难以覆盖整个树冠特别是下部树叶，因此风场小的小型无人机并不适用。

图 2-34 利用小型无人机防治橡胶树苗圃（嫁接苗和增殖苗）病害
（图片拍摄：时涛，李博勋）

随后，中国热带农业科学院环境与植物保护研究所联合深圳华亚科技有限公司成功研发利用大型无人直升机进行开割橡胶树施药技术（图 2-35）。2019 年 4 月（海南省琼中县）和 5 月（云南省西双版纳市），该技术采用单翼无人直升机（机型 FB300）取得成

A—FB300；B—FB300 工作状态；C—FBH300T；D—FBH300T 工作状态；E—操纵台；F—机长工作状态；
G/H—树冠下层叶片上的水敏纸在接触到药液后变为蓝紫色（正面/反面）

图 2-35　采用大型无人直升机防治开割橡胶树叶部病害
（图片拍摄：时涛）

功。该机型具有高载药量（80L）、大风场等优点，作业时间为150s/hm²，理论上每小时可完成15hm²以上的施药作业，每公顷用药量为60L。和小型无人机相比，该型无人机具有的大风场特点使其在作业时药液能够充分穿透树冠，到达下部叶片并有效发挥作用。

2020年11月，中国热带农业科学院环境与植物保护研究所再度在广东省化州市采用改进的大型双翼无人直升机（机型FBH300T）取得成功。该机型载药量为100L，具有双旋翼折叠尺寸小、结构紧凑、运输方便、悬停中低速气动效率高、气流对称、抗风能力强等优点，其巡航速度为20~80km/h，最大速度100km/h，实用升限2000m，标准航时1~3h，抗风性达12m/s。

目前，有关巴西等南美地区航空植保应用方面的报道还比较少，包括前述在内主要以遥感监测为主，例如对重要的、濒临灭绝植物豆科双翅树（*Dipteryx alata* Vogel）（Anderson等，2019）、入侵植物（Mallmann等，2020）等方面的监测。2013年，巴西的NCE公司开始进行基于无人机的赤眼蜂释放技术研究，以防治甘蔗螟虫等为害，2017年应用面积接近500万hm²（黄敏，2020）。随着巴西橡胶树种植业的发展，预计无人机飞防技术未来将在橡胶树叶部病害防治中得到推广应用。

四、栽培控制

在橡胶树种植中，胶园地址和橡胶树种质的选择、定植植株株行距的确定、水肥管理等相关措施对包括南美叶疫病在内病虫害的为害程度同样有重要影响。近年来，拟盘多毛孢叶斑病在东南亚地区普遍发生，严重为害当地的橡胶树种植业。马来西亚、印度尼西亚等国的调查发现弃管或间断性抚育、病虫草害防控缺失、施肥少或不施肥的胶园容易受害，分析田间管理松懈造成树势衰弱，降低了对病害的抵抗能力，从而导致病害大面积发生为害（时涛等，2020）。目前，和南美叶疫病防控相关的栽培措施主要包括避病栽培、树冠芽接以及人工落叶等。

（一）避病栽培

就南美叶疫病而言，其发生为害需要一定的环境条件，在橡胶树能够正常生长而病害不发生或轻微发生的地区发展橡胶树种植业，即可称为避病栽培。在前述的适生性分析章节中，介绍了巴西、哥伦比亚等国家根据病害发生相关的气候条件提出的避病区划分标准，以及对部分地区的避病区分析结果。目前，巴西建议在符合相关避病特点的地区栽培橡胶树，包括降雨期间RH在60%以下、夜间出现露水的时间少于8h、平均气温较低以及叶片表面缺乏水分等。由于橡胶树生长需要充足的水分，因此降水量少或湿度低的避病地区常常需要人工灌溉以补充水分。

（二）树冠芽接

嫁接技术能够使获得的橡胶树植株继承接穗品系的优良品质，还可以利用砧木适应性广的特点，所以芽接技术是橡胶树种植中的常规操作。树冠芽接（冠接）的目的是在高产、感病品系的树干上形成一个新的具有抗病（或耐病）性的树冠。自 1930 年以来，为了应对橡胶南美叶疫病，南美各植胶国普遍开始进行冠接研究。冠接形成的植株是多个品系植株的"嵌合体"植株，包括砧木品系植株的根部系统、高产品系的树干和一个来自抗病品系的树冠（注：橡胶树种植过程中，定植的植株通常为已经进行过一次嫁接的嫁接苗）。

Larissa ACMoraes 等（2011）在巴西的马瑙斯（Manaus）将 18 个抗南美叶疫病种质对圭亚那和色宝橡胶杂交种质进行冠接，冠接植株开割后对干胶产量、植株营养状况和乳管生理特性等进行了评价，发现叶片中钾、铜离子含量较高的特征与干胶产量相关，而乳管特性也是重要的选择指标。各个种质中，IAN2878、IAN2903、CNSAM7905、CNSAM7905P1 和 PB28/59 的年干胶产量均高于 1 800kg/hm^2，可供生产中选择使用，而 IAN6158、AN6590 和 IAN6515 产量很低，不建议推广。

生长中，冠接通常是在植株长到 3m 高的时候进行，而田间定植的植株通常在第二年即可达到这个高度。一般选择已定植、树冠生长良好的植株，在顶部下方 2.5m 处的树冠内部进行。为了获得更高的成功率，进行冠接的理想树干组织应该是绿色或者暗绿色的，另外，嫁接时使用过于幼嫩或者成熟的芽也不易成功。如果树冠最顶部的叶片过于幼嫩的话，可以在低处第二蓬叶片部位进行嫁接。实际上，在这个高度进行嫁接需要准备一个能够自支撑的梯子以方便进行操作。嫁接时注意不要把植株弄弯，避免造成伤害。如果首次嫁接失败，可以尝试在树干的另一边重新进行嫁接。嫁接成功后，植株原有的树冠应进行砍伐，仅保留 5~7cm 的一个末端，该末端通常要用伤口涂布剂进行处理，同时要对嫁接上的芽进行保护，避免病害侵染和鸟类栖息。冠接的植株通常会产生不需要的芽，这些芽也要及时剪除。

目前，冠接是南美叶疫病重病区域重要的防治方法。但是，和常规栽培相比，冠接需要增加基本投资，并且推迟植株的开割期。由于不同品系的树冠／树干组合对南美叶疫病抗病能力等方面的研究还比较少，另外冠层橡胶树品系普遍存在降低树干品系产胶量、嵌合体植株长势存在差异等缺点，因此在高产而易感病品系的树干上用抗病品系进行冠接未能得到大面积普及。巴西地区应用结果表明，用中抗品系 MDF180 对 RRIM600、PB311 等感病品系进行冠接，以及用少花橡胶树无性系 PA31 进行冠接，能够获得兼具较好抗病性和高产量的"嵌合体"植株，该技术已在生产中进行推广，但是有关"嵌合体"植株抗病作用机理方面的研究还很少。

（三）人工落叶

在南美地区，橡胶树越冬阶段（即叶片脱落至重新发芽阶段）常常并不固定，在计划进行化学防治时应该考虑到这个因素。由于同一地区不同橡胶树品系甚至同一品系的不同植株越冬期不固定，田间常出现未落叶与抽新叶植株共存的现象。由于未脱落病叶上的孢子可作为菌源而传播病害，因此种植园主被迫在抽新叶植株叶片易感病阶段重复地、频繁地进行施药，严重增加了防治成本。如果对同一地区的橡胶树集中进行人工脱叶，使植株落叶均匀一致，那么越冬阶段则不必进行施药处理。马来西亚地区的研究发现，每 $1hm^2$ 用 1.5kg 二甲脒酸和 4.5L 水混合后进行喷施，或者施用一种更有效的脱叶剂——脱叶亚磷，都能使植株充分落叶，从而有效地控制橡胶树越冬。中国的研究表明，用 10% 脱叶亚磷油剂或 0.8% 乙烯利油剂 12~15kg/hm^2，以及乙烯利原药 750g/hm^2，15d 左右即可使橡胶树越冬老叶脱落。生产中也可以考虑种植越冬期一致的一些橡胶树品系，由于植株落叶期和抽叶期基本一致，不会给南美叶疫病菌连续提供易感病的幼嫩叶片，能够减少下个季节开始时的田间病原数量，使病害发生晚且植株受害轻。

（四）间套作种植模式

所谓间作，就是在同一时间内，根据一定的行数比例在种植园内间隔种植两种及以上不同作物，其不同作物共同生长期较长，一般占整个生育期的一半以上。套种是在前种作物生长后期的行间再次种植另外一种作物的种植方法，套种的作物共同生长的生育期很短，一般不超过整个生育期的一半。由于两种模式均有多种作物共同生长的特点，因此常合称为间套作种植模式。间套作可以充分利用和延长作物生长季节，达到一年多熟、一年多收的效用，在有限的土地面积上增加种植收入，还可以增加土壤中的微生物种类，改善土壤中的养分结构，从而达到改善土壤性状结构、提高土壤肥力的作用。该模式还能够加大作物对土壤的覆盖率，减少表层的土壤流失并能够抑制杂草生长。

在病害防治方面，间作作物的物理屏障作用能够对病害的传播起到一定的阻遏作用，另外间作作物施用的肥料同样有利于橡胶树的生长。南美叶疫病菌目前仅侵染巴西橡胶树及其部分近缘种，间作其他作物对病害有一定程度的减轻作用。定植的植株通常需要生长 6 年以上才能开割，因此苗期间作其他作物为常见的栽培措施。例如中国海南地区的橡胶树定植后，通常可以间种木薯、果桑等短季节作物 2~3 年（图 2-36），柬埔寨特本科蒙省除了在定植苗行间种植菠萝、香蕉等水果外（图 2-37 左），也在开割树行间种植其他高大乔木用作家具（图 2-38），越南富寿省也在定植后开割前的胶林内套种生姜（图 2-37 右）。

目前，有关间作作物对包括南美叶疫病在内的橡胶树叶部病害为害的减轻作用研究还比较少，但在同属大戟科的木薯病害研究中，中国学者发现广西、江西等地区在木薯苗期套种花生、冬瓜和西瓜等作物情况下，和相同种植规格的单作相比，细菌性萎蔫病、褐斑病、炭疽病和白点病等常发病害发生晚且为害程度明显减轻。分析间套作模式同样能够减轻南美叶疫病等病害的为害程度，降低防治成本并增加经济效益。

（五）其他栽培措施

生产中其他有助于橡胶树植株生长的管理措施同样能不同程度地减轻病害为害，包括不在发病胶园周边建立新的种植园、根据树冠大小确定合理的株行距以降低田间湿度、建立专业的无病种苗培育和销售基地、种植时选用无病种苗、加强水肥及抚育管理、苗圃内定期消灭荒芜、定植胶园内种植覆盖作物，以及越冬前施用氮肥增强植株长势等。

图 2-36　海南省琼中县定植橡胶树间作木薯（左）和果桑（右）

（图片拍摄：时涛）

图 2-37　柬埔寨特本科蒙省定植橡胶树间作香蕉（左），越南富寿省定植橡胶树间作生姜（右）

（图片拍摄：时涛）

图 2-38　柬埔寨特本科蒙省开割橡胶树间作其他高大乔木

（图片拍摄：时涛）

五、生物防治

利用自然界中的有益生物或其代谢产物来进行作物病虫害的控制称为生物防治。生物防治可以在一定程度上替代化学农药，而且无残毒，无污染，能有效保护生态平衡，发挥持续控制作用。和化学防治相比，生防见效慢，在病害大面积暴发时难以取得较好的效果，其防治作用受环境因素影响大，防效不稳定，通常作为辅助措施。在树冠病害南美叶疫病方面，相关的生物防治研究还比较少。

（一）生防内生菌的筛选

植物内生菌是指整个生活周期或生活史的大部分阶段生活在植物体内的一类真菌或细菌，它们和宿主植物之间为互利共生关系。内生菌由宿主植物为其提供生存空间和养分，其生物量较少，但是它对宿主植物的生存起着重要作用，能够促进宿主植物的生长，增强其抗病性、抗虫性、抗旱性以及生长竞争能力等。和常规的生防微生物相比，生防内生菌防效具有更好的稳定性和持久性。

1. 国内生防内生菌研究

国内在橡胶树内生菌方面研究较多。李晓娜等（2009b）比较了不同分离方法和培养基对分离效果的影响，发现橡胶树组织表面先后用 75% 乙醇处理 1min、4% 次氯酸钠 5min、75% 乙醇 30s、灭菌水冲洗 3 次后，切碎后在加入利福平（15 mg/L）的 PDA 培养基平板表面培养，其分离效果最好。李晓娜等（2009a）进一步评价了来自海南省儋州市的橡胶树品系 RRIM600 的内生真菌多样性，共获得内生真菌 545 株。根据形态特征对 482 株产生孢子的菌株进行鉴定，分别归入 21 个属，大部分为半知菌，共 19 属，其中丝孢纲真菌 12 属，为优势种群，腔孢纲真菌 7 属；少数为子囊菌，共 2 属。随后在对海南省 10 个市县 15 个不同地点的研究中，发现 RRIM600 的叶、枝、果、根等组织中均存在内生真菌，包括 18 个属 23 个种，丝孢纲 9 属 10 个种，数量最多，其次为腔孢纲 6 属 9 种。不同地点的橡胶树内生真菌定殖率为 17%~100%，分离率为 0.42~0.97，菌落组成也有较高的相似性。郑鹏等（2009a；2009b）从橡胶树枝条中分离到 18 株内生真菌，鉴定属于 2 个目，2 个科，7 个属，其优势菌群为无孢菌群（Mycelia Sterilia），其中 3 个菌株对橡胶树炭疽病菌具有较好的拮抗作用，进一步研究发现拮抗作用最好的菌株 ITBB2-1 为麦轴梗霉属（*Tritirachium* Limber）真菌。时涛等（2011）在海南省儋州市炭疽病和白粉病流行的橡胶园内选择健康植株（品系 RRIM600），从不同组织中分离到 47 份内生细菌，其数量和种类由多到少分别为树根、花序、树皮、叶柄、叶片和果实。这些菌株中筛选出 2 株对橡胶树多主棒孢病菌和炭疽病菌有较好拮抗作用的菌株，分别为枯草芽孢杆菌和莫哈韦芽孢杆菌。分析国内应当存在对南美叶疫病菌有较好拮抗作用的生防内生菌资源，但由于南美叶疫病仅在拉丁美洲地区发生，因此尚未开展进一步的筛选工作。

2. 国外生防内生菌研究

热带美洲的亚马孙流域是橡胶树起源地，其内生菌资源十分丰富。Gazis 等（2010）在秘鲁东南部亚马孙流域的橡胶树组织中分离出 175 株内生真菌，其中 97% 为子囊菌（*Ascomycota*），其余的为担子菌类（Basidiomycota）和结合菌类（Zygomycota），其中青霉菌（*Penicillium*）、拟盘多毛孢属（*Pestalotiopsis*）和木霉属（*Trichoderma*）为优势菌。后续研究发现，秘鲁 8 个地点野生和人工栽培的橡胶树植株中分离到 710 种内生真菌，野生和栽培树分别有 411 个和 404 个种，有 105 个种是双方共有的，优势种均为刺盘孢属（*Colletotrichum*）和木霉属。Vaz 等（2018）在对巴西亚马孙流域橡胶树内生真菌的研究中，也获得了相似的结果。从两个原始区域随机挑选的成龄橡胶树中，研究者共分离到 210 株内生真菌。两个地点所获菌株种类差别较大，但子囊菌亚门均为优势种群，比例为 95.71%，其次为担子菌亚门，比例为 4.28%，优势菌株同样为刺盘孢属和木霉属。木霉菌为常见的生防菌，Gazis 等（2015）发现，内生木霉菌的丰度与潜在的致病微生物之间存在显著的负相关。人工橡胶林内病害发生较重，而野生橡胶林受害轻，相应地野生植株中拮抗木霉菌也比较多，分析生防木霉菌能够寄生病原真菌、产生抑菌代谢产物或者与病原菌竞争生存生态位点，从而减轻病害的发生（Harman 等，2004）。

在内生细菌方面，国外也开展了大量研究，但不同学者分离到的菌株种类和数量之间均存在差异。Abraham 等（2013）从橡胶树品种 RRII105 和 RRIM600 中分离到 252 株内生细菌，Hidayati 等（2014）从橡胶树品种 IRR118 和 IRR39 的叶片、树皮和根中分离出 117 种内生细菌，Tan 等（2015）、Linda 等（2018）也分离获得了一批内生细菌。

国外分离获得的内生菌，已经筛选出具有拮抗褐根病菌（*Phellinus noxius*）、白根病菌（*Rigidoporus microporus*）、季风性落叶病菌（*Phytophthora meadii*）、产几丁质等能力的生防菌株，但和南美叶疫病相关的生防菌株研究还很少。

3. 生防南美叶疫病菌内生真菌研究

目前，Anderson 等（2011）报道了有关南美叶疫病菌生防内生真菌方面的研究进展。研究者在巴西巴伊亚州东南部的米其林公司橡胶园内选择了感病品系 FX3864、中抗品系 CDC312 和 MDF180，从植株上采集健康的淡绿期和老叶期叶片并进行内生真菌的分离工作。最终获得了 435 株内生真菌菌株，其中 FX3864 中分离数量最多，为 198 株，其次为 CDC312 的 139 株，MDF180 最少，为 98 株。随机选取 88 个菌株（40 株分离自 FX3864，28 株来自 CDC312，另外 20 个来自 MDF180）进行拮抗南美叶疫病菌评价，发现 42 个菌株（比例为 47.7%）能够抑制孢子的萌发。这些拮抗菌株中，34 个菌株的冻干培养滤液（lyophylized culture filtrate, LCF）抑制率在 80% 以上，其余在 10%~50%。34 个菌株的 LCF 稀释 8 倍后，平均抑菌率为 22.7%，其中 15 个菌株的抑制率仍然在 80% 以上（表 2-24）。虽然 3 个品系中获得菌株数量存在差异，但获得的拮抗性较强（40%以上）菌株数量差异不大，FX3864 和 MDF180 各分离到 7 个，而 CDC312 分离到 6 个。

进一步对 13 个拮抗活性高（抑制率 80% 以上）的菌株进行了分子鉴定工作，ITS 序列分析结果表明，这些菌株和数据库中同源菌株的序列最高相似性在 95%~99%，均为子囊菌，包括镰刀菌（*Fusarium*）、赤霉菌（*Gibberella*）、拟茎点霉（*Phomopsis*）、漆斑菌（*Myrothecium*）、拟盘多毛孢（*Pestalotiopsis*）/ 围小丛壳（*Glomerella cingulata*）、炭疽菌（*Colletotrichum*）和小球壳孢（*Microsphaeropsis*）等（表 2-25）。在这些菌株中，漆斑菌仅从中抗品系 CDC312 中分离到，小球壳孢和拟盘多毛孢仅从 MDF180 中分离到，拟茎点霉仅从 FX3864 中分离到，而其他菌株在感病和抗病种质植株中均能分离到。

表 2-24   生防内生菌的筛选结果

菌株来源	拮抗菌株数量（初筛）	拮抗菌株数量（稀释 8 倍）	菌株数量（抑制率 2%~15%）	菌株数量（抑制率 40%~50%）	菌株数量（抑制率 80% 以上）	较强菌株数量及比例
FX3864	40	12	5	2	5	7（17.5%）
CDC32	28	9	3	3	3	6（21.4%）
MDF180	20	13	6	0	7	7（35.0%）
总计	88	34	14	5	15	20（22.7%）

注：引自 Santos 等（2011），略有改动。

表 2-25   生防内生菌的分子鉴定（ITS）

菌株	抑菌率（稀释 8 倍）	序列登录号	ITS 序列				
			长度 / nt	同源性最高物种	同源性最高序列登录号	同源性 /%	同源序列覆盖率 /%
PMBFX028	100	FJ798594	552	镰刀菌（*Fusarium*）	EU272509	99	100
PMBFX045	100	FJ798595	581	拟茎点霉（*Phomopsis*）	EU002921	97	97
PMBFX056	100	FJ798596	533	围小丛壳（*Glomerella cingulata*）	EU008856	97	100
PMBFX092	100	FJ798597	538	拟茎点霉（*Phomopsis*）	EU002921	96	100
PMBFX127	86	FJ798598	534	围小丛壳（*Glomerella cingulata*）	AB273196	97	100
PMBCDC014	98	FJ798599	505	漆斑菌（*Myrothecium*）	DQ135992	98	94
PMBCDC086	100	FJ798600	513	漆斑菌（*Myrothecium*）	FJ235932	98	100
PMBMDF012	100	FJ798601	486	镰刀菌（*Fusarium*）	EU272509	96	100
PMBMDF036	97	FJ798602	585	围小丛壳（*Glomerella cingulata*）	AB219013	97	100

（续表）

菌株	抑菌率（稀释8倍）	序列登录号	ITS 序列					
			长度/nt	同源性最高物种	同源性最高序列登录号	同源性/%	同源序列覆盖率/%
PMBMDF049	100	FJ798603	571	小球壳孢（*Microsphaeropsis*）	EF094551	98	98
PMBMDF077	100	FJ798604	519	赤霉菌（*Gibberella*）	EF453174	95	100
PMBMDF087	100	FJ798605	516	拟盘多毛孢（*Pestalotiopis*）	EF451802	96	100
PMBMDF092	100	FJ798606	404	赤霉菌（*Gibberella*）	FJ154074	99	100

注：引自 Santos 等（2011），略有改动。

（二）生防链霉菌的抑菌作用

链霉菌属能够产生大量对真菌、细菌和病毒具有拮抗作用的代谢产物，哥伦比亚国立大学筛选出 3 个链霉菌生防菌株。Diana 等（2017）研究发现，菌株 5.1 的上清液浓缩物质能够抑制南美叶疫病菌分生孢子的萌发和菌落形成能力，25mg/mL 以上浓度抑制率即可接近一半（表 2-26），而且对菌落形成作用的抑制作用强于孢子萌发。显微观察结果表明，正常情况下孢子两端均能萌发，而在上清液作用下，孢子不但萌发率降低而且仅能在分生孢子的一端萌发（图 2-39），分析上清液对新生菌丝具有毒害作用从而进一步降低了菌落形成率。用有机溶剂对菌液的测定结果表明，该菌株产生的抗真菌化合物为中等极性的非离子化合物。

表 2-26　链霉菌菌株 5.1 对南美叶疫病菌分生孢子萌发和菌落形成的影响

处理	孢子萌发率/%	孢子萌发抑制率/%	菌落数量/×10⁴个	菌落形成抑制率/%
对照	51.3a	—	1.121	—
10mg/mL	42.1a	17.9	0.84b	25.0
25mg/mL	26.5b	48.3	0.47c	58.0
50mg/mL	23.4b	54.4	0.21d	81.3
100mg/mL	20.8b	59.5	0.14d	87.5

注：引自 Diana 等（2017），略有改动。

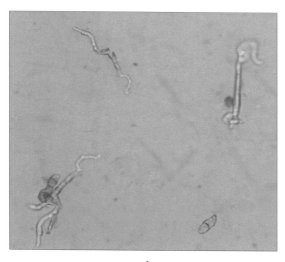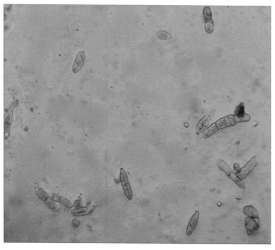

A　　　　　　　　　　　　B

A—对照（孢子两端均能萌发）；B—链霉菌处理（孢子不萌发或仅一端萌发）。

图 2-39　链霉菌菌株 5.1 对南美叶疫病菌分生孢子萌发的抑制作用

注：引自 Diana 等（2017），略有改动。

（三）脉冲双歧杆菌的防控作用

研究者发现，脉冲双歧杆菌（*Dicyma pulvinata*）能够寄生南美叶疫病菌，用该生防菌处理产孢阶段的病原菌，5d 后发现病原菌的分生孢子梗和分生孢子形成均受到抑制。在观察到该菌株能够在病原菌的子座中定殖后，20 世纪 80 年代，研究者开展了田间试验来评价该菌株的生防效果。在橡胶树发芽 5~6 个月后，使用 $2×10^5$ 个 /mL 孢子液进行处理，6 个月后调查发现在该菌株的作用下，橡胶树种质 IAN717 和 Fx4098 叶片病斑上的子座数量出现不同程度的下降。和缺少覆盖作物的林段相比，林下地面覆盖有良好原生植被的植株上，95% 的病原菌子座均被脉冲双歧杆菌寄生，病害为害程度约降低一半，而无覆盖林段几乎没有子座被寄生。Delmadi 等（2009）在巴西马托格罗索州进行了脉冲双歧杆菌的生防作用评价，田间应用发现对照代森锰锌几乎没有效果，而生防菌 3 个不同浓度（$10^6~10^7$ 个孢子 /mL）均表现出较好防效，但略低与对照苯菌灵。在温室内，生防菌剂（$1.0×10^7$ 个、$2.0×10^7$ 个和 $3.0×10^7$ 个 /mL）效果好于苯菌灵和代森锰锌，高浓度孢子液优于低浓度孢子液，但在处理 40d 后，$2.0×10^7$ 个和 $3.0×10^7$ 个两个处理之间差异不大。分析田间条件下不利于生防菌种群的定殖，但是可通过剂型的改良来获得更好的防治效果。

六、综合防治策略

福特汽车公司在 20 世纪 30 年代开展了大量的抗病育种工作，其后巴西农业部也进行了包括南美叶疫病抗病性与高产胶量的育种研究，但是这些工作所培育出的适用于商业化规模种植的品系不超过 12 个。这些无性系在田间种植中，要保证其生长良好并获得满意的产胶量，仍然需要施用化学农药来防治病害，而这也是为了获得良好的经济效益所必须采用的措施。

在南美叶疫病治理计划中，杀菌剂因其优点而在防治工作中发挥重要作用，但在杀菌剂的使用过程中应更多地考虑其在生物学、环境保护、经济效益等方面的影响，包括施肥、除草在内的田间管理技术，防止割面受病虫为害和不利天气影响的割胶技术，以及新杀菌剂种类的研发、剂型和使用方法等方面的新进展，都会推动病害防治技术的发展。

20 世纪 70 年代，根据在特立尼达的马来西亚橡胶研究所（Rubber Research Institute of Malaysia, RRIM）试验站和巴西地区研究所得的有关南美叶疫病菌生态学、病害流行学与其他基本生态系统之间相互关系方面的知识，巴西的固特异胶园和 Pirelli 胶园制定了一项尽量减轻病害和增加胶乳产量的治理策略。通过合理施肥、恢复或增强植株长势，以及用一种根据田间实际情况进行的热雾机施药方案来取代常规喷药方法等措施来控制病害，最终实现了对病害的治理目标。这项治理工作涉及面积在 1 100acre（约 445hm^2）以上的开割橡胶园，治理的第一年产量增加近 30%，第二年增产 38%，随后产量稳定在 750kg/hm^2，而治理相关的费用相当于每年 40kg 干胶 /hm^2 的价格。

生产中对南美叶疫病的防治，应该综合考虑抗病种质利用、化学防治、栽培措施等方面的作用，对相关的作用原理、控制作用特点、有效作用时间等方面的知识和技术掌握得越多，使用过程中的科学化、效率化等方面的水平就越高，病害控制的效果也更好，而获得的综合经济效益也越高。

第七节　南美叶疫病检疫和预警

南美叶疫病菌可产生三类孢子，除器孢子功能尚不明确外，分生孢子和子囊孢子均能侵染橡胶树，引发并完成侵染循环，是病害传播的主要媒介。这两类孢子黏附在布料、塑料、人造革、玻璃、纸、金属和植物等材料表面至少能存活 7d 以上，在干燥和潮湿的土壤中保存 12d 后萌发率分别为 25% 和 10%。目前，在国际航运发达程度远超以往，东西方交流距离大大缩短的情况下，该病害通过种质交流和人体、物品的黏附作用传入东方的非洲和亚洲地区的可能性也随之增加。目前，世界上最重要的橡胶树种植区——东南亚地区种植的橡胶树都是高感品系，南美叶疫病一旦传入后果严重。鉴于该病是一种为害性很大的病害，为防范其传入中国植胶区，相关机构应该研究其可能的传入途径、加强检疫措施，同时普及该病的有关知识，使更多的从业人员能够识别此病的症状和病菌形态特征、了解防治方法，以便万一传入时能及早发现和扑灭。为此建议继续收集该病有关的研究资料，编印科普性小册子，印制彩色挂图，以及利用手机短信、相关网站、微信、抖音、快手等多种途径进行宣传。

巴西对待咖啡病害的经验值得我们借鉴。巴西种植咖啡有200多年历史，虽然该国一直没有发生破坏性大的病害，但对病害仍然非常警惕，不断跟踪国外文献资料和相关进展，收集和引进抗性咖啡种质资源，加强国际合作，开展抗病育种研究。因此，20世纪70年代咖啡锈病在巴西首次发生时即被农技人员发现并及时采取有力措施扑灭了疫情，有效避免了该病造成的严重损失。

植物检疫是防范该病传入的一项重要措施，中国相关机构应该继续进行口岸检疫，加强对来自热带美洲地区的旅客、行李、货物的检疫处理。目前，巴西的里约热内卢、圣保罗、圣路易斯等城市均有到达中国广州、海口等热区城市的航班，也有直达香港的航班和远洋轮船。2020年6月1日，中共中央、国务院印发了《海南自由贸易港建设总体方案》，以促进海南省相关产业的快速发展，但海南岛作为中国唯一的热带岛屿和主要的橡胶树种植区，南美叶疫病等病害传入的风险也不断增加，建议相关部门加强对深圳、广州和海口等相关口岸的检疫管理。

南美叶疫病自首次发生报道已有百余年流行史。巴西与马来西亚、法国等国家相关机构合作在该病的病原学、病害流行学、种质抗性评价与利用、抗病种质鉴选、橡胶树与病原菌分子作用机理等方面开展了大量工作。目前，巴西已开展了南美叶疫病菌的全基因组序列测定工作，但结果尚未公布。有关南美叶疫病方面的研究进展，相关机构也通过举办国际培训班、发表学术论文等多种形式进行了分享。2017年11月，由马来西亚牵头在巴西召开亚太植保委员会橡胶南美叶疫病研讨会，来自中国、印度、马来西亚的12名官员和专家参与了这次研讨会，通过报告交流、田间调研和室内试验等，巴西米其林公司、可耕作执行计划委员会等相关科研代表以及马来西亚SALB研究专家就南美叶疫病生物学、发生为害、监测预警、储备性防控技术研究进展等方面进行了交流，并初步了解了病害的田间症状、病原分离、分子鉴定等方面研究进展。2018年12月，联合国粮农组织（FAO）亚太植保委员会（APPPC）在马来西亚的沙巴举办了橡胶树南美叶疫病培训者培训班，进一步分享了相关知识。

中国政府高度重视天然橡胶产业的可持续发展，南美叶疫病已列入禁止进境植物检疫性有害生物名单，并发布了《橡胶南美叶疫病监测技术规范》《橡胶南美叶疫病菌检疫鉴定方法》两项相关的技术规程（见附录）。目前，存在的主要问题是国内和该病相关的法律、法规并不完善，除了文献跟踪外，储备性、前瞻性研究几乎为空白，主要工作为国外研究基础上的分析性研究，病原检测、监测预警和应急防控等方面不能满足产业发展的需求。中国相关机构应从国家层面提出应对策略，加强国际交流，跟踪国外疫情发生动态，开展病原检测、应急处理、疫情扑灭等管控技术研究，避免该病入侵中国并对相关产业造成严重损失。

第三章

橡胶树白根病

白根病（White root rot, WRR）是世界橡胶树种植中的重要病害。自 20 世纪初发现以来，目前已在亚洲、拉丁美洲和非洲等地区的主要植胶国普遍发生。该病主要为害植株根系，病害最初发生时，植株地上部分症状不明显，病程通常进入中期或邻近死亡的后期才有明显的症状，随后发病植株通常在 3~5 年内死亡。病原菌主要在林间土壤存活，有效的防治药剂难以充分接触病原菌，田间防治周期长、成本高、效果差，发病林段常被迫放弃或改种其他作物。该病同样列入了我国进境植物检疫性病害名录。

研究表明，不同地区橡胶树白根病均由同一种病原侵染引起，但不同植胶区的田间症状、发生特点均存在差异。随着国际天然橡胶产业的发展，研究者针对白根病病原学、流行特征、防治技术、检疫鉴定标准等方面开展了大量研究。由于白根病为土传病害，从侵染到发病整个病程周期长，前期研究主要集中在病原学以及防治药剂筛选等方面，近年来主要以生物防治以及田间管理措施的控制作用为主，国内也发布了相关的技术规程《橡胶白根病菌检疫鉴定方法》。目前，和重要的叶部病害（包括南美叶疫病）相比，白根病方面的研究还很少。

第一节　橡胶树白根病发生为害情况

为害橡胶树的根病有多种，其中白根病发现最早，为害也最严重。根系受不同病原菌侵染后引起不同的症状，但均导致水分和养料吸收受阻，因此地上部位的症状是相似且不易区分的。

一、白根病的发生分布

根病是为害橡胶树的一类重要病害。1904 年，在新加坡橡胶树上首先发现白根病，随后各植胶国相继报道了多种根病，其中以马来西亚、印度尼西亚、印度、科特迪瓦、刚果、泰国等国家为害较为严重。目前，世界范围内为害橡胶树的根病有 8 种，包括白根病［由担子菌层菌纲硬孔菌属木质硬孔菌（*Rigidoporus lignosus*）侵染引起］、红根病［由担子菌层菌纲灵芝属橡胶树灵芝菌（*Ganoderma pseudoferreum*）侵染引起］、褐根病［由担子菌层菌纲木层孔菌属有害层孔菌（*Phellinus noxius*）侵染引起］、紫根病［由担子菌层菌纲卷担子菌属紧密卷担菌（*Helicobasidium compactum*）侵染引起］、臭根病［由子囊菌门核菌纲灿球赤壳属灿球赤壳菌（*Sphaerostille repens*）侵染引起］、黑根病［担子菌层菌纲卧孔菌属茶灰卧孔菌（*Poria hypobrunnea*）侵染引起］、黑纹根病［由子囊菌核菌纲焦菌属炭色焦菌（*Ustulina deusta*）侵染引起］和根朽病［由担子菌担子菌纲蜜环菌属蜜环菌（*Armillaria mellea*）侵染引起］。在这些根病中，根朽病是东非地区重要的根病，但在我国植胶区尚未发现，其余 7 种均有发生，其中白根病因其为害的严重性而被列为外检对象。目前为害我国橡胶树的根病中，红根病发生面积最大，其次为褐根病和紫根病。

橡胶树白根病分布广泛，东南亚、中非、东非和西非的橡胶种植园均有发生。自新加坡橡胶树上首先发现该病以来，各植胶国（安哥拉、喀麦隆、科特迪瓦、尼日利亚、塞拉利昂、乌干达、扎伊尔、中非、刚果、贝宁、埃塞俄比亚、加蓬、缅甸、印度、印度尼西亚、马来西亚、菲律宾、斯里兰卡、泰国、越南、柬埔寨、哥斯达黎加、危地马拉、阿根廷、巴西、秘鲁、墨西哥、新赫布里底群岛、巴布亚新几内亚）相继报道该病的发生，其中以马来西亚、印度尼西亚、印度、科特迪瓦、刚果等国较为严重（Allen，1994；Liyanage，1982；贺春萍，2010；魏铭丽，2008；肖倩莼，1987；张开明，2006）。

20 世纪 20—40 年代，该病在国外植胶国造成大批植株死亡，损失严重。在科特迪瓦，每年因白根病导致死亡的橡胶树植株达 1%~2%。近年来，该病仍然在印度、马来西亚、斯里兰卡、泰国、刚果、科特迪瓦、尼日利亚等亚洲和非洲植胶国普遍发生。调查发现，该病在西部非洲地区造成产胶量损失 50% 以上（Ogbebor 等，2013）。马来西亚 15% 的橡胶树种植区均受该病为害（Nor 等，2017）、小面积胶园的产胶量损失约 43%。尼日利亚每公顷胶园每年平均有 5 株植株死亡，其中 96% 均由该病引起。Saithong 等（2009）调查发现泰国攀牙府（Phangnga）重病胶园内病株率为 55%。

研究发现，白根病菌很早就在我国存在并为害大量其他作物（邓淑群，1964）。1983 年 11 月，橡胶树白根病首次在海南省琼海市东太农场红河作业区的两个橡胶树林段中发生，发病面积达 26hm^2（张运强，1992）。中国热带农业科学院环境与植物保护研究所等研究机构的监测结果表明，目前该病在国内植胶区仍然零星发生。2005 年 11 月，张欣等（2007）在云南省首次发现该病害。2008 年再次在云南省河口县有小面积发生（贺春萍，2010），2017 年、2019 年在云南省河口县仍有该病发生。

二、白根病的为害情况

白根病在橡胶树幼苗至开割树的整个生长阶段，均可发生。田间调查发现，植胶前、后未进行预防处理的幼龄定植树，最易受该病为害，产胶量损失在50%以上。病菌能够为害橡胶树的主根和侧根，由于根部受害导致水分、养料吸收受到阻碍而在地上部分呈现一系列症状。树冠叶片褪色、失绿、呈浅黄色，是最早出现的症状。最初这种现象只在一条或几条枝条上出现，很快整个树冠的叶片褪色、变黄。树叶失去闪亮的蜡质，常反卷呈舟状。幼树受害则整株叶片褪绿，随后黄化、脱落，另外有些植株出现提前开花现象。随着病情的进一步加重，病株整个树冠变黄褐色，叶片提前脱落，枝条回枯，最终整株死亡。

植株受病菌侵染后，病害的主要特征是在病根表面长出白色根状菌索（图3-1）。菌索平坦，牢固地紧贴病根表面，沿树根生长时分枝，呈网状（图3-2）。菌索在侵入树皮部位之前有附着部分，这一部分有时能伸延250cm。典型的根状菌索前端白色、扁平，老熟

图3-1　橡胶树白根病菌形成的菌索（云南河口）

（图片拍摄：郑肖兰、王树明）

图3-2　橡胶树白根病田间病株和子实体（泰国素呐他尼府）

（图片拍摄：时涛）

时近圆形，黄色至暗黄褐色。菌索幅广不等，但直径通常不超过 0.6cm，有时也能连接成连续的菌片。组成菌索的菌丝平均宽 2.31μm（1.98~3.96μm），一般只有少数分枝，通常从最初的细网状逐渐形成一层白色菌膜。受害致死的病根木质部最初为褐色、白色或浅黄色，质地坚硬，但在潮湿的土壤中病死树根很快腐烂并呈果酱状。在病树根颈部、露出的腐根以及树桩上，常常形成病原菌的子实体，天气潮湿时尤易产生（图3-3、图3-4）。

图 3-3　橡胶树白根病病原菌子实体（上表面锈红色）

（图片拍摄：郑肖兰、王树明）

图 3-4　橡胶树白根病病原菌子实体（上表面橙黄色）

（图片拍摄：李博勋）

在我国橡胶园内，红根病和褐根病发生面积很大，其症状均和白根病比较相似，田间调查时应注意区分。3 种根病发生后，起初树根木质部外观均相同，潮湿而褐色，随后根据菌丝形态、腐烂特征可将其区分开。白根病菌最初形成白色的根状菌索，随着病程的进行可变成黄色、黄褐色，在某些土壤中甚至呈暗红棕色。褐根病菌和红根病菌的菌索前端边缘呈乳白色，感染褐根病的树根被覆着一层由真菌黏结起来的泥壳，并能看到褐色绒毛状的菌丝体斑痕。红根病菌也在树根上形成一层连续的菌膜，起初呈鲜红色，到后期几乎变成黑色，但用水冲洗或润湿病根时，仍可看到红色。感染褐根病的树木有褐色线条，并出现硬而不透水的蜂窝状干腐。红根病造成的根系腐烂是灰白色的，受土壤水分状况影响可以是湿腐或干腐，木质部易裂成环状碎片。白根病造成的根系腐烂也可能是湿腐或干腐，颜色通常较红，也可根据其柔软的纤维特性和小的白色菌丝斑痕加以区别。另外，白根病菌的根状菌索与腐生菌（如白绢病）产生的菌索有区别，前者紧贴根表，根皮有坏死，而后者菌索是松散地附生在根上，根皮完好。

第二节　橡胶树白根病流行规律

橡胶树白根病发生特点和其他根病比较相似，但是也有自身的特点。

一、白根病的田间发生特点

橡胶树植株发病后，长势变弱，树冠稀疏，枯枝多（图 3-5），顶芽抽不出或抽芽不整齐，叶片变小、变黄、无光泽、干枯。秋冬季落叶早，春季抽叶迟，病树树干干缩、树皮干裂，有的树头出现条沟、凹陷或烂洞。高温多雨季节，病树树头常长出菌膜或子实体。田间情况下，最初多为一株或数株植株受害，随后病原菌随水流或雨水向周边扩散，造成同一行植株均受害（图 3-6）。重病田植株大量死亡后，胶林内出现大面积"空窗状"空地，进一步加重风害并引起更多的橡胶树损失（图 3-7）。

橡胶树幼苗和定植树同样受害。幼苗受侵染后，通常在 2 个月内因根系受损而出现叶片变黄现象。变黄现象最初发生在下部叶片上，随后植株中上部叶片同样出现黄化现象。叶片的黄化现象最初从边缘开始变黄，随后整张叶片变黄。受害植株叶片从下到上出现严重落叶现象，最终死亡，根系上出现大量的白色菌索甚至形成子实体（图 3-8）。

二、白根病的侵染来源和传播途径

相对于其他橡胶树根病，白根病发病速度较快，易传播，幼龄树受害最严重，死亡最快速。白根病病原菌属根寄生菌，离开寄主组织在土壤中不能存活。病害的初侵染源常来自原生林地的染病树桩，主要通过根系接触而传染给橡胶树，还能借助担孢子进行传播。

图 3-5　橡胶树白根病发病植株（云南河口）
（图片拍摄：郑肖兰）

图 3-6　胶林内最初一株植株发病，随后向两侧扩散，造成整行植株发病（泰国素叻他尼府）
（图片拍摄：时涛）

图 3-7   重病林段植株大量死亡，形成一片"空窗状"空地（泰国甲米府）

（图片拍摄：时涛）

A—病死植株及腐烂根系；B—病原菌菌索及病原菌菌落；C—健康植株；D—受侵染植株 49~56d 后叶片变黄；
E—病株叶片严重黄化；F—病株叶片大量脱落；G—病株根系上出现菌索。

图 3-8   白根病为害橡胶树病程

注：引自 Nareeluk 等幼苗（2015）。

病原菌的传播方式主要是通过根系接触进行，病根上的菌索、菌膜及菌丝体主要通过根系的接触进行蔓延并传播到健康橡胶树上，通常侧根先受侵染并向根颈部蔓延（向心蔓延），根颈部染病后再向其他方向的侧根蔓延（离心蔓延）。子实体产生的担孢子可以借助风雨、昆虫等媒介沉降到树桩切面或根系伤口，侵染并形成新的侵染源，再经过根系接触传播。

丛林病树、老胶树的残留树桩、死树砍伐后留下的病残树桩是田间最主要的侵染来源，残留在土中的带菌木块、病根、竹材、草根等也可成为侵染来源，染病植株的病根与相邻植株的健根接触并将根病传播开来，如不及时处理将形成病区，重病株因根系坏死而整株死亡，因此种植前病残树桩未进行彻底清除的林段发病较重。由于除草、排水沟疏通、淤泥清除和挖隔水沟而造成的侧根损伤，同样有利于病菌的侵入，发病也较为严重。带病种植材料的调运，可造成该病的远距离传播。

第三节　橡胶树白根病病原学

针对白根病，学者们开展了病原鉴定、生物学特性以及病原菌生活史等方面研究。

一、白根病菌的分类鉴定

该病病原菌曾先后被鉴定并命名为 *Fome lignosus*、*F. semitostus*、*Rigidoporus micropoms*、*Leptoporus lignosus* 等。1965 年马来西亚橡胶研究院定名为木质硬孔菌 [*Rigidoporus lignosus* (KL.) Imaz.]。该病原菌归属于真菌界担子菌亚门层菌纲鬼笔目鬼笔科硬孔菌属（Fox, 1960; Liyanage, 1982），Wu 等（2017）基于最新的系统发育分析研究，将该病原菌重新命名为小孔硬孔菌 [*Rigidoporus microporus* (Sw.) Overeem]，归属于锈革孔菌目（Hymenochaetales）（详细的分类定位研究尚在进行中）。

二、白根病菌的生物学研究

病原菌的形态、培养条件等生物学特性是开展相关防控技术研究的基础，国内外研究者开展了大量研究。

（一）病原菌菌落形态

研究发现，病菌可进行人工培养。菌落在麦芽糖培养基上呈纯白色，周围的气

图 3-9　橡胶树白根病原菌菌落图（麦芽糖培养基）

（图片拍摄：贺春萍）

生菌丝散开像绳索一样，有带状斑纹（图3-9）。25℃黑暗培养时，菌落生长速度一般，7d内半径为3cm。菌丝无色透明，平均宽4.12μm（3.3~5.16μm）。在PDA培养基上培养的菌落同样为白色，具轮纹，特别是先端更明显，菌丝宽度平均3.05μm（2.64~4.29μm）。

（二）病原菌的子实体

病原菌为害橡胶树植株后，通常能够在茎基部形成大量的子实体。子实体通常为檐状、无柄，附着基物的基部宽阔，通常为单生，也有群生，常堆积成层，长达数十厘米。新鲜长成的子实体革质或木质，上表面橙黄色或锈红色，略具轮纹，如轮纹不明显，则颜色较深，常有放射状纤维外观；下表面浅黄色或红色，边缘鲜黄色。横切面可见到不同颜色的两层：上层菌肉白色，由紧密交织的菌丝组成，厚2~3mm；下层红褐色，为管孔层。这种不同颜色的层次，是鉴别白根病子实体的一个特征。病菌可整年产生子实体，但一般以雨季为最多。子实体大小不等，一般长径8.2~8.6cm，短径5.1~5.3cm。室内培养条件下，子实体较小，其菌肉和管孔层均较薄。

（三）病原菌的担子及担孢子

子实体形成后很快形成担孢子，子实体成熟后担孢子形成达到高峰。病原菌的管孔直径45~80μm，新鲜时鲜橙黄色，干后暗灰色，其内着生担子。担子粗短、棒状、无色，大小平均为4.04μm×17.66μm［3.96~6.27μm×（9.9~23.1）μm］，担子之间有棍棒状无色的薄壁细胞。担子尖端着生4支细小的担子梗，其上着生4个担孢子。担孢子无色，圆形或椭圆形，顶端较尖，直径为（4.5~5.2）μm×（8.3~16.1）μm。担孢子通常在早上或相对湿度高、温度低时释放。担孢子释放后24h发芽，以在水中和20℃左右发芽率最高。阳光、紫外光照射、15℃以下或40℃以上时，担孢子存活力明显降低。室内培养的子实体上产生的担孢子极少，几乎难以找到（张运强等，1992）。

（四）白根病菌基础生物学特性研究

斯里兰卡、中国以及印度尼西亚的研究人员开展了白根病菌的基础生物学特性研究。

1. 斯里兰卡有关白根病菌基础生物学特性研究

学者们在斯里兰卡的卡卢塔拉、马塔拉、加勒、拉特纳普拉、克拉尼、库鲁内加拉、马塔莱7个植胶区采集病样，分离获得11个菌株，进行了相关研究。

（1）pH值对病菌生长的影响

各菌株在pH值4~11的2%燕麦培养基上均能生长，其中pH值9最适条件，而pH值3时不能生长。各菌株对低pH值的耐性存在一定差异（图3-10）。另外，在低pH值和高pH值下，除菌株H外的其他10个菌株均形成了根状菌索。

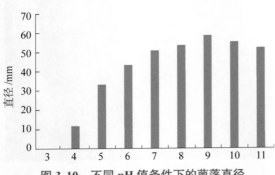

图3-10　不同pH值条件下的菌落直径

注：引自Liyanage等（1982），略有改动。

（2）温度对病菌生长的影响

在 15~35℃，各菌株均能生长，其中 15℃生长很差，40℃不能生长，30℃时生长最好（图 3-11）。在进一步的研究中发现，各菌株生长最适温度在 27.2~27.9℃，而且其在最适温度时生长速度存在差异，菌株 H 生长最快，而菌株 F 最慢（表 3-1）。在 30℃和 35℃，除菌株 H 外的其他菌株都形成了根状菌索。

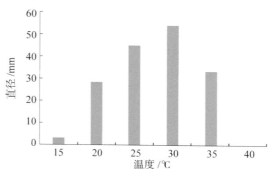

图 3-11　不同温度值条件下的菌落直径

注：引自 Liyanage 等（1982），略有改动

表 3-1　不同白根病菌菌株在最适温度下培养 3d 的菌落直径

菌株	最适温度 /℃	菌落直径 /mm	菌株	最适温度 /℃	菌落直径 /mm
A	27.4	41.5	G	27.6	52.2
B	27.5	48.4	H	27.2	76.5
C	27.9	51.3	J	27.6	48.0
D	27.7	44.5	K	27.8	52.6
E	27.5	51.2	L	27.9	50.2
F	27.8	37.9			

注：引自 Liyanage 等（1982），略有改动。

（3）光照对病菌生长的影响

研究了这 11 个菌株在不同光照条件下的生长状况，结果表明菌株 H 在连续黑暗和连续光照条件下均生长良好，而其他 10 个菌株黑暗条件下生长状况均优于光照条件（表 3-2）。

表 3-2　不同白根病菌菌株在不同光照条件下培养 3d 的菌落直径　　　　　　单位：mm

菌株	菌落直径		差数	显著性
	黑暗	光照		
H	68.7	66.4	2.3	不显著
J	32.2	29.8	4.4	显著
E	39.2	32.7	6.5	显著
D	38.6	34.1	4.5	显著
C	38.4	30.9	7.5	显著
A	37.8	28.7	9.1	显著
B	36.4	26.4	10.0	显著

（续表）

菌株	菌落直径		差数	显著性
	黑暗	光照		
L	32.6	21.6	11.0	显著
K	32.2	20.6	11.6	显著
G	40.4	28.4	12.0	显著
F	29.2	15.8	13.4	显著
平均	38.8	30.4		

注：引自 Liyanage 等（1982），略有改动。

（4）相对湿度对病菌生长的影响

研究者测定了 100%、75% 和 50%3 个相对湿度对各菌株生长的影响，发现菌落生长不受湿度差异的影响。

（5）菌株定殖橡胶树根能力比较

在定植 15 年的橡胶园（品种为 PB86）内选取直径 1cm 的橡胶树根，表面清洗后常规高压灭菌。用 20% 五氯硝基苯处理根段表面以抑制病菌在表面生长而仅允许菌在木材组织内生长，处理时留出端部 5mm 的根表面不涂。各菌株在燕麦培养基平板上培养 7d 后，将根段放置菌落上，培养 3d 后，取出根段并纵剖以评价病菌的定殖能力。结果菌株 H 菌丝长度为 51.5mm，定殖能力最强，菌株 F 为 4.9mm，定殖能力最差，其他菌株介于二者之间。菌株 H 和 F 之间，以及与其他菌株之间差异显著（表 3-3）。研究还发现，菌株在灭菌根段和燕麦培养基上的生长状况是相近的。

表 3-3　不同白根病菌菌株在灭菌橡胶树根上的菌丝生长量　　　　　　单位：mm

参数	H	A	E	G	B	C	J	D	K	L	F
生长量	51.5	21.8	20.0	19.2	15.2	15.0	13.0	13.5	12.6	12.2	4.9

注：引自 Liyanage 等（1982），略有改动。

研究者进一步用未充分灭菌的新鲜健康树根进行了定殖研究，区别在于仅用 2% 次氯酸钠进行表面消毒，并根据腐烂情况（白色至浅灰色）来判断病菌的侵染和扩展情况。接种后 7d 和 14d，所有分离菌都能够侵染并定殖树根。菌株 H 的致病力明显强于其他几个菌株，而菌株 F 的致病力明显比其他几个菌株弱（表 3-4）。不同菌株在不同时间点的侵染情况是不同的，同一菌株在两种接种方法中表现出的致病力也存在差异。另外，在根段边缘还看到病菌接种时形成的创伤屏障，表明病菌的侵染过程曾受到树根固有抗性因子的抑制。

表 3-4　不同白根病菌菌株在健康橡胶树根上的菌丝生长量　　　　单位：mm

菌株	H	B	A	C	E	G	D	K	L	J	F
生长量（7d）	31.8	8.3	7.6	7.5	7.4	7.2	6.3	6.2	6.1	5.2	3.2
菌株	H	C	E	K	G	J	L	D	B	A	F
生长量（14d）	55.3	24.5	23.8	23.4	21.1	20.9	20.2	20.0	18.9	18.7	8.4

注：引自 Liyanage 等（1982），略有改动。

（6）病菌对不同橡胶树品种的致病力差异比较

采用盆栽法，在土壤 8cm 深处接种带病的橡胶树根段，分别播种无性系 PB86、TJIR1 和 RRIC52 种子，4 个月后观察胶苗死亡率（每个处理 45 株实生苗）。结果菌株 A、C、K 未导致任何植株死亡，而 H 对 3 个无性系均造成最高的死亡率。就品种而言，PB86 最易感病。RRIC52 仅在接种菌株 H 时表现出 2.2% 的死亡率，而对其他菌株均表现为高度抗病（表 3-5）。

表 3-5　不同白根病菌菌株对橡胶树实生苗的致死率　　　　单位：mm

橡胶树品系	A	B	C	D	E	F	G	H	J	K	L
PB86	0	44	0	2.2	2.2	6.6	6.6	26.4	0	0	0
TJIR1	0	0	0	6.6	2.2	0	4.4	15.4	2.2	0	2.2
RRIC52	0	0	0	0	0	0	0	2.2	0	0	0

注：引自 Liyanage 等（1982），略有改动。

（7）生物学特性分析

11 个菌株的生长最适条件存在一定差异。菌株在黑暗条件下生长更好，表明地下生境更适合病菌生长。在处理病株时，新土掩埋前将根系暴晒，光照和高温处理有助于抑制病菌生长。大多数菌株在逆境（如高温、低 pH 值等）条件下有形成根状菌索的趋势，但致病力最强的菌株在同样条件下并不形成菌索，这意味着只有当单个菌丝不能侵入寄主组织时才形成根状菌索，而菌索的形成是一种克服不利条件的生存机制。菌丝的集聚可能为病菌入侵寄主和进一步侵染提供了基础。

致病力最强的菌株 H 是从白根病严重发生的一个胶园采集的，受该病影响，该胶园被迫提前 6 年进行了更新。该菌株在连续光照或连续黑暗下生长同样良好，能耐低 pH 值、高 pH 值和极端温度，表明该菌株具有高度适应性，能抵抗环境条件的变化。另外，该菌株能在涂有五氯硝基苯的根块上生长，表明其具有一定的抗药性。

2. 中国有关白根病菌基础生物学特性研究

1983 年 11 月，海南省东太农场红河作业区的两个橡胶树林段均发现了白根病。华南热带作物科学研究院植保所（现中国热带农业科学院环境与植物保护研究所）在分离鉴定病原菌后，进行了致病力的测定工作。在室内研究中，用带菌的橡胶根段作为菌源，接种 2~3m 高的幼苗。两次接种所用的 25 株和 24 株幼苗全部死亡（病程时间分别为 73d 和 88d）。盆栽试验中，改用 2 年生的橡胶苗，2 批次接种死亡率分别为 90.91% 和 84%（病程时间分别为 7 个月和 6 个月）。两种方法接种后，均形成典型的病症，表明分离自东太农场的菌株具有很强的侵染性和毒力。

随后，中国热带农业科学院环境与植物保护研究所在我国云南分离到一株白根病病原菌菌株 RL-001，开展了生物学特性研究，发现病原菌在 "PDA+ 酵母" 和 "PDA+ 橡胶树根汁" 培养基上生长最好。PDA 培养基中添加不同的糖类对病原菌生长影响不同，添加蔗糖、淀粉、麦芽糖、甘露糖和鼠李糖后均能良好生长。PDA 培养基中添加 2% 的氮源对病菌的生长无促进作用。该菌在 10~35℃ 下均能生长，最适生长温度为 28℃，55℃ 下处理 10min，病菌即不能生长。pH 值 4~11 均可生长，最适 pH 值为 8~9，pH 值 3 以下不能生长。完全黑暗条件下，病原菌生长优于明暗交替和持续光照（贺春萍等，2010）。

3. 印度尼西亚有关白根病菌基础生物学特性研究

印度尼西亚研究发现，病原菌在不同 pH 值的培养基平板上生长速度是不同的。pH 值 3.0~7.0 条件下，菌株均能生长，pH 值 6.0 时生长最快，pH 值 4 及以下可以显著抑制病原菌的菌落生长。

（五）白根病菌侵染范围

白根病菌的侵染范围很广，除橡胶树之外，还侵染热带地区大量森林植物和栽培作物，如柑橘、茶、椰子、胡椒、咖啡、可可、油棕、槟榔、杧果、樟树、刺桐、木薯、印度麻、波罗蜜、番荔枝、人心果、银合欢、细叶桉、越南蒲葵、鱼藤、竹、龙脑树、豆科植物、白背树属、木棉树属、覆盖作物等。

（六）白根病菌种群多样性研究

Saithong 等（2009）在泰国南部橡胶树主栽区的素叻他尼府（Surat Thani）和那拉提瓦府（Narathiwat）的 6 个白根病发生区域，采集病样，分离获得了 32 株病原菌。采用盆栽法将各菌株接种主栽橡胶树品系 RRIM600，评价了各菌株的致病力。植株发病后评价其受害情况，并重新进行病原菌的分离以进行验证。植株受害程度分为 5 个级别：1 级，植株叶片为正常绿色；2 级，1%~25% 的叶片变黄；3 级，26%~50% 的叶片变黄；4 级，51%~75% 的叶片变黄；5 级，75% 以上的叶片变黄。接种结果表明，根据各个菌株接种植株的平均受害级别（Average Grade, AG）可以将 32 个菌株可以分为 3 类，包括高致病力菌株 3 株（AG 在 4.1 以上）、中等致病力菌株 17 株（AG 在 2.1~4）和 12 个低致病力菌株（AG 在 1~2），其中 3 个致病力高的菌株均来自那拉提瓦府（表 3-6）。

表 3-6　32 株病原菌采集地点及致病力分级

病样采集地点	菌株编号	评价标准（AG）	致病力分级
素叻他尼府孟区（Muang）	Sss 01	1.3c	L
素叻他尼府塔卡那区（Tachana）	Sst 01	3.0abc	M
	Sst 02	3.0abc	M
	Sst 04	2.3abc	M
	Sst 05	4.0abc	M
	Sst 06	2.5sbc	M
	Sst 07	2.3abc	M
	Sst 08	1.3c	L
	Sst 09	2.0bc	L
	Sst 11	1.3c	L
	Sst 12	2.5abc	M
	Sst 13	2.8abc	M
	Sst 14	2.0bc	L
	Sst 15	3.3abc	M
	Sst 16	4.0abc	M
	Sns01	1.3c	L
	Sns02	2.0bc	L
	Sns03	2.5abc	M
那拉提瓦府帕迪河区（Sungai Padi）	Sns04	1.3c	L
	Sns07	2.5abc	M
	Sns10	1.5c	L
	Sns11	3.3abc	M
	Snk02	5.0a	H
	Snk03	5.0a	H
那拉提瓦府科帕里蒙区（Kokparimeng）	Snk05	4.0abc	M
	Snk06	4.0abc	M
	Snp05	2.0bc	L
那拉提瓦府帕鲁鲁区（Parulu）	Snp06	3.0abc	M
	Snp08	3.5abc	M
	Snd05	2.0bc	L
那拉提瓦府东东区（Todeng）	Snd07	2.0bc	L
	Snd08	4.5ab	M

注：小写字母为该列数据的差异显著性标记，$P<0.05$；引自 Saithong 等（2009），略有改动。

进一步用简单序列间重复法（inter-simple sequence repeat, ISSR）比较了菌株之间的遗传多样性，结果表明 32 个菌株聚类为 2 个分枝，而来自两个府的菌株分别聚类为一个分枝（图 3-12）。这两个府之间距离较远，而相关菌株各自聚为一个分枝，表现出一定程度的地理隔离现象。Gor 等（2018）在对白根病菌菌株 AA0001 进行鉴定时，收集了不同地理来源的 21 个白根病菌菌株的 ITS 序列（图 3-13），经过聚类分析发现其可以分为 3 个分枝。来自非洲的 8 个菌株、来自亚洲的 5 个菌株和 AA0001，以及来自拉丁美洲的 9 个菌株分别聚类为一个分枝，同样表明这些菌株之间存在地理隔离现象。

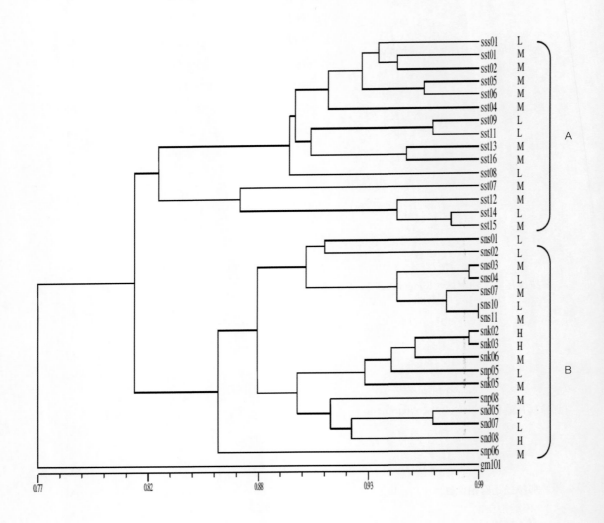

图 3-12　32 个白根病菌的 ISSR 遗传多样性分析

注：引自 Saithong 等（2009），略有改动。

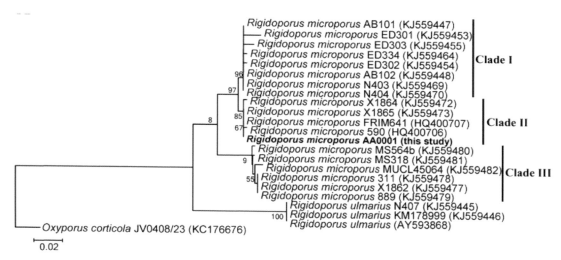

图 3-13　基于 ITS 序列的 22 个白根病菌聚类分析

注：引自 GOR 等（2018），略有改动。

第四节　橡胶树与白根病菌互作机理研究

在橡胶树与白根病菌互作方面，国内外都缺乏研究，目前仅有泰国在种质抗性评价和抗病相关基因等方面开展了少量研究。

一、橡胶树种质对白根病的抗性评价

Suneerat 等（2017）收集了分别来自泰国宋卡府（Songkhla）合艾县（Hat Yai）的 6 份、董里府（Trang）1 份以及那空是贪玛叻府（Nakhon Si Thammarat）的品系 RRIM600 等 8 份橡胶树种质，用来自宋卡大学的白根病菌菌株进行了人工接种。各种质的种子在沙土中种植 1 个月后，用预先接种病原菌的橡胶木片（2.54cm×5.08cm）作为菌源进行接种，120d 后参照 Saithong 等（2009）的方法进行发病情况评价。168d 后的调查结果表明来自宋卡府合艾县宋卡王子大学的种质 EIRpsu 5 表现出较好的耐病性，另外，该种质叶片的光合效率最高、气孔通导率也高，在生产中有良好的应用前景。

二、抗病相关基因在病菌侵染诱导下的表达差异

Natthakorn 等（2017）选择 3 个橡胶树抗病相关基因，HbPR-2（β-1, 3- 葡聚糖酶基因）、HbPR-4（病程相关蛋白 -4）和 HbPR-5（索马甜蛋白类），以及 PB5/51（耐白根病）、RRIM600（感白根病）和 BPM24（感白根病）3 个橡胶树种质，种植实生苗后用白根病菌进行人工接种。接种后 0h、12h、24h、48h、72h 和 96h 对植株上的叶片进行取样，提取 RNA 后用实时荧光 PCR 技术进行扩增并比较不同样品的基因差异表达情况。

在种质 PB5/51 和 RRIM600 中，*HbPR-2* 基因在接种后 12h 表达量显著上调，而 BPM24 中显著下调。*HbPR-4* 基因在 PB5/51 和 BPM24 中的转录水平在 12h 时显著上调，此后变化不大，而在 RRIM600 品系中显著下调。相比之下，*HbPR-5* 基因在不同种质中的表达情况是不同的，但表达量均显著升高。然而，在 2 个感病种质中，3 个基因 72h 后表达量出现下降，表明其表达能力开始受到抑制。结果表明，这些基因的转录表达在耐病品种中更为活跃，而不同品系和病原互作中的防御反应存在一定差异，相关研究结果有助于开展抗病种质的鉴选工作。

第五节　橡胶树白根病防治技术研究

针对白根病的防治技术，国内外研究者开展了大量研究，包括田间监测、病原监测、杀菌剂筛选、硫黄和石灰的处理效果、生物防治技术、不同种植模式控制作用等，其中生物防治技术近年来研究较多。

一、白根病田间监测技术

监测是制订病害防治策略和研发相关技术的基础。常规的病害监测依赖人工进行林间调查，基于病害的识别特征来确定病害（必要时辅以室内病原分离鉴定等工作），在此基础上收集病害发生率、为害症状、不同种质受害情况等信息。由于病菌侵染早期并没有形成明显的症状，早期的田间监测主要通过对冠层叶片生长状况的观察来进行分析，然而只有病害已严重为害时树冠才能够形成明显的症状。Napper 和 Pichel 建议将树干基部周围的土壤移除，通过观察根系受害情况来明确病害的发生，但成本很高。Declert 建议在基部土壤中用橡胶树茎秆作为诱饵供病原菌侵染，以便观察病原菌丝体等组织的形成情况。Martin 建议在主干基部用覆盖物增加湿度以促进病原菌组织的生长，从而易于检查，提高监测效率和准确度。这些常规监测方法成本高、效率低，生产中不易推广应用，因此近年来研究者开展了常规技术的改进以及其他方面监测技术的研究。

Fernando 等（2011）在进行白根病菌的接种试验中发现，和人工纯化的病原菌相比，用发病组织接种（盆栽接种）后病程更快（表 3-7）。人工接种在胶园内进行，对接种的植株用地膜进行覆盖处理，根颈基部出现病原菌菌索等组织的时间更早、比例也更高（表 3-8）。和对照相比，覆盖 70d 后 40% 的植株即出现病原组织，84d 后 80% 的植株出现病原组织。这个研究结果和 Martin 的建议是一致的，相比之下用地膜取代覆盖植物进一步减少了成本。

表 3-7　不同接种方法对病程的影响

接种时间 /d	发病植株比例 /%	
	病原培养物接种	发病组织接种
4	0	0
28	0	50
42	40	90
56	60	90

注：引自 Fernando 等（2011），略有改动。

表 3-8　地膜覆盖处理对病程的影响

接种时间 /d	出现病原组织比例 /%	
	地膜覆盖处理	无覆盖处理
28	0	0
42	0	0
56	0	0
70	40	0
84	80	10
98	100	30

注：引自 Fernando 等（2011），略有改动。

橡胶树品系 2025 为马来西亚橡胶研究所推荐的主栽品系，在当地小规模胶园中普遍种植。Hadzli 等（2015）以该品系一株受白根病为害的植株为研究对象，筛选受影响程度不同的叶片（表现健康、中等和最差），分别选择叶片的叶柄、主脉 / 中脉、叶脉和叶细胞 4 个不同的感兴趣区域进行了可见光谱光学测量。结果发现，叶片的主脉 / 中脉和叶细胞两个区域在健康、中等和最差等不同情况下的柯斯二氏检验（Kolmogorov Smirnov test）值出现了显著的差别，有希望以此为基础进一步研发相关的遥感监测技术。

橡胶树受白根病为害后，长势衰弱，产胶量和胶乳质量均受到一定程度的影响。NOR 等（2017）分别收集了来自健康和受害植株的胶乳并制作成干胶片，利用近红外（near infrared, NIR）技术比较了两者之间的区别。测量结果表明干胶片能表现出两个不同的峰值，分析其分别对应来自健康和受害植株的胶乳。通过正态性检验和参数检验，发现较低的峰值和植株受害情况是显著相关的，可通过进一步的研究，研发快速监测技术。Ummu 等（2018）进一步以 RRIM3001、RRIM2008、RRIM2007、RRIM2014 和 RRIM2002 等橡胶树品系为材料，评价了白根病为害对干胶片电感率的影响并完成相关仪器的初步设计，证明其能够检测出相关电感率变化情况。

二、白根病病原菌检测技术

白根病的早期诊断技术对于病害的控制具有重要作用，目前以病原菌或其成分为靶标进行的免疫杂交技术方面的研究较多。

Louanchi 等（1996）纯化了分别来自科特迪瓦和印度尼西亚两个菌株 FCI2 和 FID2 的菌丝可溶性蛋白，通过注射兔子制备了抗体。在不同的免疫时间点收集抗体，通过抗原包被板酶联免疫吸附试验（the antigen-coated plate ELISA）评价其效果，发现 68d 后制备的抗体即可和抗原（浓度为 5~50 000ng/mL）产生明显的免疫反应，OD 值（405nm）表现出明显的差异。72d 获得的样品，免疫反应最强。部分处理下，当抗原浓度为 0.5ng/mL 时，同样产生显著的免疫反应（表 3-9）。

表 3-9　不同免疫时间所获抗体的免疫反应灵敏性评价

血清	抗原浓度 /（ng/mL）	反应 OD 值			
		0d	68d	72d	77d
Anti-FCI2	50 000	0.056 ± 0.004	1.912 ± 0.123	2.901 ± 0.071	2.574 ± 0.225
	5 000	0.056 ± 0.002	1.649 ± 0.063	2.462 ± 0.200	0.020 ± 0.157
	500	0.060 ± 0.008	0.670 ± 0.031	1.131 ± 0.058	0.878 ± 0.133
	50	0.057 ± 0.005	0.175 ± 0.011	0.468 ± 0.015	0.197 ± 0.007
	5	10.073 ± 0.085	0.085 ± 0.011	0.145 ± 0.013	0.108 ± 0.015
	0.5	0.072 ± 0.022	0.067 ± 0.006	0.095 ± 0.007	0.089 ± 0.019
	对照	0.055 ± 0.008	0.064 ± 0.002	0.056 ± 0.009	0.064 ± 0.005
	检测极限	0.079	0.070	0.083	0.079
Anti-FID2	50 000	0.082 ± 0.003	1.398 ± 0.096	2.694 ± 0.019	1.927 ± 0.127
	5 000	0.082 ± 0.005	1.372 ± 0.063	2.538 ± 0.060	1.378 ± 0.050
	500	0.079 ± 0.005	0.628 ± 0.009	1.176 ± 0.084	0.510 ± 0.016
	50	0.072 ± 0.001	0.183 ± 0.009	0.326 ± 0.011	0.169 ± 0.005
	5	0.079 ± 0.004	0.103 ± 0.012	0.141 ± 0.007	0.124 ± 0.011
	0.5	0.083 ± 0.005	0.088 ± 0.006	0.089 ± 0.007	0.108 ± 0.007
	对照	0.067 ± 0.004	0.063 ± 0.004	0.078 ± 0.003	0.079 ± 0.007
	检测极限	0.079	0.082	0.087	0.100

注：引自 Louanchi 等（1996），略有改动。

免疫印迹杂交结果表明，用两个菌株制备的血清对来自科特迪瓦的 5 个菌株（包括 FCI2）、喀麦隆的 2 个菌株、加蓬的 6 个菌株、印度尼西亚的 3 个菌株（包括 FID2）以及马来西亚的 4 个菌株均产生免疫反应，而不同来源的菌株产生的反应条带是不同的。平丝硬孔菌（*Rigidoporus lineatus*）和赭紫硬孔菌（*Rigidoporus vinctus*）等同属真菌能产生
1 条低严谨性的条带，榆硬孔菌（*Rigidoporus ulmarius*）能产生不同的 4 条条带。木蹄层
孔菌（*Fomes fomentarius*）、宽鳞多孔菌（*Polyporus squamosus*）、块茎多孔菌（*Polyporus
tuberaster*）、松根异担子（*Heterobasidion annosum*）、薄皮干酪菌（*Tyromyces chioneus*，
异名 *Leptoporus chioneus*）等近源物种无任何杂交反应。在为害橡胶树的病原菌中，仅有
褐根病菌（*Phellinus noxius*）能产生 3 条较弱的、不同的条带。其他病原菌并无任何信号
带。进一步研究了用菌株 FCI2 制备的抗体蛋白在白根病菌检测中的应用潜力，发现受白
根病菌侵染的植株根系的酶联免疫吸附测定（DAS-ELISA）结果（OD 值）显著高于健康
植株样品。幼龄植株受侵染后，样品的 OD 值在 0.101~0.310。不同接种菌株、同一菌株
不同接种部位（主根和侧根）之间，测定结果均存在一定的差异性。

其他研究者也开展了免疫检测技术方面的研究。Dalimunthe 等（2017）同样用病菌菌
丝制备抗体并开展了相关研究。首先在印度尼西亚不同土壤类型橡胶园内，通过人工接种
来比较白根病的田间发生情况，发现病害均能发生，但为害程度存在着差异。进一步研究
发现，能够用抗体通过免疫反应检测到土壤中的病原菌菌丝体组织，OD 值是负对照（缓
冲液）的 5 倍以上（表 3-10）。相关研究表明，该技术有望用于田间白根病菌的早期检
测，有助于尽早发现受害植株并提前开展防治工作。

表 3-10　土壤类型不同的胶园内白根病发生程度及抗体检测效果

胶园地址	白根病为害程度	抗原样品	免疫反应（OD 值）
负对照		缓冲液	0.026d
正对照		菌丝提取物	0.223a
拉布汉·哈吉（Labuhan Haji）	严重发生	Ag1	0.1520b
拉布汉·哈吉（Labuhan Haji）	严重发生	Ag2	0.1350bc
拉布汉·哈吉（Labuhan Haji）	严重发生	Ag3	0.1420bc
南梅尔包（South Merbau）	严重发生	Ag4	0.1440bc
南梅尔包（South Merbau）	严重发生	Ag5	0.1340bc
南梅尔包（South Merbau）	中度发生	Ag6	0.1310bc
兰托普拉帕特（Rantau Prapat）	严重发生	Ag7	0.1420bc
兰托普拉帕特（Rantau Prapat）	轻度发生	Ag8	0.1230c
兰托普拉帕特（Rantau Prapat）	严重发生	Ag9	0.130bc
塔纳·拉贾（Tanah Raja）	轻度发生	Ag10	0.1195c
塔纳·拉贾（Tanah Raja）	中度发生	Ag11	0.124c
塔纳·拉贾（Tanah Raja）	中度发生	Ag12	0.1295bc

注：引 Dalimunthe 等（2017），略有改动。

三、杀菌剂的筛选及应用研究

使用杀菌剂是应用最广泛的病害防治技术，研究者同样针对白根病开展了有效药剂的筛选和应用技术研究。

（一）杀菌剂的室内筛选

Gohet 等（1991）采用带毒平板法，通过菌落生长比较，评价了十三吗啉（Tridemorph）、三唑醇（Triadimenol）、丙环唑（Propiconazole）、腈菌唑（myclobutanil）、环唑醇（Cyproconazole）、己唑醇（hexaconazole）和烯唑醇（diniconazole）对白根病菌的抑制作用。研究者分别用 50mg/L 和 10mg/L 的浓度对各药剂进行了初筛，各药剂均表现出较好的抑菌作用，其中烯唑醇表现出最好的抑菌作用，10mg/L 处理 40d 后病原菌仍然几乎不能生长（表 3-11）。

表 3-11　7 种杀菌剂对橡胶树白根病菌的毒力初筛

处理	50mg/L 菌落直径 /mm			10mg/L 菌落直径 /mm		
	10d	20d	40d	10d	20d	40d
对照	120	—	—	120	—	—
十三吗啉	1	18	120	26	83	—
三唑醇	6	17	44	18	46	104
丙环唑	2	11	32	9	28	73
腈菌唑	1	3	8	9	17	41
环唑醇	0	0	0	4	9	18
己唑醇	1	1	1	2	6	17
烯唑醇	0	0	0	0	1	2

注：平板直径为 120mm；"—"表示未进行；引自 Gohet 等（1991），略有改动。

结合药剂成本因素，进一步选择十三吗啉、三唑醇和环唑醇，评价了其对来自喀麦隆、科特迪瓦、加蓬、印度尼西亚和马来西亚的 13 个菌株的抑制作用，发现整体而言，三唑醇和环唑醇抑菌作用相对较好，而不同来源菌株之间对同种杀菌剂的敏感性差别不大（表 3-12）。

表 3-12　3 种杀菌剂对 13 个白根病菌菌株的抑制作用评价

菌株来源	菌株编号	对照 /（菌落生长速度，mm/d）	3mg/L 十三吗啉抑菌率 /%	1.2mg/L 三唑醇抑菌率 /%	0.6mg/L 环唑醇抑菌率 /%
	FCA1	4.65	54.8	63.4	80.6
喀麦隆	FCA2	5.25	52.4	69.5	73.3
	FCA3	3.95	27.8	50.6	64.6

（续表）

菌株来源	菌株编号	对照/（菌落生长速度，mm/d）	3mg/L 十三吗啉抑菌率/%	1.2mg/L 三唑醇抑菌率/%	0.6mg/L 环唑醇抑菌率/%
科特迪瓦	FCI2	6.75	60.8	76.3	77.8
	FCI3	5.45	51.4	67.9	66.3
	FCI7	4.40	61.4	64.8	62.8
	FCI9	4.55	45.0	69.2	68.1
加蓬	FGA1	5.60	56.3	58.9	67.0
	FGA2	4.30	47.7	58.1	62.8
印度尼西亚	FID1	5.35	50.0	67.3	72.9
	FID2	5.40	62.0	64.8	48.3
	FID3	5.65	63.7	64.6	48.4
马来西亚	26130	5.60	67.9	63.3	72.3

注：引自 Gohet 等（1991），略有改动。

　　中国热带农业科学院环境与植物保护研究所同样采用带毒平板法开展了白根病菌室内杀菌剂的筛选工作。在 12 种内吸性杀菌剂中，三唑类杀菌剂的 EC_{50} 值普遍小，病菌对它们的敏感性也较高，抑菌效果好，其中以 5% 烯效唑 WP 最优。75% 十三吗啉（环吗啉）EC 的 EC_{50} 值较小，病菌对它的敏感性也较好，抑菌效果较好，80% 乙蒜素 EC 有一定的效果，50% 代森锰锌·乙膦铝·烯酰吗啉 WP 效果较差，而 50% 多菌灵 WP 和 70% 甲基硫菌灵 WP 几乎没有效果（陈照等，2007）。随后再次进行了 10 种杀菌剂对病菌的毒力测定，结果表明戊唑醇、腈菌唑、丙环唑、抑霉唑、三唑酮、咪鲜胺、嘧菌酯、十三吗啉共 8 种药剂对橡胶树白根病菌均具有较高的抑菌作用，抑菌效果较好，其 EC_{50} 值在 0.017 7~6.013 6μg/mL，其中戊唑醇的毒力最强，EC_{50} 值为 0.017 7μg/mL。腈菌唑、丙环唑、抑霉唑的抑制作用较强，其 EC_{50} 值分别为 0.027 8μg/mL、0.045 6μg/mL 和 0.077 3μg/mL，而甲基硫菌灵抑菌效果最差，EC_{50} 值为 41.299 0μg/mL（贺春萍等，2016；表 3-13）。

表 3-13　11 种杀菌剂对橡胶树白根病菌的毒力测定

杀菌剂名称	回归方程	EC_{50}/（μg/mL）	EC_{95}/（μg/mL）	相关系数（r）	斜率值
96% 戊唑醇	$y=0.9034x+6.582\,6$	0.017 7	1.172 1	0.956 3	0.903 4
95% 腈菌唑	$y=0.9418x+6.464\,9$	0.027 8	1.552 8	0.966 4	0.941 8
92% 丙环唑	$y=0.8460x+6.134\,9$	0.045 6	4.007 2	0.986 4	0.846 0
98% 抑霉唑	$y=0.7373x+5.819\,8$	0.077 3	13.154 8	0.936 8	0.737 3
97.1% 三唑酮	$y=0.8605x+5.404\,5$	0.338 8	27.636 8	0.982 1	0.860 5

（续表）

杀菌剂名称	回归方程	EC$_{50}$/（μg/mL）	EC$_{95}$5/（μg/mL）	相关系数（r）	斜率值
95% 咪鲜胺	$y=0.9720x + 4.944\,7$	1.140 0	56.127 7	0.991 9	0.972 0
94% 嘧菌酯	$y=0.5394x + 4.805\,7$	2.292 0	2 568.706 6	0.965 6	0.539 4
96% 十三吗啉	$y=0.5972x + 4.534\,7$	6.013 6	3 415.777 9	0.933 3	0.597 2
92% 异菌脲	$y=2.8986x + 1.752\,4$	13.194 8	48.739 8	0.924 6	2.898 6
96.2% 甲基硫菌灵	$y=1.7893x + 2.108\,6$	41.299 0	342.955 1	0.982 9*	1.789 3

注：引自贺春萍等（2016）。

（二）杀菌剂的田间防治作用研究

马来西亚橡胶研究院（1971）研究发现，五氯硝基苯对白根病菌有较强的抑制作用。在种植 6 年的嫁接树林段（植株至少有 4 条大小合适的侧根），用五氯硝基苯在植株侧根和主根连接处以上和以下各 15cm 的根颈部涂药，取田间白根病病根组织分别在 4 个侧根上（离树干 60cm 处）进行接种，涂药时接种第一根，6 个月后接种第二根，依此类推在 4 个侧根上共接种 4 次。2 年后调查发现该药剂能有效保护树根不被侵染，和药剂 PP781（敌菌酮）复配后效果更好。对于田间受害较轻，即仅在树冠一侧的叶片上表现黄化症状的白根病植株，可以扒开树干基部土壤，将根颈和侧根受害组织部分完全暴露出来，将其切除并用沥青涂抹伤口，涂抹五氯硝基苯即可。后续研究发现，五氯硝基苯仅对白根病有效，对当地常见的红根病无防治作用，对红根病菌也无抑制作用。

1979 年，科特迪瓦阿比让橡胶研究所建立了橡胶树植株人工接种技术，并进行了杀菌剂的防效评价。将种植 6 个月的实生苗除去须根，仅保留 35cm 的主根和 30cm 的茎干，种植在装有沙子的箱子内，用田间采集的病根作为接种体。接种 14d 后，采用灌根法评价了 13 种杀菌剂的防治作用。接种 6 个月后，对照和 10 种药剂处理的植株全部死亡，但拌种胺（furmecyclox）、异菌脲和十三吗啉表现出一定的防治作用。十三吗啉处理的植株仅有 10% 发病，表现出明显的防治作用。异菌脲处理有 60% 的植株发病，死株率接近 35%，而拌种胺分别为 70% 和 67%（Tran，1984）。

非洲的橡胶研究所在 1982 年研究了十三吗啉对幼龄树白根病的防治作用。在树干基部挖一个深 15cm、漏斗形的沟，灌入 2L 浓度 0.5% 的十三吗啉乳剂（即 10g/株），和对照相比，连续用药 3 次后病树的死亡率显著下降。发病病株有 35% 恢复正常，和病株直接或间接相邻的植株分别有 92% 和 95% 未受感染（表 3-14）。通常认为，幼龄树阶段（植后 1~6 年）是白根病侵染最严重的关键时期，用十三吗啉处理后，可使幼树在该阶段基本不受为害，而且过了这个阶段后，植株本身的抗性也得到增强，病害发生的可能性随之大为降低。

表 3-14　用十三吗啉处理白根病效果

植株类型（开始时）	处理	植株数（1982.1 处理）	死亡植株数（1983.6 处理）		病树（1984.6 处理）		无菌丝体植株（1984.6 处理）	
			株数	%	株数	%	株数	%
病株（可见菌丝体）	对照	85	37	43.5	18	21.2	30	35.3
	十三吗啉	84	10	11.9	20	23.8	54	64.3
健康株（与病株直接相邻）	对照	131	6	4.6	43	32.8	82	62.6
	十三吗啉	125	1	0.8	9	7.2	115	92.0
健康株（与病株间接相邻）	对照	88	3	3.4	18	20.5	67	76.1
	十三吗啉	87	0	0	4	1.6	83	95.4

注：引自 Gustav 等（1986），略有改动。

Chan 等（1983）在马来西亚进行了 25% 种处醇乳油、25% 粉锈宁可湿性粉剂、25% 敌力脱乳油共 3 种药剂对白根病的控制作用研究（橡胶树品种为 PB260）。药剂用水稀释，在根颈周围挖浅沟后进行灌根处理。结果表明，所有根颈部表现轻微和中等侵染的树株，在施用 10mL 和 20mL 种处醇、10g 和 20g 粉锈宁、10mL 和 20mL 敌力脱后均恢复正常，增加药剂用量后效果更好。另外，15~20g 粉锈宁、20mL 种处醇或 7.5mL 敌力脱对根颈严重受害的植株也是有效的。

马来西亚进一步研发出 5% 安维尔胶悬剂（三氮杂茂类），在和包括十三吗啉在内 7 种药剂的对比试验中，安维尔表现出良好的保护作用。各药剂用 1L 药液淋灌 2~3 蓬叶的嫁接苗（每处理 40 株），21d 后用田间病根进行接种，91d 后调查发现，安维尔处理的植株效果最好，所有植株根颈均无菌索，十三吗啉效果最差，共 12 株有菌索，而对照中 38 株有菌索（表 3-15）。将一年生嫁接树植株定植在因白根病死亡的空穴内，用低剂量安维尔对其进行淋灌处理，每 4d 一次。12 个月后调查发现，对照植株死亡率 30%、病株率（未死亡）5%，用 2.5g 安维尔处理，健株率 90%、病株率 10%，而用 0.5g 和 1.0g 处理，健株率均为 100%。进一步用 2~3 年的田间嫁接苗病株（各 10 株），评价了安维尔的防治作用，12 个月后调查发现敌力脱处理（每株每次 2.5g）中 3 株发病，其中 2 株死亡，而安维尔（每株每次 1.0g）仅有 1 株发病。田间观察发现，安维尔对植株不产生药害，其植株高度、胸径和未施药健康植株之间无差异。

表 3-15　杀菌剂对幼龄树白根病的保护效果

处理	每株剂量	病株数（根颈有菌索）	处理	每株剂量	病株数（根颈有菌索）
5% 安维尔胶悬剂	1.25g/25mL	0	敌力脱	2.5g/10mL	6
三丁基伴氮杂茂	2.5g/10mL	2	种处醇	2.5g/10mL	9
粉锈宁（粉剂）	2.5g/10g	3	十三吗啉	3.75g/5mL	12

（续表）

处理	每株剂量	病株数 （根颈有菌索）	处理	每株剂量	病株数 （根颈有菌索）
腈菌唑	2.5g/20mL	3	对照		38
粉唑醇	3.125g/25mL	4			

注：引自 Lan 等（1994），略有改动。

四、硫黄对白根病发生的影响

斯里兰卡、印度尼西亚和国内对病菌菌株的生物学特性研究表明，低 pH 值（高酸性条件）或高 pH 值（高碱性条件）均能够抑制病原菌的生长。硫黄在土壤中能够通过化学和生物学氧化形成硫酸根，从而增加土壤的酸度，而病原菌在用硫黄改良过的土壤中不能生长。在使用过硫黄的更新胶园内，白根病发生率显著减轻，可能和土壤 pH 值降低有关，因此珀里斯提倡在植穴中用硫黄改良土壤，减少更新橡胶园早期的白根病发生情况。Petch 推荐在染病林段向土壤施用石灰，通过增加碱性来减轻病害的发生。但是，为使土壤碱性增加到抑制菌的水平，需要大量石灰，成本太高。另外，橡胶树生长的最适土壤 pH 值是 4~5，高碱性土壤不利于胶树的生长。因此，有关硫黄对白根病控制作用方面的研究较多。

（一）印度尼西亚在硫黄控制作用方面的研究

印度尼西亚在 1974 年种植（红－黄灰壤土，株行距 3m×8m）的无性系 PR107 幼龄树胶园进行了连续 2 年的硫黄对白根病防治作用研究（重病田更新胶园）。结果发现未施用硫黄的处理死亡率最高，每年每株基部施用 150~200g 硫黄受害最轻，而种植胶树时将硫黄与植穴土壤混合也显著减轻病害的发生，另外病害的减轻和土壤 pH 值的下降是相关的。对植株胸径的测量表明硫黄对植株的生长无不利影响，施用硫黄处理的植株长势更好，但统计分析表明差异不显著（表 3-16）。由于硫黄与幼龄植株根系直接接触时会损伤根，严重时导致植株死亡，因此将硫黄撒施在植株基部土壤中是更好的选择。另外，带毒平板试验表明硫黄对病原菌的生长具有抑制作用，剂量越大抑制作用越强（表 3-17）。

表 3-16 硫黄处理对幼龄橡胶树白根病发生率的影响

处理	硫黄用量 /（g/株）	土壤 pH	病株率 /%	平均径围 /cm
不施硫黄（对照）	0	4.7	11.6	43.2
种植时在植株基部周围撒施硫黄	100	4.6	4.6	43.4
同上	150	4.4	4.6	45.4
同上	200	4.4	5.0	42.5
每年在胶树基部周围撒施硫黄	100	4.0	2.6	44.1
同上	150	4.0	2.0	45.5
同上	200	3.9	2.0	45.6

（续表）

处理	硫黄用量 /（g/ 株）	土壤 pH	病株率 / %	平均径围 /cm
种植时将硫黄与植穴土壤混合	100	4.7	3.2	45.0
同上	150	4.6	5.0	43.3
同上	200	4.6	7.8	45.4

注：引自 Baluki 等（1987），略有改动。

表 3-17　硫黄对白根病菌生长的影响

硫黄剂量 /（mg/kg）	平均菌落直径 /mm			
	5d	7d	9d	11d
对照	29.0	51.9	81.4	90.0
1 000	26.8	41.4	67.2	86.8
2 000	21.8	35.8	61.6	85.0
3 000	23.6	34.8	60.3	82.5
4 000	23.6	35.1	60.0	70.8
5 000	19.4	31.5	49.6	70.4

注：引自 Baluki 等（1987），略有改动。

（二）喀麦隆在硫黄控制作用方面的研究

Mua 等（2017）评价了 4 种硫黄剂型对白根病的控制作用，4 种剂型商品名称分别为奥那唑（Onazole）、奥托（Alto）、鲁巴唑（Rubazole）和彗星（Comet Plus）。带毒平板试验发现各剂型对病原菌菌落生长均有较好的抑制作用，相比之下彗星（0.1%）和奥那唑（0.5%）效果最好，抑菌率分别为 98.9% 和 97.2%，而奥托（0.5%）和鲁巴唑（1.5%）效果略低，分别为 82.6% 和 80.1%。在对幼龄树进行的田间试验中，各剂型药剂均能降低白根病的田间发病率，奥托（0.5%）见效最快，其次为奥那唑（0.5%），然后是彗星（0.1%），鲁巴唑（1.5%）见效最慢，但 6 个月后各处理发病率基本一致且远低于未处理对照，而发病田中各剂型表现出相似的作用，6 个月后恢复健康的植株比例同样基本一致并与对照差异显著。研究结果表明，这 4 种剂型杀菌剂均可用于白根病的田间防治。

五、白根病生物防治技术研究

长期使用杀菌剂，能够导致包括白根病菌在内的病原菌产生突变并具有抗药性。生物防治具有资源丰富、污染少、环保效果佳、病原不易产生抗性等方面优点，因此研究者在这方面开展了大量的工作。

（一）生防真菌（木霉）菌株的筛选

印度尼西亚分离出许多在培养基平板上能够抑制病菌生长的土壤真菌，其中根围伴生的 1 株腐生真菌康宁木霉（*Trichoderma koningii*）对病原菌有较强的拮抗作用。当康宁木霉与白根病菌对峙培养时，并不形成任何抑制圈，但白根病菌停止生长，而且培养基平板很快被木霉菌长满。显微观察发现与木霉菌丝靠得很近的，相接触的白根病菌细胞出现异常现象，细胞质形成颗粒，具有液泡，透光度增加并死亡。

采用玻璃纸覆盖法分析了康宁木霉产生的非挥发性拮抗物质对病原菌的抑制作用，即在白根病菌菌落上覆盖一层玻璃纸，再在玻璃纸上接种木霉。结果表明病原生长受到严重抑制，处理后的病菌转接到新鲜培养基上也不能生长，表明康宁木霉产生的抗生素对白根病菌具有抑杀作用。双皿对峙法（即将康宁木霉和白根病菌分别接种在各自的培养基平板上，然后将其中 1 个平板倒扣在另外一个平板上，并进行密封处理）表明康宁木霉在低 pH 值条件下能产生抑制白根病菌的挥发性物质，pH 值 4 条件下培养 6d 时抑制作用最强。当 pH 值从 4 升高至 7 时，抑菌作用显著降低（表 3-18）。

表 3-18　康宁木霉在不同 pH 值条件下对白根病菌生长的影响

pH 值	抑制（−）或刺激（+）百分率 /%
4	−42.1
5	−13.9
6	−1.7
7	+0.1

注：引自 Baluki 等（1987），略有改动。

平板培养发现，康宁木霉对高浓度的硫黄具有耐性。当硫黄剂量从 1 000mg/kg 增加到 5 000mg/kg 时，康宁木霉的菌落生长速度出现一定程度的促进（表 3-19），另外酸性条件有利于康宁木霉的生长，pH 值 4.0~5.0 为最适条件（表 3-20）。分析施用硫黄降低了土壤的 pH 值，还能够促进康宁木霉的生长，从而进一步增强对病害的控制作用。

表 3-19　硫黄对康宁木霉菌落生长的影响

硫黄剂量 /（mg/kg）	平均菌落直径 /mm		
	2d	3d	4d
1 000	18.0	41.8	58.4
2 000	20.6	46.2	65.0
3 000	24.0	64.0	87.8
4 000	25.7	64.1	88.1
5 000	24.6	64.2	88.3

注：引自 Baluki 等（1987），略有改动。

表 3-20　不同 pH 值对康宁木霉菌落生长的影响

pH 值	平均菌落直径 /mm		
	2d	3d	4d
3.0	14.9	47.9	71.0
4.0	21.4	61.7	86.7
5.0	29.0	72.8	88.3
6.0	21.8	49.7	78.3
7.0	19.7	45.5	68.0

注：引自 Baluki 等（1987），略有改动。

Suryanto 等（2017）在印度尼西亚西的无病胶园、甘蔗园、烟草园以及波兰吉特森林公园（Sibolangit Forest Park）等不同生境采集土壤样品，稀释分离后共获得 16 株木霉菌株。平板对峙结果表明，各菌株在培养 2d 后即表现出对白根病菌的抑制作用，4d 后作用明显，但抑菌率存在一定的差异（表 3-21）。显微观察发现有 4 个菌株的菌丝能够穿透病菌菌丝并出现缠绕现象，表明其能够寄生白根病菌。用抑菌作用较强的 KA03、TM01、TB03 和 HU01 4 个菌株处理树桩中等程度受害的橡胶树幼苗，结果发现病害强度（受侵染根系占整个根系的比例）和严重程度均出现不同程度的减轻作用，其中 TM01 和 HU01 效果最好，处理 60d 后轻度受害的植株均可恢复正常（表 3-22）。

表 3-21　不同木霉菌株对白根病菌的抑制作用

菌株编号	来源生境	抑菌率 /%	菌株编号	来源生境	抑菌率 /%
KA01	无病胶园	62.2	TM04	烟草园	49.6
KA02	无病胶园	56.3	TM05	烟草园	46.5
KA03	无病胶园	67.2	TB01	甘蔗园	64.0
KA04	无病胶园	52.5	TB02	甘蔗园	66.2
KA05	无病胶园	61.2	TB03	甘蔗园	66.3
TM01	烟草园	70.2	HU01	森林公园	71.0
TM02	烟草园	57.5	HU02	森林公园	63.0
TM03	烟草园	48.9	HU02	森林公园	70.1

注：引自 Dwi 等（2017），略有改动。

表 3-22　不同木霉菌株对白根病菌的抑制作用

处理	病害严重度			病害强度（根系受害比例 %）			严重度 / 恢复程度		
	30d	60d	90d	30d	60d	90d	30d	60d	90d
对照（无病）	无病害	无病害	无病害	0	0	0	无侵染	无侵染	无侵染
对照（重病）	中度受害	严重受害	严重受害	50	100	100	重度根腐	严重根腐	严重根腐

（续表）

处理	病害严重度			病害强度（根系受害比例%）			严重度/恢复程度		
	30d	60d	90d	30d	60d	90d	30d	60d	90d
KA03	轻度受害	无病害	无病害	15	0	0	中度恢复	中度恢复	中度恢复
TM01	轻度受害	无病害	无病害	20	0	0	中度恢复	恢复良好	恢复良好
TB03	轻度受害	无病害	无病害	17.5	0	0	中度恢复	中度恢复	中度恢复
HU01	轻度受害	无病害	无病害	17.5	0	0	中度恢复	恢复良好	恢复良好

注：引自 Dwi 等（2017），略有改动。

（二）生防细菌菌株的筛选

1. 降解几丁质生防细菌的筛选

Nor 等（2017）在双溪毛鲁（Sungai Buloh）、哥打丁宜（Kota Tinggi）、萨里河（Sungai Sari）和巴都亚兰（Batu Arang）森林保护区等地区的 4 个属于马来西亚橡胶局（Malaysian Rubber Board）的试验站内采集了 109 份土壤样品，开展了具有几丁质分解能力生防微生物的筛选，结果获得了 61 株分离物。这些分离物中，36 株为细菌，22 株为放线菌，另外 3 株为真菌。对峙试验发现 46 个菌株对白根病菌有不同程度的抑制作用，抑菌率在 21%~ 85.65%。SPSB 4-4、SPSS 1-3、BA 4-1、SPSS 1-2、SPSS 2-2、SPSB 5-1、spss4-1、spss1-4 和 spsb5-4 共 9 株菌株的抑菌作用较好，抑菌率均在 66.35% 以上，其中菌株 SPSB 4-4 的抑菌作用最强（图 3-14，表 3-23）。用这 9 个抑菌菌株处理接种白根

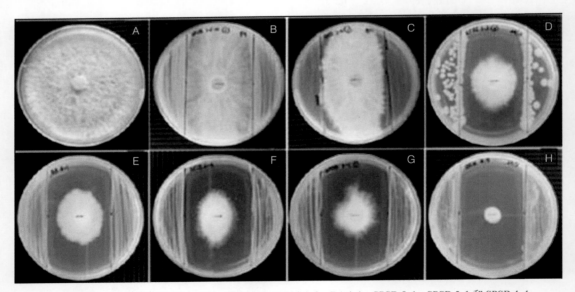

A—对照；B-H—分离物 SPSB 1-5W、SPSS 2-4、SPSS 1-3、BA 4-1、SPSB 5-4、SPSB 5-1 和 SPSB 4-4

图 3-14　不同解几丁质细菌分离物对白根病菌的抑制作用

注：引自 Nor 等（2017）。

病菌的橡胶树枝条，14d 后调查发现对照白根病菌已侵染并覆盖整个枝条表面，而抑菌菌株处理的枝条仅部分表面被病原侵染，抑菌效果在 31.69%~91.63%（图 3-15）。

表 3-23 不同解几丁质细菌分离物对白根病菌的抑制作用评价

分离物	抑菌率 / %	分离物	抑菌率 / %
SPSB4-4	85.65 ± 1.92a	BA 1-3	43.95 ± 3.11lmnopq
SPSS13	76.73 ± 1.78b	SPKT 2-1	43.65 ± 0.96lmnopq
BA4-1	74.95 ± 3.12bc	BA5-2	43.56 ± 3.50mnopq
SPSS 1-2	73.81 ± 1.35bcd	SPSB 3-3	43.14 ± 3.92mnopq
SPSS 2-2	70.72 ± 1.57bcde	BA3-2	42.66 ± 4.40mnopq
SPSB 5-1	69.30 ± 1.84cdef	SPSB 2-1	42.28 ± 1.87nopq
SPSS 4-1	67.91 ± 2.83def	SPSB 2-4	41.40 ± 3.26opq
SPSS 1-4	67.81 ± 0.82def	SPSB 2-9	39.94 ± 3.56pq
SPSB 5-4	66.35 ± 0.55ef	SPSB 5-6	38.44 ± 0.00qr
SPSB 5-5	64.94 ± 3.41efg	BA 3-1	36.93 ± 3.09qrs
SPSS 5-1	63.60 ± 0.61fg	SPSS 3-2	32.01 ± 2.82rs
SPSB 4-2	62.39 ± 3.00fg	BA3-4	30.96 ± 2.73s
BA2-1	58.31 ± 1.44gh	BA 1-2	24.78 ± 0.66t
SPSS 2-1	55.67 ± 5.05hi	SPSB 2-7	22.38 ± 1.92t
SPSS 1-5	53.79 ± 3.10hij	SPSB 2-2	21.00 ± 1.04t
SPSS 2-4	53.06 ± 2.15hijk	BA 14C	0.00 ± 0.00u
BA8	50.93 ± 3.87ijkl	BA4-2	0.00 ± 0.00u
BA 3-3	50.17 ± 3.11ijklm	BA4-3	0.00 ± 0.00u
SPSB 3-2	49.45 ± 5.03ijklmn	BA 5-1	0.00 ± 0.00u
BA 1-1	49.04 ± 0.90ijklmn	SPKT 2-2	0.00 ± 0.00u
SPSB 1-5W	48.71 ± 1.87ijklmno	SPKT 2-3	0.00 ± 0.00u
SPSB 5-2	48.11 ± 1.99jklmno	SPSB 1-5Y	0.00 ± 0.00u
BA2-2	47.06 ± 0.00iklmnop	SPSB 1-6	0.00 ± 0.00u
SPSB 2-6	47.06 ± 0.00iklmnop	SPSB 2-3	0.00 ± 0.00u
SPSB 3-1	47.06 ± 0.00iklmnop	SPSB 2-5	0.00 ± 0.00u
SPSB 3-4	47.06 ± 0.00iklmnop	SPSS 1-6	0.00 ± 0.00u
SPSB 5-3	47.06 ± 0.00iklmnop	SPSS 2-3	0.00 ± 0.00u
SPSS 7	47.06 ± 0.00iklmnop	SPSS 3-1	0.00 ± 0.00u
SPSB 1-2	46.94 ± 0.00iklmnop	SPSS 5	0.00 ± 0.00u
SPSB 4-3	46.60 ± 4.62jklmnop	SPSS 5-2	0.00 ± 0.00u
SPSS 1-1	46.10 ± 2.81klmnop	对照	0.00 ± 0.00u

注：小写字母为该列数据的差异显著性标记，$P<0.05$；引自 Nor 等（2017），略有改动。

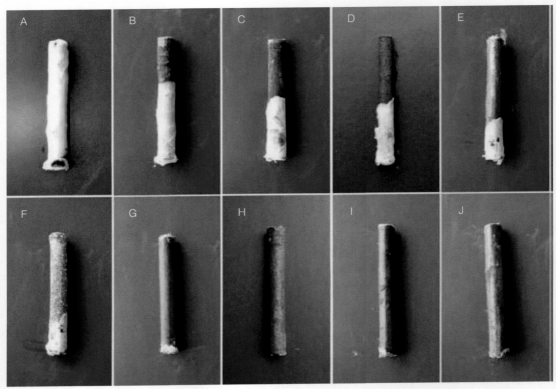

A—对照；B-J—分离物 SPSS 4-1、SPSS 1-3、SPSS 2-2、BA 4-1、SPSS1-4、SPSS 1-2、
SPSB 5-4、SPSB 5-1 和 SPSB 4-4。

图 3-15　9 株解几丁质细菌分离物对白根病菌侵染的抑制作用

注：引自 Nor 等（2017）。

　　9 株分离物随后进行了分子鉴定，获得 16S rRNA 序列后，比对发现，现有数据库中无完全相同的序列。结合同源性比对结果以及聚类分析，发现其中 2 株为假单胞菌，2 株为伯克氏菌属，另外 5 株为链霉菌（表 3-24），但这些菌株的详细分类还需要进一步的研究。

表 3-24　9 株分离物的分子鉴定

分离物	同源性最高近源物种		
	物种菌株	序列登录号	同源性 / %
SPSB 4-4	莫氏假单胞菌（*Pseudomonas mosselii*）菌株 OHAll	NR_024924.1	99.93
BA4-1	台湾假单胞菌（*Pseudomonas taiwanensis*）菌株 BCRC 17751	NR_116172.1	99.66

（续表）

分离物	同源性最高近源物种		
	物种菌株	序列登录号	同源性 / %
SPSB 5-1	洋葱伯克氏菌（*Burkholderia contaminans*）菌株 12956	R_104978.1	99.86
SPSB 5-4	迪夫朱萨伯克氏菌（*Burkholderia difJusa*）菌株 R-15930	NR_042633.1	99.46
SPSS 1-2	利迪链霉菌（*Streptomyces lydicus*）菌株 NBRC 13058	NR_112352.1	98.96
SPSS 1-4	细菌链霉菌（*Streptomyces cellostaticus*）菌株 NBRC 12849	NR_112304.1	99.01
SPSS 2-2	莫罗卡链霉菌（*Streptomyces morookaense*）菌株 NBRC 13416	NR_112529.1	99.86
SPSS 1-3	莫罗卡链霉菌（*Streptomyces morookaense*）菌株 NBRC 13416	NR_112529.1	99.36
SPSS 4-1	网状链轮丝菌原虫霉素亚种（*Streptoverticillium reticulum* subsp. *protomycicum*）菌株 NBRC 13932	NR_108111.1	99.78

注：引自 Nor 等（2017），略有改动。

2. 降解硅酸盐生防细菌的筛选

硅能够促进植物的生长发育，可通过增强细胞壁、抑制病原菌的侵染过程而提高其对病害的抵抗能力，在不利环境条件下能够减轻生物和非生物胁迫压力。自然条件下，大部分硅以不溶性形式存在，植物根系难以吸收。只有通过微生物或植物根系的代谢反应以及岩石的风化作用，不溶性硅转化为可溶态，才能被植物吸收利用。硅酸盐溶解菌（silicate solubilizing bacteria，SSB）能够进行这种转化作用，增加土壤中可溶态硅的含量，有效促进植株的长势并提高其抗病能力，而兼具有拮抗病原能力的菌株在生产中具有良好的应用前景。

Imran 等（2020）开展了橡胶树根际 SSB 菌株的筛选工作，在马来西亚普特拉大学（Universiti Putra Malaysia，UPM）的健康胶园内采集土壤样品，梯度稀释后用 LB 培养基进行细菌的分离工作，得到了 26 株细菌。经过在含磷酸盐培养基平板上进行了培养评价，筛选出 UPMSSB4、UPMSSB7、UPMSSB8、UPMSSB9 和 UPMSSB10 等 5 株具有降解能力的细菌。平板试验进一步发现这几个菌株均具有降解硅酸盐、磷酸盐和钾的能力，其中 UPMSSB7 的降解能力最强。液体培养基培养发现，所有菌株在 5d 和 10d 的培养阶段均能降解硅酸盐。培养 5d 时，UPMSSB7、UPMSSB8 和 UPMSSB10 的降解能力没有明显差异，但与 UPMSSB4、UPMSSB9 对照相比差异显著。培养 10d 后，UPMSSB7 的降解能力为 11.55mg/L，明显高于其他菌株（表 3-25）。平板对峙试验发现各菌株均能抑制橡胶树白根病菌的生长，其中 UPMSSB7 抑菌率为 57.24%（对峙培养 7d），其他 4 个菌株在 41.48%~45.12%，和 UPMSSB7 之间差异显著。各菌株均能产生吲哚 -3- 乙酸（IAA）和铁载体，UPMSSB7 的 IAA 产生能力显著优于其他菌株，UPMSSB7 和 UPMSSB8、UPMSSB10 均具有较强的铁载体（Siderophores）产生能力。在水解酶分泌方面，UPMSSB7 和 UPMSSB10 均能产生大量的纤维素酶（Cellulase），其他菌株则无此能力，另外，UPMSSB7 还能够产生较多的果胶酶（Pectinase）（表 3-26）。在获得各菌株 16S rRNA 序列后，经过同源比对和聚类分析，分析 UPMSSB7 为肠杆菌（*Enterobacter* sp.），其他 4 个菌株分别为 2 株肠杆菌和 2 株芽孢杆菌（*Bacillus* sp.）（表 3-27 和图 3-16）。相关分析结果表明 UPMSSB7 是一株优良的、兼具促生和拮抗白根病菌的生防菌株。

表 3-25　5 株 SSB 菌株的降解能力评价

菌株	降解指数 /（固体培养基平板反应带宽度，mm）			硅酸盐降解能力 /（mg/L）（液体培养基培养）	
	硅酸盐	磷酸盐	钾	培养 5d	培养 10d
UPMSSB4	1.26 ± 0.03d	1.68 ± 0.15b	1.25 ± 0.13c	8.51 ± 0.13b	9.05 ± 0.08c
UPMSSB7	4.67 ± 0.65a	2.52 ± 0.36a	2.61 ± 0.15a	9.76 ± 0.09a	11.55 ± 0.58a
UPMSSB8	1.75 ± 0.16c	1.29 ± 0.15c	1.55 ± 0.3bc	9.36 ± 0.43a	9.38 ± 0.43bc
UPMSSB9	2.51 ± 0.32b	1.13 ± 0.07c	1.62 ± 0.37bc	8.48 ± 0.44b	9.07 ± 0.74c
UPMSSB10	2.55 ± 0.25b	1.13 ± 0.08c	1.83 ± 0.26b	9.32 ± 0.62a	10.17 ± 0.42bc
对照	—	—	—	7.29 ± 0.22c	7.36 ± 0.40d

注："—"表示未进行；"小写字母为该列数据差异显著性标记，$P \leqslant 0.05$；引自 Imran 等（2020），略有改动。

表 3-26　5 株 SSB 菌株拮抗能力和生化能力测定

菌株	白根病菌抑制率 / %	产 IAA 能力	产铁载体能力	水解酶分泌能力	
				纤维素酶	果胶酶
UPMSSB4	41.58 ± 5.55b	10.51 ± 0.51d	中等	无	无
UPMSSB7	57.24 ± 4.11a	19.96 ± 1.79a	较强	较强	中等
UPMSSB8	41.70 ± 6.81b	9.52 ± 1.00d	较强	无	无
UPMSSB9	42.11 ± 10.35b	13.60 ± 1.62c	中等	无	无
UPMSSB10	45.12 ± 8.26b	17.59 ± 0.73b	较强	较强	无

注：小写字母为该列数据差异显著性标记，$P \leqslant 0.05$；引自 Imran 等（2020），略有改动。

表 3-27 5 株 SSB 分离物的分子鉴定

分离物	16S rRNA 序列长度 / nt	亲缘关系最近物种	亲缘关系最近菌株 序列登录号	同源性 / %
UPMSSB4	1474	芽孢杆菌（*Bacillus* sp.）	NR113800.1	98
UPMSSB7	1451	肠杆菌（*Enterobacter* sp.）	NR146667.2	99
UPMSSB8	1390	芽孢杆菌（*Bacillus* sp.）	NR117547.1	99
UPMSSB9	1475	肠杆菌（*Enterobacter* sp.）	NR113265.1	99
UPMSSB10	1465	肠杆菌（*Enterobacter* sp.）	NR114737.1	99

注：引自 Imran 等（2020），略有改动。

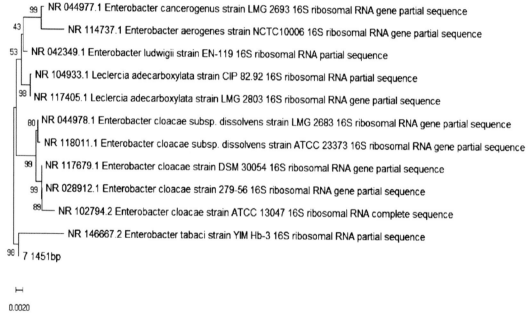

图 3-16 菌株 UPMSSB7 的聚类分析

注：引自 Imran 等（2020）。

3. 兼具降解几丁质和硅酸盐能力生防放线菌的筛选

Nareeluk 等（2015）获得了多株兼具降解几丁质和硅酸盐能力，并对白根病菌具有较好拮抗作用的生防菌株。他们从位于泰国清迈（Chiang Mai）的药用植物姜黄（*Curcuma longa*）和生姜（*Zingiber officinale*）种植园内采集土壤，分离获得了 209 株放线菌，来自生姜园有 127 株，比例为 61%，明显多于来自姜黄园的菌株。在这些菌株中，链霉菌为优势类群，在生姜园和姜黄园中分别获得 82 株和 48 株，比例分别为 65% 和 58%（表 3-28）。所有菌株中，46 个菌株对白根病菌有抑制作用，其中 TM32、GN12、GN15 和

GN20 抑菌作用最好，抑菌带宽度均大于 16mm。

进一步研究了 TM32、GN12、GN15 和 GN20 等 4 个菌株的抑菌作用和促生潜力，其抑菌带宽度在 16~24mm。各菌株均能产生纤维素酶或几丁质酶，TM32 的几丁质酶活性最高，酶活为 0.093U/mg，其次为 GN15 和 GN20。各菌株提取的粗酶液对白根病菌的生长均有抑制作用，TM32 的效果最好，浓度 10% 的酶液即可完全抑制其生长，其次分别为 GN12、GN15 和 GN20，而且这 4 个菌株的酶液浓度越高，抑菌效果也越好。各菌株均能产生 IAA，其中 GN20 产量最高，而且该菌株的解磷酸盐能力也最强。4 个菌株中只有 GN15 和 GN20 能产生氨。除 GN12 外，其他 3 个菌株均兼具降解几丁质和硅酸盐能力（表 3-29）。

研究发现，菌株 TM32 的抑菌带最宽，为 24mm。挑取该菌株和白根病菌对峙培养时的菌丝，显微观察可以看到白根病菌在该生防菌的拮抗作用下，气生菌丝稀疏且出现萎蔫现象（图 3-17）。电镜观察发现菌株 TM32 能产生长螺旋链孢子（图 3-18），并且发现细胞壁由 LL-DAP 和甘氨酸等成分组成，因此鉴定其为链霉菌。PCR 扩增获得了该菌株 16Sr RNA 基因的 1 452 个核苷酸序列，比对发现其与苏氏链霉菌（*Streptomyces sioyaensis*）菌株的序列（DQ026654）有 99% 的同源性，聚类分析进一步证明其为苏氏链霉菌（图 3-19）。

表 3-28　土壤放线菌分离及抑菌作用评价

土样来源	放线菌种类及数量	总株数	不同抑菌带宽度（mm）的菌株数量				非拮抗菌株数量
			>20	16~20	11~15	<11	
生姜园	链霉菌（*Streptomyces*）82 株	127	0	1	5	3	73
	小单孢菌（*Micromonospora*）8 株		0	0	2	1	5
	其他 37 株		0	1	3	6	27
姜黄园	链霉菌（*Streptomyces*）48 株	82	1	0	4	9	34
	小单孢菌（*Micromonospora*）8 株		0	1	1	2	4
	其他 26 株		0	0	3	3	20
总数		209	1	3	18	24	163

注：引自 Nareeluk 等（2015），略有改动。

表 3-29　4 个拮抗菌株的抑菌作用和促生潜力评价

抑菌作用和生化特性		拮抗菌株			
		TM32	GN12	GN15	GN20
抑菌带宽度 / mm		24.00 ± 1.00	18.33 ± 0.58	16.00 ± 1.00	16.67 ± 0.58
产铁载体反应带宽度 / mm		11.75 ± 0.96	8.00 ± 1.41	18.50 ± 1.29	5.25 ± 0.50
β-1，3-葡聚糖酶	反应带宽度 / mm	0	20.33 ± 0.58	42.50 ± 1.32	0
	酶活 /（U/mL）	0	0.83 ± 0.05	1.16 ± 0.12	0
纤维素酶	反应带宽度 / mm	0	20.33 ± 0.58	42.50 ± 1.32	0
	酶活 /（U/mg）	0	0.009 7 ± 0.002 1	0.71 ± 0.13	0
几丁质酶	反应带宽度 / mm	22.67 ± 0.58	0	17.17 ± 0.76	17.50 ± 0.50
	酶活 /（U/mg）	0.093 ± 0.004	0	0.060 ± 0.002	0.050 ± 0.004
蛋白酶	反应带宽度 / mm	0	0	0	0
	酶活 /（U/mg）	0	0	0	0
产 IAA/（μg/mL）		54.00 ± 1.00	34.33 ± 1.53	51.76 ± 1.53	72.50 ± 2.18
产氨能力		不产生	不产生	产生	产生
解磷酸盐反应带宽度 / mm		8.83 ± 0.76	0	5.50 ± 0.50	15.17 ± 0.76

注：引自 Nareeluk 等（2015）。

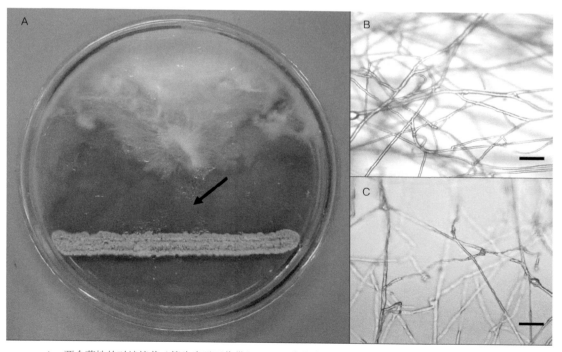

A—两个菌株的对峙培养（箭头表示互作带）；B—正常的白根病菌菌丝；C—互作带的白根病菌菌丝。

图 3-17　菌株 TM32 对白根病菌菌丝生长的影响

注：标尺表示 10μm；引自 Nareeluk 等（2015）。

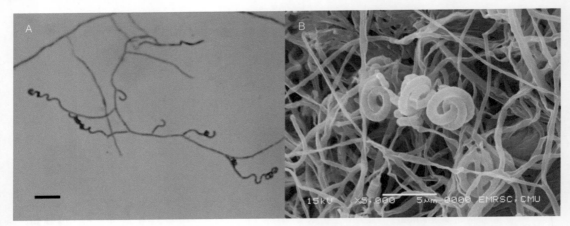

A—光照观察；B—扫描电镜观察。

图 3-18　菌株 TM32 的显微观察

注：标尺表示 5μm ；引自 Nareeluk 等（2015）。

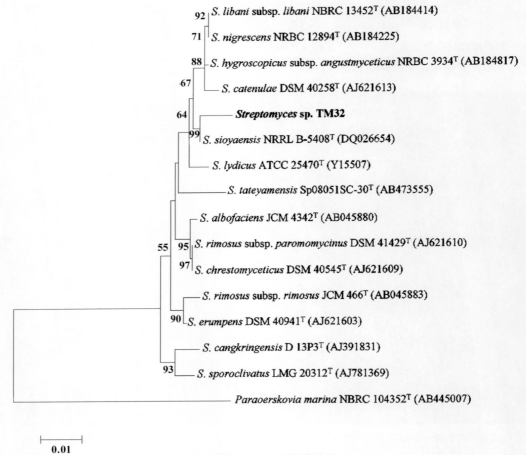

图 3-19　菌株 TM32 的聚类分析

注：引自 Nareeluk 等（2015）。

（三）根际促生菌对白根病的防治作用

Ikram 等（1998）开展了根际促生菌（plant growth-promoting rhizobacteria，PGPR）的分离和防治白根病研究，筛选到 7NSK2、Hi 等对白根病菌有较强拮抗作用的生防菌株，但这些菌株在田间试验中并没有表现出对该病的控制作用，其与三唑酮等杀菌剂的联合使用效果和该杀菌剂单用之间无差异。

Mathurot 等（2019）在泰国北部橡胶园内采集土壤，分离获得了 200 株根际细菌菌株。在这些菌株中，78 株（39%）对白根病菌表现出抑制作用，其中 24 个菌株对菌落生长的抑制作用在 31% 以上。菌株 Lac 17 的抑制作用最强，抑菌率为 84.1%，其次为 Lac 19 和 LRB 14，分别为 80.2% 和 81.7%（图 3-20）。16S rRNA 序列比对和聚类分析结果表明这 3 个菌株分别为马来西亚链霉菌（*Streptomyces malaysiensis*）、索氏链霉菌（*Streptomyces seoulensis*）和不吸水链霉菌（*Streptomyces ahygroscopicus*）。进一步测定了这几个菌株的生化活性，发现 Lac 17 和 Lac 19 均能产生铁载体、过氧化氢酶和两种细胞壁降解酶，但 LRB 14 仅能产生过氧化氢酶，不能产生铁载体和细胞壁降解酶（表 3-30）。用橡胶树袋装苗，进行了各菌株对白根病的防治作用评价，结果发现各菌株对植株无为害作用，Lac 17 和 Lac 19 的防治作用和杀菌剂已唑醇相当，而 LRB 14 效果略差（表 3-31）。

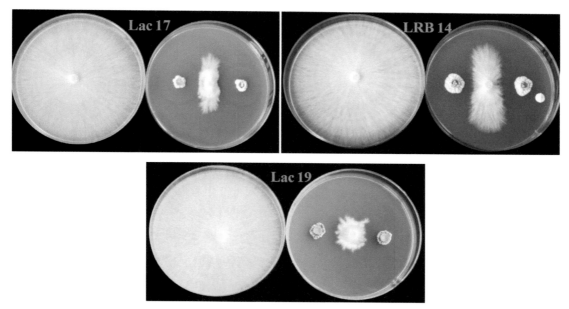

图 3-20　3 个拮抗菌株和白根病菌的平板对峙培养

注：引自 Mathurot 等（2019）。

表 3-30　3 个拮抗菌株的生化特性

菌株	产铁载体（反应条带宽度，mm）	过氧化氢酶	细胞壁降解酶	
			纤维素酶（反应条带宽度，mm）	几丁质酶（反应条带宽度，mm）
Lac17	7 ± 0.1	产生	22 ± 0.2	12 ± 0.1
Lac19	6 ± 0.1	产生	20 ± 0.1	11 ± 0.2
LRB14	不产生	产生	不产生	不产生

注：引自 Mathurot 等（2019），略有改动。

表 3-31　3 个拮抗菌株对白根病的控制作用

处理	为害级别	控制效果 / %
对照	1	80 ± 0.17a
接种白根病菌	5	0
接种 Lac17	1	80 ± 0.21a
接种 Lac19	1	80 ± 0.19a
接种 LRB14	1	80 ± 0.17a
接种 Lac17 和白根病菌	2	60 ± 0.11b
接种 Lac19 和白根病菌	3	40 ± 0.13c
接种 LRB14 和白根病菌	2	60 ± 0.15b
接种白根病菌并用己唑醇处理	2	60 ± 0.17b

注：病害为害级别按照叶片变黄比例进行分级：1 级为无变黄叶片；2 级为 25% 以下；3 级为 26%~50%；4 级为 51%~75%；5 级为 76% 以上；小写字母为该列数据差异显著性标记，$P \leqslant 0.05$；引自 Mathurot 等（2019），略有改动。

（四）挥发性有机化合物对白根病的防治作用研究

炭角菌科（Xylariaceae）的麝香霉（*Muscodor* spp.）为内生真菌（指该类真菌的整个生活史或其部分阶段在宿主植物内完成，且不引起宿主植物表型发生明显变化），具有产生能抑制或杀死大多数真菌和细菌的低分子量挥发性有机化合物（volatile organic compounds, VOCs）。橡胶树麝香霉（*Muscodor heveae*）同样能产生 VOCs，主要成分为 3-甲基丁烷-1-醇（3-methylbutan-1-ol），其次为 3-甲基乙酸丁酯（3-methylbutyl acetate）和甘菊蓝衍生物（azulene derivatives），Sakuntala 等（2015）发现其对橡胶树白根病菌、褐根病菌，以及多种细菌、酵母和丝状真菌有很强的拮抗活性。

Sakuntala 等（2017）进一步研究了橡胶树麝香霉 VOCs 对橡胶树白根病的防治作用。采用二分格培养基平板进行的研究发现，该菌株的 VOCs 能显著抑制白根病菌的生长。当

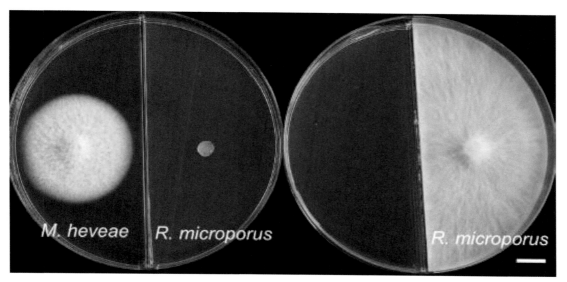

左：橡胶树麝香霉（预先培养 6d）和白根病菌对峙培养；右：白根病菌对照。

图 3-21　橡胶树麝香霉的 VOCs 能完全抑制白根病菌的生长

注：引自 Sakuntala 等（2019）。

该菌株培养 6d 后，所产生的 VOCs 能完全抑制病菌的生长（图 3-21）。

质谱分析发现，该生防菌株分别用 PDA 培养基和黑麦进行培养后，能检测到 2-甲基丁酸甲酯（Methyl-2-methylbutanoate）、2-甲基丙烷-1-醇（Methyl-2-methylbutanoate）、3-甲基乙酸丁酯（3-Methylbutyl acetate）、3-甲基丁烷-1-醇、3-羟基-2-丁酮（3-hydroxy-2-butanone）、2-戊基呋喃（2-Pentylfuran）、2-甲基丙酸（2-Methylpropanoic acid）、1, 1, 9-三甲基-5-甲基哌啶 [5.5] 十一碳-9-烯（1, 1, 9-Trimethyl-5-methylidenespiro [5.5] undec-9-ene）、（Z）-N-羟基苯甲酸甲酯［Methyl（Z）-N-hydroxybenzenecarboximidate］、2, 3-丁二醇（2, 3-Butanediol）、2-苯乙酸乙酯（2-Phenylethyl acetate）、甘菊蓝、2-甲基丁酸（2-Methylbutyric acid）、2-苯乙醇（2-Phenylethanol）、2-甲基丙酰胺（2-Methylpropanamide）、1, 2, 3, 5, 6, 7, 8, 8a-八氢-1, 4-二甲基-7-（1-甲基乙烯基）-, [1S（1.a., 7.a., 8a.b.）]-azulene{1, 2, 3, 5, 6, 7, 8, 8a-Octahydro-1, 4-dimethyl-7-（1-methylethenyl）-,［1S（1.a., 7.a., 8a.b.）］-azulene} 等 16 种挥发性代谢物，两种培养基质均能产生 12 种代谢物，但种类存在差异，其中 3-甲基丁烷-1-醇浓度最高。菌株在 PDA 上能产生 3-羟基-2-丁酮、1, 1, 9-三甲基-5-甲基哌啶 [5.5] 十一碳 -9-烯、2-甲基丁酸和 2-甲基丙酰胺等黑麦上不能产生的 4 种代谢物，但不能产生 2-甲基丁酸甲酯、2-苯乙酸乙酯、2, 3- 丁二醇和甘菊蓝等 4 种黑麦上产生的代谢物。

分别用不同浓度的菌株培养物对土壤进行熏蒸，通过观察橡胶树植株上的叶片受害情况，参见前文 Mathurot 等（2019）的标准进行分级，评价其对白根病的控制作用。研究发现该菌株对橡胶树植株生长无不利影响，和对照相比，分别用 40g/kg 和 80g/kg 的菌株培养物处理能够显著减轻病害的为害，两个处理和杀菌剂十三吗啉、不接种病原菌对照之间的平均病级（AG）差异不显著，显著优于病原菌接种，表明该菌株能有效控制田间病害的发生（表3-32）。

表3-32 橡胶树麝香霉对白根病的控制作用

处理	平均病级（AG）	处理	平均病级（AG）
不接菌对照	1.3a	接种病原和40g/kg生防菌	1.4a
接种病原菌	4.8b	接种病原和80g/kg生防菌	1.4a
接种40g/kg生防菌	1.3a	十三吗啉对照	1.5a
接种80g/kg生防菌	1.6a		

注：小写字母为该列数据的差异显著性标记，$P<0.05$；引自Sakuntala等（2017）。

（五）其他生防微生物研究

菌根真菌（Arbuscular mycorrhizal fungi, AMF）的菌丝能够和植物根系共同形成菌根结构，增加植物对营养元素的吸收能力，促进植物的生长，而硅能够促进植物生长并提高抗病能力。Imran等（2020）在前期获得兼具降解硅酸盐与拮抗白根病菌的肠杆菌（Enterobacter sp.）生防菌株UPMSSB7的基础上（见本节前述部分），研究了硅酸盐、肠杆菌和菌根真菌共同应用对白根病的控制作用。用袋装苗进行接种，其中肠杆菌菌株UPMSSB7的接种量为50g/株，而硅酸钙接种量为4g/株。植株受害程度分为5个级别：0级，不发病；1级，下部叶片变黄，茎基部出现菌索；2级，下部叶片坏死，茎基部出现纽扣状子实体；3级，一半以上叶片坏死，茎基部出现子实体；4级，植株死亡。各处理表明，接种病原菌对照56d后病害即发生，硅酸盐处理的发病情况和对照差别不大，同样在56d后发生，112d以后有一定程度的减轻，但受害程度基本一致。硅酸盐和菌根菌共同处理下，病害在84d才发生，受害程度也表现出明显的减轻。肠杆菌和硅酸盐联合使用，以及肠杆菌、硅酸盐和菌根菌联合使用两个处理均在112d后才开始发病，受害程度更轻，其中肠杆菌、硅酸盐和菌根菌联合使用处理效果在168d时优于肠杆菌和硅酸盐联合使用（表3-33）。研究结果表明，肠杆菌、硅酸盐和菌根菌在田间联合使用，在白根病防治中有潜在的应用前景。

表3-33 肠杆菌、硅酸盐和菌根菌对白根病的控制作用

处理	56d		84d		112d		140d		168d	
	发病率/%	病情指数	发病率/%	病情指数	发病率/%	病情指数	发病率/%	病情指数	发病率/%	病情指数
对照（接种病原）	21.4b	0a	40.5d	22.5c	60.5d	72.5d	81.4d	78.4c	86.4e	85.7d

（续表）

处理	56d		84d		112d		140d		168d	
	发病率/%	病情指数	发病率/%	病情指数	发病率/%	病情指数	发病率/%	病情指数	发病率/%	病情指数
硅酸盐处理	20.4b	0a	39.5c	24.5c	48.7c	57.8c	68.5c	77.5c	79.5d	84.6d
硅酸盐＋菌根菌	0a	0a	18.4b	12.4b	29.7b	29.5b	58.4b	47.2b	66.7c	64.1c
硅酸盐＋肠杆菌	0a	0a	0a	2.1a	7.5a	9.5a	11.1a	10.1a	21.5b	20.1b
硅酸盐＋肠杆菌＋菌根菌	0a	0a	0a	0a	6.5a	9.7a	9.8a	9.8a	14.5a	13.5a

注：小写字母为该列数据的差异显著性标记，$P<0.05$；引自 Imran 等（2020）。

Gor 等（2018）评价了半圆匍枝霉（*Cladobotryum semicirculare*）对白根病的生防作用，平板对峙试验表明其抑菌率为 79%。在用两个嫁接组合（PB350-RRIM2025 和 PB347-RRIM2025）的嫁接苗所进行的接种试验中，该生防菌取得了 47% 和 50% 的防治效果。赵璐璐（2011）研究发现从橡胶树根部分离得到的内生细菌枯草芽孢杆菌（*Bacillus subtilis*）Czk1 菌株对白根病菌有较好的拮抗作用，平板对峙时抑菌带宽度为 1.3cm，抑菌率为 56.7%，转接 30 次后其抑菌作用变化不大。

六、田间土壤生态和病害之间的相互作用

白根病为土传病害，胶园内土壤的生态状态对白根病菌的侵染和病害的发生有重要影响，国内外在白根病菌对胶园土壤微生物种群的影响及栽培模式对病害流行作用机制等方面开展了相关研究。

（一）白根病对胶园土壤微生物种群的影响

Go 等（2015）比较了有白根病发生的胶园、无病胶园和更新胶园内土壤真菌种群多样性之间的差异。采用常规分离法在 PDA 培养基平板上获得 33 份分离物，根据菌落形态特征（颜色、纹理等）和显微观察获得了 18 个菌株，经过 ITS 序列分析鉴定为 10 个属的 16 个种（表3-34）。在这些真菌中，青霉属最多，比例为 31.25%，其次木霉属，比例为 18.75%。更新胶园内共分离出 13 种真菌，其次为无病胶园 6 种，而发病胶园仅有 2 种（表3-35）。不同类型胶园的真菌种类虽然存在较大差异，但也有同种的真菌卵形孢球托霉，而里氏木霉、棘孢木霉、拟康宁木霉、角毛壳菌和淡紫拟青霉均为潜在的生防微生物。分析发病胶园由于白根病菌的大量繁殖而严重降低了种群多样性，通过增加胶园土壤的真菌种群多样性，有利于减轻病害的发生。

表 3-34　18 个菌株的分子鉴定

菌株编号	分类	序列登录号	同源性最高的 ITS 序列及其同源性 / %
RH (a)	里氏木霉 （*Trichoderma reesei*）	KM246746	*Trichoderma reesei*, KJ767092 (100%)
RH (b)	角毛壳菌 （*Chaetomium cupreum*）	KM246747	*Chaetomium cupreum*, JQ676206 (97%)
RH (d)	罗尔夫青霉 （*Penicillium rolfsii*）	KM246748	*Penicillium rolfsii*, KJ767061 (99%)
RH (e)	青霉菌 （*Penicillium janthinellum*）	KM246749	*Penicillium janthinellum*, AJ608945 (99%)
RH (f)	橘青霉 （*Penicillium citrinum*）	KM246750	*Penicillium citrinum*, KF530863 (100%)
RH (g)	棘孢木霉 （*Trichoderma asperellum*）	KM246751	*Trichoderma asperellum*, KF723005 (99%)
RH (i)	青霉菌 （*Penicillium janthinellum*）	KM246752	*Penicillium janthinellum*, HQ839782 (100%)
RH (j)	疣孢青霉 （*Talaromyces verruculosus*）	KM246755	*Talaromyces verruculosus*, HQ607919 (99%)
RH (k)	尖孢镰刀菌 （*Fusarium oxysporum*）	KM246753	*Fusarium oxysporum*, KJ774041 (100%)
RH (L)	淡紫拟青霉 （*Purpureocillium lilacinum*）	KM246754	*Purpureocillium lilacinum*, KC478538 (100%)
RH (m)	草酸青霉 （*Penicillium oxalicum*）	KM246756	*Penicillium oxalicum*, KC344971 (99%)
RH (n)	青霉（*Penicillium* sp.）	KM246757	*Penicillium* sp., JQ776535 (100%)
RH (p)	卵形孢球托霉 （*Gongronella butleri*）	KM246758	*Gongronella butleri*, JN943049 (99%)
RH (r)	沼泽生红冬孢酵母 （*Rhodosporidium paludigenum*）	KM246763	*Rhodosporidium paludigenum*, HQ670676 (99%)
NI (b)	拟康宁木霉 （*Trichoderma koningiopsis*）	KM246760	*Trichoderma koningiopsis*, EU718083 (99%)
NI (g)	尖孢镰刀菌 （*Fusarium oxysporum*）	KM246761	*Fusarium oxysporum*, JF776163 (99%)
NI (i)	疣孢漆斑菌 （*Myrothecium verrucaria*）	KM246762	*Myrothecium verrucaria*, HQ607996 (100%)
IS (a)	刺孢小克银汉霉 （*Cunninghamella echinulata*）	KM246745	*Cunninghamella* IS (a) KM246745 *Cunninghamella*

注：引自 Go 等（2015），略有改动。

表 3-35　不同胶园中的真菌种群分布

胶园	真菌分类		
	子囊菌门（Ascomycota）	接合菌门（Zygomycota）	担子菌门（Basidiomycota）
发病胶园		刺孢小克银汉霉 （Cunninghamella echinulata） 卵形孢球托霉 （Gongronella butleri）	
无病胶园	拟康宁木霉 （Trichoderma koningiopsis） 尖孢镰刀菌 （Fusarium oxysporum） 疣孢漆斑菌 （Myrothecium verrucaria） 橘青霉（Penicillium citrinum） 青霉菌（Penicillium janthinellum）	卵形孢球托霉 （Gongronella butleri）	
更新胶园	里氏木霉（Trichoderma reesei） 棘孢木霉 （Trichoderma asperellum） 尖孢镰刀菌 （Fusarium oxysporum） 角毛壳菌（Chaetomium cupreum） 淡紫拟青霉 （Purpureocillium lilacinum） 疣孢青霉 （Talaromyces verruculosus） 青霉菌（Penicillium janthinellum） 罗尔夫青霉（Penicillium rolfsii） 橘青霉（Penicillium citrinum） 草酸青霉（Penicillium oxalicum） 青霉（Penicillium sp.）	卵形孢球托霉 （Gongronella butleri）	沼泽生红冬孢酵母 （Rhodosporidium paludigenum）

注：引自 Go 等（2015），略有改动。

（二）木薯与橡胶树间种模式对白根病的影响

木薯和橡胶树同为大戟科，适合种植橡胶树的地区同样也可以种植木薯。在我国，幼龄胶园内套种木薯是生产中常见的种植模式。通常情况下，幼龄胶园行间空旷，阳光充足，间作木薯不会和橡胶树幼株竞争水分和养分，对植株营养生长影响不大。随着橡胶树植株的生长，树冠逐渐郁闭，根系不断扩展，木薯植株必须和胶树保持一定的距离。在海南地区，胶苗定植后，可以间作 3~4 年的木薯。以目前流行的 8m×3m 种植规格为例，行间可间种 4~5 行木薯，第 4 年根据橡胶树植株长势，不间作或间作 2~3 行木薯（间距 2.0m 以上）。为了解该间种模式对白根病发生的影响情况，海南大学热带农林学院开展了木薯对橡胶树白根病菌的化感作用研究。

闫文静等（2019）发现，整体而言较低浓度的木薯根、茎、叶等器官水浸液对白根病菌菌落生长最初表现出较强的化感促进作用，随后下降，高浓度（1 000mg/mL）效果相对较差。不同浓度的根水浸液在处理后的 2~5d 对橡胶树白根病病菌菌落生长均具有显著的化感促进效果，相互之间差异不显著。另外，3 种浓度的根水浸液均呈现处理后 2d 的化感促进效果显著大于处理后 3d、4d、5d 的效果，而处理后 3d、4d 和 5d 之间的化感促进效果差异不显著，分别为 12.25%、16.26% 和 14.25%（表 3-36）。

表 3-36　木薯根水浸液对橡胶树白根病病菌菌落生长的化感效果

浓度 /（mg/mL）	处理后 2d/%	处理后 3d/%	处理后 4d/%	处理后 5d/%
0（CK）	0.00±3.31bA	0.00±2.16bA	0.00±2.16bA	0.00±1.45bA
10	31.00 ± 8.20aA	17.07 ± 0.79aAB	16.47 ± 5.01aAB	12.25 ± 3.14aB
100	30.00 ± 3.31aA	14.07 ± 3.24aB	18.85 ± 1.81aB	16.26 ± 4.05aB
1 000	28.75 ± 4.51aA	13.47 ± 2.10aB	19.02 ± 1.91aB	14.25 ± 2.87aB

注：小写字母为该列数据差异显著性标记，大写字母为该行数据的差异显著性（$P<0.05$）；引自闫文静等（2019）。

3 种浓度的茎水浸液在处理后 2d、3d，对橡胶树白根病病菌菌落生长均呈现显著的化感促进效果。在处理后 4d，仅 100mg/mL 茎水浸液呈现显著的化感促进作用，1 000mg/mL 茎水浸液呈现显著的化感抑制作用。在处理后 5d，仅 1 000mg/mL 茎水浸液呈现显著的化感抑制作用，为 −5.02%。10mg/mL 和 100mg/mL 茎水浸液化感促进效果在不同处理时间之间无显著差异，1 000mg/mL 茎水浸液化感效果随着处理时间的增加而下降，至处理后 5d 化感效果与处理后 2d 化感效果的差异才达到显著水平（表 3-37）。

表 3-37　木薯茎水浸液对橡胶树白根病病菌菌落生长的化感效果

浓度 /（mg/mL）	处理后 2d/%	处理后 3d/%	处理后 4d/%	处理后 5d/%
0（CK）	0.00 ± 3.31bA	0.00 ± 2.16aA	0.00 ± 2.16bcA	0.00 ± 1.45aA
10	7.51 ± 4.55aA	5.39 ± 2.34aA	4.75 ± 7.10abA	3.56 ± 0.17aA
100	8.75 ± 7.81aA	7.49 ± 2.56aA	6.96 ± 3.27aA	3.79 ± 0.48aA
1 000	3.75 ± 8.20abA	−4.97 ± 8.30aAB	−2.56 ± 0.44cAB	−5.02 ± 4.93bB

注：小写字母为该列数据差异显著性标记，大写字母为该行数据的差异显著性（$P<0.05$）；引自闫文静等（2019）。

3 种浓度叶水浸液在处理后 2d 均有显著的化感促进作用，其效果分别为 58.75%、32.50% 和 17.50%。处理后 3d 和 4d 仅 10mg/mL 和 100mg/mL 叶水浸液有显著的化感促进作用，处理后 2~4d，化感促进效果随着处理浓度的增加而下降。但处理后 3d，不同浓度叶水浸液的化感效果无显著差异。处理后 5d，化感促进效果呈现先增后降的趋势，分别为 3.56%、9.24% 和 4.73%。但不论哪一种浓度的叶水浸液，化感促进效果均呈现出随处理时间的增加而逐渐下降的趋势（表 3-38）。

表 3-38　木薯叶水浸液对橡胶树白根病病菌菌落生长的化感效果

浓度 /（mg/mL）	处理后 2d/%	处理后 3d/%	处理后 4d/%	处理后 5d/%
0（CK）	0.00±3.31cA	0.00±2.16bA	0.00±2.16bA	0.00±1.45cA
10	58.75±1.25aA	20.71±2.22aB	19.16±2.10aB	3.56±1.14bC
100	32.50±2.17bA	19.69±0.78aB	14.07±0.90aC	9.24±0.19aD
1 000	17.50 ± 9.01bA	10.02 ± 5.86abB	5.39 ± 1.16bB	4.73 ± 0.48bB

注：小写字母为该列数据差异显著性标记，大写字母为该行数据的差异显著性（$P<0.05$）；引自闫文静等（2019）。

木薯种植中，其植株及器官常残留在田间并自然腐烂，因此闫文静等（2019）进一步研究了不同器官自然腐解物水浸液对病菌的化感作用。处理后 2~4d，8mg/mL 与 40mg/mL 根腐解物水浸液对橡胶树白根病病菌菌落生长均无显著化感作用，但是浓度增加至 200mg/mL 时，其化感抑制效果达到显著水平。处理后 2d，根腐解物水浸液对橡胶树白根病病菌菌落生长的化感抑制效果随处理浓度的增加而逐渐增强，当浓度达到 200mg/mL 时，化感抑制效果显著高于 8mg/mL 和 40mg/mL 浓度的效果，为 13.36%。在处理后 3d 和 4d，不同处理浓度水浸液的化感效果无显著差异。另外，不同处理浓度、时间之间的化感抑制效果均无显著差异（表 3-39）。

表 3-39　木薯根腐解物水浸液对橡胶树白根病病菌菌落生长的化感效果

浓度 /（mg/mL）	处理后 2d/%	处理后 3d/%	处理后 4d/%
0（CK）	0.00 ± 3.31aA	0.00 ± 2.16aA	0.00 ± 2.50aA
8	−2.47 ± 1.98aA	−7.02 ± 3.46abA	−6.58 ± 3.67abA
40	−4.30 ± 2.62aA	−7.23 ± 3.56abA	−7.64 ± 3.36abA
200	−13.36 ± 4.02bA	−14.54 ± 4.54bA	−11.59 ± 1.68bA

注：小写字母为该列数据差异显著性标记，大写字母为该行数据的差异显著性（$P<0.05$）；引自闫文静等（2019）。

3 种浓度茎腐解物水浸液处理 2~4d 后，对橡胶树白根病病菌菌落生长均表现出显著的化感抑制效果，其效果随处理浓度的增加而逐渐降低。处理后 2d，200mg/mL 的化感抑制效果显著低于8mg/mL和40mg/mL处理浓度，仅为8.21%。处理后3d，不同处理浓度的化感抑制效果无显著差异。处理后4d，200mg/mL的化感抑制效果显著低于8mg/mL处理浓度。8mg/mL和40mg/mL处理浓度的化感抑制效果在不同处理时间之间无显著差异。200mg/mL处理浓度时，处理后3d的化感抑制效果显著高于处理后2d和处理4d，之间的效果无显著差异（表3-40）。

表3-40　木薯茎腐解物水浸液对橡胶树白根病病菌菌落生长的化感效果

浓度/（mg/mL）	处理后2d/%	处理后3d/%	处理后4d/%
0（CK）	0.00±3.31aA	0.00±2.16aA	0.00±2.50aA
8	−19.39±0.93cA	−11.16±4.40aA	−19.01±2.64cA
40	−14.22±1.27cA	−11.01±4.52bA	−12.77±2.84bcA
200	−8.21±1.46bA	−13.41±3.88bB	−10.64±1.11bAB

注：小写字母为该列数据差异显著性标记，大写字母为该行数据的差异显著性（$P<0.05$）；引自闫文静等（2019）。

8mg/mL和40mg/mL处理浓度的叶腐解物水浸液对橡胶树白根病病菌的菌落生长均表现出显著的化感抑制效果，叶腐解物水浸液化感抑制效果均随处理浓度的增加而显著下降。当处理浓度增至200mg/mL时，化感抑制效果不明显。处理浓度为8mg/mL和40mg/mL时，不同处理时间之间化感抑制效果无显著差异。处理浓度为200mg/mL时，处理后2d的化感抑制效果显著低于处理后3d和4d的效果，仅有5.04%，处理后3d和4d的化感抑制效果之间无显著差异（表3-41）。

表3-41　木薯叶腐解物水浸液对橡胶树白根病病菌菌落生长的化感效果

浓度/（mg/mL）	处理后2d/%	处理后3d/%	处理后4d/%
0（CK）	0.00 ± 3.31aA	0.00 ± 2.16aA	0.00 ± 2.50aA
8	−32.24 ± 3.31cA	−37.38 ± 2.03 cA	−34.42 ± 5.06cA
40	−11.63 ± 1.59bA	−18.27 ± 2.66 bA	−18.16 ± 3.09bA
200	−5.04 ± 3.90aA	−6.65 ± 1.03aB	−5.84 ± 1.27B

注：小写字母为该列数据差异显著性标记，大写字母为该行数据的差异显著性（$P<0.05$）；引自闫文静等（2019）。

袁飞等（2020）进一步研究了木薯根系分泌物和土壤浸出液对白根病菌的化感作用。4个不同浓度的根系分泌物分别处理白根病菌2~6d，结果均无明显的化感作用。另外，4种处理的任一浓度在不同处理天数间的化感效果也均未达到显著水平（表3-42）。来自木薯田块不同浓度的土壤水浸液对橡胶树白根病病菌处理后，均呈现出化感促进作用，且浓度越大促进效果越强（不包括200mg/mL 2d处理），其中1000mg/mL 2d后化感促进效果为 35.08%。处理后 2d，化感促进效果达到显著水平的木薯土壤浸出液浓度大于 40mg/mL，而处理后 3d 和处理后 4d，所需的浓度仅大于 8mg/mL 即可，说明处理时间越长，达到显著化感促进效果所需的木薯土壤浸出液浓度越低（表 3-43）。

表 3-42　木薯根系分泌物对橡胶树白根病病菌菌落生长的化感效果

浓度 /（mg/mL）	处理后 2 d/%	处理后 3 d/%	处理后 4 d/%	处理后 5 d/%	处理后 6 d/%
0	0.00±0.63aA	0.00±0.40 aA	0.00±0.67aA	0.00±1.77aA	0.00±0.30aA
8	2.44±2.11 aA	1.15±2.70 aA	1.66±1.59 aA	2.75±1.56aA	0.24±0.52aA
40	3.09±2.89aA	4.70±3.18 aA	5.66±1.85aA	3.69±2.42aA	0.99±0.55aA
200	2.98 ± 1.67aA	5.74 ± 2.01 aA	2.77 ± 1.43aA	4.34 ± 1.27aA	2.47 ± 0.41aA
1 000	1.46 ± 1.49aA	3.39 ± 2.28aA	2.85 ± 1.54aA	3.69 ± 1.65aA	0.47 ± 0.54aA

注：小写字母为该列数据差异显著性标记，大写字母为该行数据的差异显著性（$P<0.05$）；引自袁飞等（2020）。

表 3-43　木薯土壤水浸液对橡胶树白根病病菌菌落生长的化感效果

浓度 /（mg/mL）	处理后 2 d/%	处理后 3 d/%	处理后 4 d/%
0	0.00 ± 3.69cA	0.00 ± 2.83cA	0.00 ± 2.48dA
8	4.47 ± 4.56cA	7.30 ± 3.85bA	5.96 ± 1.48cdA
40	26.03 ± 2.30bA	12.04 ± 1.35bB	8.33 ± 3.17bcB
200	25.25 ± 2.03bA	12.40 ± 1.08bB	10.68 ± 0.34bB
1 000	35.08 ± 5.19aA	21.59 ± 4.96aB	18.68 ± 5.11aB

注：小写字母为该列数据差异显著性标记，大写字母为该行数据的差异显著性（$P<0.05$）；引自袁飞等（2020）。

研究表明，木薯器官和田间土壤的水浸液对白根病菌均有化感促进作用，而器官腐解物水浸液有化感抑制作用。考虑到木薯的田间水浸和腐解过程，以及白根病菌同样能够为害木薯根系并进一步成为橡胶树白根病田间病源，分析间作木薯能够加重白根病的为害，因此白根病区不宜间作木薯。

七、田间管理措施对病害的控制作用

与其他作物病害不同，橡胶树白根病菌不能在土壤中残存，而只能在染病的植物组织上继续生存。幼龄胶树的病源大多为开垦时已经染病的老胶树或其他杂木的树根或树干。风或昆虫也能够将病原菌的孢子从将死的树桩或木材的表面传布开来，因此开垦后也能出现新的传染中心。不同的管理措施对白根病的发生为害有不同的影响。

开垦方法在很大程度上影响着根病的发生，全部采用机垦的土地，只有小块的树根留在土中，这些小的树根块很快就会腐烂。在开垦作业中被弄碎和分散的病根会引起侵染，这些侵染集中在初期阶段。另外常用的开垦方法是砍除和毒杀树桩，或毒杀整个植株，这种方法在土壤中留下大量树根，结果根病的传染率很高，而且传染的时间也较长。印度尼西亚对北苏门答腊省和亚齐省的因病更新胶园进行了调查。对病株及树桩进行毒杀后开垦的胶园白根病为害最重，幼龄和成龄病株率分别为 5.37% 和 7.21%，而机垦并造成病株残体完全腐烂的胶园损失相对较轻，幼龄和成龄病株率分别为 3.90% 和 2.76%，表明机垦处理能够减轻病害的发生，特别是成龄胶园。

在白根病病区，机垦或人工开垦后，及早建立并保持茂密的混合匍匐豆科植物覆盖层（注意避免其与幼龄橡胶树接触），就可提供能促进橡胶树迅速生长以及腐生菌迅速繁殖所需的冷凉、潮湿和荫蔽的条件。匍匐豆科植物的根系常常受白根病菌侵染，但这些植株很小而且很快腐烂，不会成为橡胶树根的有效接种体。白根病菌的根状菌索和菌丝体在这种环境下会受到其他真菌、细菌的侵袭，会被多种昆虫及其幼虫、其他土壤动物吃掉。覆盖植物的作用首先是促进病菌的无效生长，从而耗尽其养分贮备，例如会促进病菌在覆盖植物枯枝落叶层的表面生长甚至在染病树桩上面和周围形成子实体，从而耗尽它们的营养物质贮备并使菌丝体易被土中一些拮抗菌类和动物所破坏。另外，覆盖植物能够使大而危险的接种体菌源分散为许多小而无效的单位，从而降低其侵染潜力。只要拔除死亡的灌丛覆盖植物，就可阻止它传播根病，这类死亡植株在砍伐不久后灌丛重新生长时极易认出，在其他阶段不易发现。土壤最上层是白根病菌最活跃的区域，科特迪瓦发现树菊能够降低土壤最上层的湿度，因此采用树菊作胶园覆盖作物能够减少根病的发生。马来西亚发现心叶甘菊对根病有类似的压制作用，但该植物同样抑制橡胶树的生长。值得注意的是，千斤拔（多年生宿根草本，株高 0.4~1.0m）和灰叶豆这类灌木状豆科植物的木质根系在感病后能维持病菌的生存，从而能提供侵染橡胶树的大量接种体。与蔓生植物不同，灌木的根系相当大，足以使病菌通过和根系接触而使病害传播。木本豆科植物由于自身会受根病侵害并向橡胶树植株传播，通常也不宜种植。

田间发现受害重病植株后，可以在其和健康植株之间挖沟。沟要开得够深，以截断病树和健康树之间所有根系的联系。可通过根颈检查来确定发病区范围，一般从发病植株起，在第二和第三株橡胶树之间挖深 1m 以上、宽 30~40cm 的隔离沟，可有效阻止病根的传播。挖好的沟应让其空着，以防树根越过沟生长。为了达到隔离根病的目的，隔离沟要长期保持。为避免隔离开的树根重新接触，需要定期（每 2~3 个月）清除沟中的土壤并砍断根系，避免橡胶树根跨沟生长才能真正将病区有效隔离。这种方法花费很大，并不是常规根病防治措施的组成部分，但在根病发生地区可用作应急的补救措施。

第六节　橡胶树白根病防治策略

白根病在我国属于检疫性病害，因此应采取严格的检疫措施，其次应采用预防为主、综合防治的策略。

一、种植前防治策略

防风林应尽量不选择易感病树种，而且选择非寄主植物作为覆盖物，如毛蔓豆、爪哇葛藤等。采取机械开垦，彻底清除杂树桩，并尽量彻底清除病原（发病树头和病树根）并进行烧毁处理，或用草甘膦、2,4-滴丁酯等药物毒杀树桩，加速树桩腐烂。定植时防止病苗上山，在定植穴内和周围土壤中如发现有病根，要清除干净，防止病根回穴。

二、种植后防治策略

种植后的橡胶园要认真抓好定期检查及早期综合治理，早发现早治疗，不让病害在橡胶园蔓延扩大。发现病树后，及时挖隔离沟或对病株进行清除，并施以化学药剂加以控制，可简单概括为"六个字"，即"挖、追、砍、刮、晒、管"。

（一）强化加强抚育管理

采取改良栽培方法、勤松土、增施有机肥、消灭荒芜，及时改良胶园排水等措施，并在胶苗行间种植覆盖作物，以加速植株生长，提高橡胶树的抗病能力，减轻病害的发生。每年至少调查一次，调查时间宜在新叶开始老化到冬季落叶前。查看时，要对橡胶园内的死树、缺树、杂树头周围及防护林边的胶园做认真普查，以便及早发现，及时处理。在病树较多的老胶园，若不能及时处理或用常规方法处理不经济时，可挖掘隔离沟将病区隔离开。

（二）根颈保护和伤口处理

田间调查发现病树时，挖开土壤，暴露出病树根颈和侧根，接着切除病部，刮除发病植株上的菌索，清除干净感病组织，涂抹或淋灌适当的根颈保护剂，如1%十三吗啉及1%放线菌铜等与乳化沥青混合涂剂。例如，将10%十三吗啉加在软沥青中，然后在根颈部抹上一层以保护根颈。对病树相邻、未染病的健康植株也用同样的方式，暴露根颈和侧根，用根颈保护剂作预防性处理。因台风、农事操作或其他原因造成的伤口，应用杀菌剂处理加以保护。也可采用淋灌法施用杀菌剂，将病树周围的根颈挖开20cm深、10cm宽的土穴，将杀菌剂缓慢倾注到胶树根颈部使药液流向树头，待其渗入土中后用土壤进行覆盖。处理的效果取决于施用杀菌剂时的病害严重度，以及杀菌剂的用量和剂型。根颈部发病程度对处理效果至关重要，当病害侵染发展达到严重阶段，出现大量浅黄色叶片时，杀菌剂一般都失去作用。发病未超过严重阶段时，每株可施用有效成分1.875g丙环唑、3.75~5g三唑酮或15g十三吗啉，而侵染轻微至中度时每株施用有效成分1.375g丙环唑、2.5g三唑酮或12g十三吗啉，4个月后再施药一次，通常能够获得较好的效果，但仍然难以根除。

第四章

检疫性病害对我国天然橡胶产业的安全性评估

目前，橡胶树主要分布在南纬 10° 以北、北纬 15° 以南的赤道附近地区。在我国，橡胶树主要种植在北纬 18° 09′~24° 59′，东经 97° 59′~121° 1′。橡胶树适宜的生长温度为 20~30℃，最适温度为 25~27℃，气温在 5℃ 以下时植株受寒害，低于 0℃ 时受害致死，高于 40℃ 时生长受到抑制。橡胶树组织含水量约为 50%，胶乳含水量通常在 65%~75%，因此年降水量在 1 500mm 以上、土壤相对湿度 80% 以上地区均能满足橡胶树生长和产胶对水分的需求。开割橡胶树为高大乔木，根系庞大，需要大量的水分和营养，因此需要土层深厚、排水良好、保水性好、肥力充足的土壤，其中热带雨林以及土层深度在 1m 以上、pH 值 4.5~6.0 的砖红壤最为适宜。

热带地区的定义为南北纬 23° 26′（即南北回归线）之间，地处赤道两侧，全年气温较高（平均温度高于 16℃），四季界限不明显，日温度变化大于年温度变化的地区。我国海南全省，以及云南、广东、广西、台湾等省（区）部分地区属于热带，另外福建和四川等省份的部分地区按照气温标准同样属于热带。热带地区可以分为热带雨林气候、热带草原气候、热带季风气候和热带沙漠气候，其中我国部分热带地区为雨林气候，全年高温多雨，且各月较均匀。

目前我国橡胶树主栽区主要分布在云南、海南和广东，广西和福建部分地区也有少量种植。这些橡胶树主栽区光照、热量和水资源条件十分优越，同样有利于各种病虫害的发生，外来有害生物极易定殖扩散和蔓延成灾。目前，南美叶疫病尚未入侵我国，但白根病已在海南、云南等橡胶树主栽区有发生报道，对相关产业的潜在影响与威胁十分严重，研究者亟须开展危险性病害的风险评估工作，这对于橡胶树种植业中病害的可持续防控和相关产业的健康发展具有十分重要的理论意义与实际价值。

风险评估（risk assessment）作为外来物种风险分析（risk analysis）过程中的一个重要环节，最根本目的是判断物种的入侵性，最直接的目的是决策优先防治对象。某些重要入侵生物的生物学和生态学研究比较深入，积累了大量的理论及基础数据，分析者能够借助数学和计算机建立模型来预测和计算风险的大小。模型在综述复杂系统方面是一种有用的工具，能揭示客观事物的数学规律。检疫性入侵生物的风险评估主要包括物种适生性（物种入侵及建立自然种群可能性）、扩散性以及为害影响等三方面内容，其研究难度依次递增，而技术方法有效性则为依次递减，其中病害为害影响情况复杂且变化快，因此定量评估最难以进行。

目前，国内橡胶树检疫性病害方面的研究相对较少，进行风险评估还需要进行大量的研究工作。南美叶疫病仅在南美地区流行，原创性研究基本在巴西等发病国开展，其他国家仅能在相关研究进展的基础进行预警性分析研究。由于病害样品难以获取，国内学者仅在追踪国外相关文献的基础上，分析了相关因子对病害分布范围的影响，进一步利用MaxEnt 软件开展了该病在全球以及我国的潜在分布分析研究。白根病为土传病害，国内外研究均较少，除了对国外研究进展的追踪外，国内仅有病原鉴定、防治技术等方面部分工作。中国热带农业科学院环境与植物保护研究所、全国农业技术推广服务中心、中华人民共和国海南出入境检验检疫局、中华人民共和国厦门出入境检验检疫局、海南大学等机构开展了南美叶疫病监测、检疫鉴定，以及白根病的病原鉴定、防控技术、检疫技术等方面的研究，发布了监测及检疫方面的行业标准。

有害生物风险性分析程序（PRA）是按照生态学、生态经济学的基本原理，采用专家决策系统的基本理论和方法对生物、环境和社会 3 个方面进行综合分析，按照层次分析法（AHP）来确定各级指标的权重值，基于分析目标的多对象、多因子、多层次的结构特点，以其隶属程度来归类，并应用模糊综合评判的方法进行分析评价（蒋青等，1995；范京安等，1997）。该程序比较科学合理，能够避免了人为估计权重值带来的某些偏差，同时能够采用简单的方法处理复杂的系统，综合考虑了人们的经验和定性因子，解决了过去凭经验或非量化因子无法参与运算的问题。采用该方法可以对外来入侵生物提供初步的、快速的风险评估，为风险管理及政府决策提供参考。因此中国热带农业科学院环境与植物保护研究所采用该方法，针对这两种检疫性病害对我国天然橡胶相关产业进行了安全性评估，为这些病害检疫措施的制定提供理论依据，以便更好地保障我国相关产业的可持续发展。

第一节 安全性评估的材料与方法

参考《外来入侵物种普查及其安全性考察技术方案》中的病害和节肢动物普查方法（"中国外来入侵物种及其安全性考察"项目组，2007），自 2005 年以来，中国热带农业科学院环境与植物保护研究所联合热区"一带一路"沿线国家及国内相关机构，对主要植胶国及中国海南、云南、广东和广西等橡胶树主产区进行了长期的病害普查工作，明确了白根病在我国及部分国家的发生为害情况并确认南美叶疫病尚未入侵东南亚地区。在此基础上，收集国内外这些病害的研究进展，参照中国农林有害生物危险性综合评价标准（郭晓华等，2007），从国内外分布状况、潜在经济为害性、受害寄主的经济重要性、传播扩散的可能性及危险性管理难度等 5 个方面对南美叶疫病和白根病进行定性及定量分析，并对每一个子指标进行赋值。参照蒋青等（1995）的方法，用以下公式对各项指标及各病害入侵我国的综合风险值 R 进行计算，同时根据 4 级风险划分法评价其风险等级。

$$R=\sqrt[5]{P_1 \cdot P_2 \cdot P_3 \cdot P_4 \cdot P_5}$$

$$P_1=P_1$$

$$P_2=0.6P_{21}+0.2P_{22}+0.2P_{23}$$

$$P_3=\max(P_{31}, P_{32}, P_{33})$$

$$P_4=\sqrt[5]{P_{41} \cdot P_{42} \cdot P_{43} \cdot P_{44} \cdot P_{45}}$$

$$P_5=(P_{51}+P_{52}+P_{53})/3$$

$$P_5=\sqrt[5]{P_1 \cdot P_2 \cdot P_3 \cdot P_4 \cdot P_5}$$

第二节　定性与定量分析

一、国内外分布状况

南美叶疫病由乌勒假尾孢（*Pseudocercospora ulei*）侵染引起，目前仅在拉丁美洲北纬 18°（墨西哥的埃默尔巴马）到南纬 24°（巴西的圣保罗州）之间的广大地区发生，包括巴西、墨西哥、危地马拉、洪都拉斯等植胶国。该病尚无传入东南亚乃至入侵我国的报道（黄贵修等，2018），中国热带农业科学院环境与植物保护研究所开展的普查工作也未发现该病害。白根病由病原真菌木质硬孔菌［*Rigidoporus lignosus* (KL.) Imaz.］引起，同样是世界性病害，亚洲的印度、印度尼西亚、马来西亚、泰国、越南、柬埔寨，非洲的科特迪瓦、尼日利亚、塞拉利昂，以及南美洲的巴西、秘鲁、墨西哥、哥斯达黎加、危地马拉等国家均有发生。我国海南琼海和云南河口地区均有发生记录，目前云南植胶区仍然零星发生，因此 P_1 赋值分别为 3 和 2（表 4-1）。

二、潜在经济危害性

南美叶疫病的病原菌能够侵染橡胶树的嫩叶、叶柄、嫩茎、花序和幼果等组织，病害的流行能造成植株连续多次落叶，受害枝条枯死，严重时整株死亡。20 世纪初，南美叶疫病在拉丁美洲部分地区发生后，所有达到成龄阶段的橡胶园在 6~7 年内均被毁灭。病害的流行为害几乎毁灭了当地的橡胶树种植业，橡胶树种植业的重心也随之由起源地的热带美洲地区转移至东南亚地区。白根病菌主要为害橡胶树的根系，影响水分和营养物质的吸收，导致地上部分出现叶片褪绿、黄化脱落，以及提前开花等一系列症状。随着病程的进展，整个树冠变黄，植株最终枯死，重病胶园被迫提前更新。白根病在田间发生后，由于病原菌位于土壤内，有效药剂难以发挥作用，病害逐渐向四周扩散，严重时同样可以毁掉整个橡胶园。因此两种病害的 P_{21} 赋值均为 3。

这两种病害病原菌均为真菌，目前尚无该类病菌传带其他有害生物的报道，因此 P_{22} 赋值均为 0。亚太地区已有超过 20 个国家将南美叶疫病列为检疫对象，我国也将该病列入进境植物检疫性有害生物名录，禁止从发病区进口三叶橡胶树及种子，并对特殊情况下必须进口的相关商品从用途、检疫处理、证明材料等多方面进行了严格限制。白根病同样是世界橡胶树种植业的重要病害，在马来西亚、泰国、缅甸、越南等地严重发生，相关国家已将其作为检疫对象。因此这两种病害的 P_{23} 赋值分别为 3 和 1。

三、受害寄主的经济重要性

除三叶橡胶属植物外，尚无南美叶疫病为害其他作物的报道。目前受该病病原菌侵染的植物仅有三叶橡胶属的巴西橡胶树（*Hevea brasiliensis*）、边沁橡胶树（*H. benthamiana*）、圭亚那橡胶树（*H. guianensis*）、色宝橡胶树（*H. spruceana*）和扭叶橡胶树（*H. coniusa*）5种，其中栽培寄主仅巴西橡胶树1种。木质硬孔菌除为害橡胶树外，还能够为害热带地区大量栽培作物和森林植物，如柑橘、杧果、椰子、波罗蜜、番荔枝、人心果等果树，胡椒、咖啡、可可等香辛饮料作物，木薯、茶、油棕、槟榔等经济作物，豆科等覆盖作物，以及刺桐、木棉树等乔木。因此 P_{31} 赋值分别为 1 和 3。

橡胶树是中国热带地区重要的经济作物，相关产业也是当地经济的重要组成部分，从业人员数百万。橡胶树在中国云南、海南、广东等地种植较为普遍，2017 年总种植面积为 116.75 万 hm^2，因此 P_{32} 赋值均为 1。橡胶树的收获物是中国战略性工业原料，中国天然橡胶生产不能自给，2006 年以来中国一直是世界上最大的进口国，2017 年进口量为 279.3 万 t。在中国，天然橡胶除用于生产标准胶、浓缩胶乳、航空轮胎标准胶和恒黏胶等（金华斌等，2017）产品外，与其相关的乳胶日用品、橡胶木材加工（王龙章，1989）、橡胶籽油（陈茜文，1999）、橡胶树花蜜（董霞，1995）等也有良好的市场前景。这两种病害一旦在我国大面积发生为害，将严重影响相关产业的健康发展，因此 P_{33} 赋值均为 3。

四、传播扩散的可能性

南美叶疫病的病原菌能够在幼龄（未成熟）、完全展开（刚成熟）和老叶（完全成熟）上分别产生分生孢子、器孢子和子囊孢子。除器孢子外，其余两种孢子均可在田间借助气流、雨水和田间工具等进行传播扩散。分生孢子能够在离体病叶上能存活 1 个月以上，脱落的病叶在 1 个月后仍能释放出子囊孢子。另外，分生孢子可以在布料、纸、玻璃等物品表面存活 7d 以上，在干燥土壤中存活 12d 以上。病叶是病原菌远距离传播的主要载体。受侵染的橡胶树种苗、茎叶、育种材料和带菌病土，三叶橡胶属其他感病植物品种的染病组织，黏附有病菌孢子的包装、填充材料，来自病区的人体及其携带的物品，均可导致病害的远距离传播，黏附有病菌孢子的动物和工具也有传病的可能。目前，中国对于巴西等南美叶疫病疫区国家有严格的检疫规定。白根病的初侵染源常来自原生林地的染病树桩，主要通过根系接触而传给橡胶树。死树砍伐后留下的病残树桩是田间主要的侵染来源，子实体产生的担孢子可以借助风雨、昆虫沉降到树桩切面或根系伤口形成新的侵染源，再经过根系接触传播。带病种植材料的调运，可造成该病的远距离传播。白根病在中国零星发生，之前也出现过来自病区种苗被截获的事件（未发表资料）。因此 P_{41}、P_{42} 赋值分别均为（2、2）和（3、3）。

目前南美叶疫病仅在拉丁美洲的巴西、墨西哥、危地马拉等 21 个国家发生，亚洲和非洲植胶区均无该病的发生报道。曾辉等（2008）利用 MaxEnt 预测了橡胶南美叶疫病菌在全球的潜在地理分布，发现我国海南省、云南省西双版纳地区、广西壮族自治区南部沿海、广东省南部沿海和台湾省等地区都是该菌的潜在地理分布区。白根病在亚洲、拉丁美洲和非洲等地区普遍发生。我国橡胶树主栽区气候高温多雨，有利于这两种病害的发生为害，由于橡胶树主栽区面积不到中国面积的 20%，因此两种病害的 P_{43} 和 P_{44} 赋值均为（1、1）和（1、1）。

两种病害均由真菌侵染引起，南美叶疫病在田间主要依靠气流、雨水等途径传播，而白根病为土传病害，主要通过土壤传播，也能借助风雨、昆虫等进行传播。因此这两种病害的 P_{45} 赋值分别为 3 和 1。

五、风险管理难度

橡胶树受南美叶疫病为害后，叶片会形成易于辨认的典型症状，但嫩枝、花序、果实、叶柄等多个部位可出现褪绿、变色、干枯、提前脱落等症状，和炭疽病、棒孢霉落叶病等多种病害的部分症状之间有一定的相似性。白根病发生后，由于根系功能受损，叶片变黄、提前脱落为主要症状，病害初发阶段仅有部分枝条的叶片出现症状，和白粉病、六点始叶螨等病虫为害以及肥料缺乏等症状不易区分，通常在植株严重受害死亡并且周边植株也开始发病时才可以明确识别。除白根病外，在中国为害橡胶树的根病还有 6 种，其中红根病发生面积最大，而不同根病在树冠上引起的症状均比较相似，仅在根系受损情况存在较明显的差异，腐生菌（如白绢病菌）也能形成和白根病相似的菌索。另外，定植以后的橡胶树植株比较高大，树冠上的症状难以观察，更增加了这两种病害田间症状的辨别难度。目前我国发布了南美叶疫病和白根病检疫鉴定方法，参照这些方法进行病原菌的分离、显微观察和分子鉴定，能够可靠地进行病原菌鉴定，但是需要花费很长时间才能完成。这两种病害的 P_{51} 赋值均为 2。

代森锰锌、苯菌灵、甲基硫菌灵药剂对南美叶疫病菌的生长有较好的抑制作用，对田间病害也具有一定的防治效果。南美叶疫病为叶部病害，药剂能够比较容易地施用到受害部位并有较好的防治作用，但田间条件下根本不能完全清除病原菌。除非将发病橡胶园及周边地区所有橡胶树植株和其他受侵染的橡胶树属的几种树木全部清理，并改种其他作物，而这耗资巨大，显然是不现实的。白根病为土传病害，病原菌主要存活在土壤内且寄主范围广泛，在胶园内还能够侵染千斤拔、灰叶豆、银合欢等灌木类和覆盖类豆科植物，以及木薯等间作作物。研究者针对病原菌，筛选出粉锈宁、五氯硝基苯、十三吗啉、戊唑醇、腈菌唑等有较好抑制作用的有效药剂，但药液难以对土壤所有受害根系进行有效处理而且仅能抑制病菌的生长。这些药剂在进行连续的灌根处理后对病害有一定的控制作用，但成本高且控制难度大。国内胶园根病发生后，通常只能改种玉米等其他作物。目前生产中尚未筛选出对这两种病害具有较好抗性且高产的橡胶树种质，病害一旦发生，根本不能根除。因此 P_{52} 和 P_{53} 赋值分别为（2、3）和（2、3）。

第三节　综合风险值与风险等级

根据各参数的赋值结果（表4-1），计算出南美叶疫病的 P_1、P_2、P_3、P_4、P_5 的数值分别为 3、2.4、3、1.78、2，最后得出综合风险值（R 值）为 2.38。白根病的 P_1、P_2、P_3、P_4、P_5 的数值分别为 2、2、3、1.43、2.67，综合风险值（R 值）为 2.15。按照 4 级风险划分法，这 3 种病害对我国天然橡胶相关产业的风险等级均为高度危险。

表 4-1　3 种橡胶树检疫性病害对我国天然橡胶产业的风险分析

指标项目	评判标准	南美叶疫病赋值	白根病赋值
国内分布情况（P_1）		3	2
	国内无分布，$P_1=3$ 国内分布面积占 0%~20%，$P_1=2$ 国内分布面积占 20%~50%，$P_1=2$ 国内分布面积占大于 50%，$P_1=0$	3	2
潜在的为害性（P_2）		2.4	2
潜在的经济为害性（P_{21}）	产量损失达 20% 以上，和（或）严重降低作物产品质量，$P_{21}=3$ 产量损失在 20%~5%，和（或）有较大的质量损失，$P_{21}=2$ 产量损失在 1%~5%，和（或）有较小的质量损失，$P_{21}=1$ 产量损失小于 1%，且对质量无影响，$P_{21}=0$	3	3
是否为其他有害生物的传播媒介（P_{22}）	传带 3 种以上的有害生物，$P_{22}=3$ 传带 2 种有害生物，$P_{22}=2$ 传带 1 种有害生物，$P_{22}=1$ 不传带任何有害生物，$P_{22}=0$	0	0

（续表）

指标项目 Index	评判标准 Criterion	南美叶疫病 赋值	白根病 赋值
国外重视程度 （P_{23}）	被 20 个以上的国家列为检疫对象，$P_{23}=3$ 被 19~10 个国家列为检疫对象，$P_{23}=2$ 被 9~1 个国家列为检疫对象，$P_{23}=1$ 被 0 个国家列为检疫对象，$P_{23}=0$	3	1
受害栽培寄主的经济重要性（P_3）		3	3
受害栽培寄主 的种类（P_{31}）	受害的栽培寄主有 10 种以上，$P_{31}=3$ 受害的栽培寄主有 9~5 种，$P_{31}=2$ 受害的栽培寄主有 4~1 种，$P_{31}=1$ 受害的栽培寄主有 0 种，$P_{31}=0$	1	3
受害栽培寄主 的面积（P_{32}）	受害栽培寄主的总面积 350 万 hm^2 以上，$P_{32}=3$ 受害栽培寄主的总面积在 150 万 ~350 万 hm^2，$P_{32}=2$ 受害栽培寄主的总面积小于 150 万 hm^2，$P_{32}=1$ 无受害面积，$P_{32}=0$	1	1
受害栽培寄主 的特殊经济价 值（P_{33}）	具有很高的应用价值，出口创汇丰富，$P_{33}=3$ 具有不错的应用价值，出口创汇较丰富，$P_{33}=2$ 具有一般的应用价值，出口创汇一般，$P_{33}=1$ 具有极少的应用价值，出口创汇不丰富，$P_{33}=0$	3	3
传播的可能性（P_4）		1.78	1.43
截获难易 （P_{41}）	有害生物经常被截获，$P_{41}=3$ 偶尔被截获，$P_{41}=2$ 从未被截获或历史上只截获过少数几次，$P_{41}=1$	2	2
运输中有害生 物的存活率 （P_{42}）	运输中有害生物的存活率在 40% 以上，$P_{42}=3$ 运输中有害生物的存活率在 40%~10%，$P_{42}=2$ 运输中有害生物的存活率在 10%~0，$P_{42}=1$ 运输中有害生物的存活率在存货活为 0，$P_{42}=0$	3	3
国外分布 （P_{43}）	在世界 50% 以上的国家有分布，$P_{43}=3$ 在世界 50%~25% 的国家有分布，$P_{43}=2$ 在世界 0~25% 的国家有分布，$P_{43}=1$	1	1
国内适生范围 （P_{44}）	在国内 50% 以上的地区能够适生，$P_{44}=3$ 在国内 50%~20% 的地区能够适生，$P_{44}=2$ 在国内 0~20% 的地区能够适生，$P_{44}=1$	1	1
自然传播途径 （P_{45}）	气传、自身传播力很强，$P_{45}=3$ 由活动力很强的介体传播，$P_{45}=2$ 土传、自身传播力很弱，$P_{45}=1$	3	1

（续表）

指标项目 Index	评判标准 Criterion	南美叶疫病 赋值	白根病 赋值
风险管理的难度（P$_5$）		2	2.67
检验鉴定的难度（P$_{51}$）	检疫方法的可靠性很低，花费的时间很长，P$_{51}$=3 检疫方法比较可靠，但要花费很长时间才能检出，P$_{51}$=2 用常规的检疫方法，花费一定时间，可以检出，P$_{51}$=1 检疫方法非常可靠且简便快速，完全可以检出，P$_{51}$=0	2	2
除害处理的难度（P$_{52}$）	现有除害处理方法几乎完全不能杀死有害生物，P$_{52}$=3 除害率在50%以下，P$_{52}$=2 除害率在50%~100%，P$_{52}$=1 除害率为100%，P$_{52}$=0	2	3
根除难度（P$_{53}$）	控制效果差，成本高，难度大，根本不能根除，P$_{53}$=3 控制效果一般，成本较高，难度较大，几乎不能根除，P$_{53}$=2 控制效果好，成本较低，难度较小，几乎可以根除，P$_{53}$=1 控制效果很好，成本低，难度小，可以根除，P$_{53}$=0	2	3

第四节　风险评估的意义

采用有害生物风险性分析程序（PRA），在相关研究较少的情况下，研究者针对这两种检疫性病害对我国天然橡胶产业的安全性进行了初步评估，所获结果表明其对相关产业为高度危险。

目前，国际上有关南美叶疫病和白根病的发生动态、病害监测、病原学及防治技术等方面的最新进展对我国开展相关防控工作具有重要意义，相关部门应加强与国际相关机构的交流，加强对现有监测技术规范的宣传和熟化应用，开展国内橡胶树主栽区的系统性监测预警工作，引进或研发实用、快速高效的病原菌检测技术，增强国内检疫工作能力。国内不同主栽区在橡胶树种子、种苗及其他繁殖材料调运中，应严格按照检疫工作要求，减少人为传播的可能性。同时，通过多种形式的培训及科普活动，提高中国植胶区广大农技人员和种植户对这些病害的识别和防治技术，有效保障中国天然橡胶及相关产业的可持续发展。

第五章

检疫性病害的监测技术研究

当前，为害严重的各类病害仍然是我国天然橡胶产业发展的潜在限制性因素，"两病"（白粉病和炭疽病）防治仍然是每年春季必须开展的田间管理工作，而就检疫性病害而言，白根病在部分地区严重发生为害。我国橡胶树种植业面临着胶价严重下滑、经济效益低、胶工短缺、田间管理投入减少等问题，而检疫性病害一旦流行为害，将对我国天然橡胶产业造成毁灭性影响。和传统农业相比，智慧农业在橡胶树种植业中的应用将从整体上提高检疫性病害的监控技术水平，有效保障和促进相关产业的健康发展。

目前，在现代计算机和互联网技术的基础上，学者们开展了包括病虫害监测在内的田间管理专家系统研究与推广应用工作。通过专家系统的指导，定量数字化模拟，进行田间病害的监测预警工作，是当前橡胶树检疫性病害监控技术的重要发展方向。

第一节　橡胶树检疫性病害监测工作现状

1978 年，美国伊利诺斯大学开发的大豆病虫害诊断专家系统（CPLANT/ds）是世界上应用最早的专家系统（降惠等，2012）。瑞士在 1986 年研发出病虫害预测系统 EPIPR，德国在 1998 年将病虫害预测预报结合计算机技术形成决策系统 PROPLANT，这两个系统均在生产中得到推广应用。美国约翰迪尔公司（John Deere）是全球最大的农业机械制造商，也是精细农业的领导者，该公司的农业智能机器人可以进行智能除草、灌溉、施肥和喷药等田间管理（李峰，2017）。

在病害监测方面，中国热带农业科学院环境与植物保护研究所联合国内相关机构，组织启动了农业基础性长期性植物保护观测监测工作，开展了包括橡胶树、木薯等热带作物重要病害在内的系统性、长期性监测工作，按照专业化、标准化的标准，采集相关病虫害的田间监测数据，所得监测结果也通过网络提交、审核后汇总至监测数据库。其他一些研究机构也开展了病害监测方面大量的研究工作。

橡胶树为高大乔木，和国内发达的设施农业相比，存在生产周期长、经济效益低等问题，因此监测技术的现代化水平还比较低。以中国热带农业科学院环境与植物保护研究所为主的科研机构，开展了橡胶树病虫草害数据库和监测预警网、基于移动客户端的橡胶树病虫草害预警监测与控制信息平台 APP 软件、重要病害的遥感监测技术等方面的研发和应用工作，本书对此进行了简要介绍。

一、橡胶树病虫草害数据库和监测预警网

和其他作物类似，严重发生的各种病虫（螨）草害是橡胶树种植及相关产业发展的限制性因素之一。目前我国橡胶树植保领域的研究还很薄弱，和水稻、玉米等主粮作物相比，病害（特别是检疫性病害）方面的研究、文献和书籍还比较少，难以满足生产上对相关信息的需求。近年来，随着计算机、互联网和信息化技术的发展，信息的数量在不断增长，相关的各种数据库也在不断出现，功能也在不断增强。为了保障我国天然橡胶产业的健康和可持续发展，中国热带农业科学院环境与植物保护研究所在广泛搜集国内外相关研究进展的基础上，采用信息化技术构建了基于 Web 技术的橡胶树有害生物基础数据库。本数据库实现了对各类有害生物的规范存贮，具有查询速度快和检索方便、用户界面友好等特点，保证用户在最短的时间内查询到任何一种有害生物的发生范围、病原信息、识别特征、防控措施等技术信息。

（一）数据库相关信息的采集与整理

针对为害橡胶树的病害、虫（螨）害和草害，收集国内外相关研究进展，进行所获信息的科学、规范整理，编制各类基本信息表。

1. 信息的采集

检索国内外公开出版发行的橡胶树病虫（螨）草害的专著、论文、网络信息等文字信息，收录时注意资料的时效性，同类资料均以最新版本或最新研究进展为准。图像信息采集自相关资料及中国热带农业科学院环境与植物保护研究所等机构在相关研究工作中积累所得。

数据库收集了世界范围内为害橡胶树生产的有害生物相关信息，分别包括病害数据库、虫（螨）害数据库和草害数据库。病害数据库分为侵染性和非侵染性病害，目前收录有包括 24 种真菌病害和 1 种生理性寒害，虫（螨）害数据库有 10 种虫（螨）害，而草害数据库有 31 种杂草，数据将随相关研究的进展而不断更新。

2. 信息的处理

对收集到的各类数据，进行标准化处理。每种侵染性病害包括基本信息、病原信息、发生流行规律、为害症状、国内外发生和分布情况、农业和化学防治措施等，基本信息包括病害的中英文名称、病原类别、是否为检疫对象等，病原信息包括中英文名称、分类阶元和生物学特征等。每种非侵染性病害包括基本信息、发生特点、为害症状、国内外发

生分布情况、农业防治措施等。每种虫（螨）害包括别名、基本信息、识别特征、寄主范围、为害特点、生活习性、防治措施（农业、化学和生物防治）、天敌种类和分布情况等，基本信息包括害虫的中英文名称和分类阶元，天敌种类包括天敌的中英文名称、分类阶元、识别特征、捕食对象和捕食特性等。每种草害包括别名、基本信息、原产地、生物学和生态学特征、物理防治和分布情况等，其中基本信息包括中英文名称、分类阶元、病害代码（GB/T 15161—1994）、虫（螨）害代码（GB/T 15775—1995）、植物代码（GB/T 14467—1993）以及是否为入侵植物（国家环保总局和中国科学院，2003）等。

3. 信息表之间的关系

本数据库的基本信息表：橡胶树病害基本信息表、橡胶树虫（螨）害基本信息表、橡胶林草害植物信息表、橡胶树病虫（螨）害寄主信息表、橡胶树虫（螨）害天敌种类信息表、橡胶树虫（螨）害天敌生物信息表、橡胶树病害病原种类信息表、橡胶树病原生物信息表、分布信息表、多媒体信息表、物理防治信息表、化学防治信息表、生物防治代码信息表、检疫信息表、天敌主要捕食对象信息表等。以橡胶树的病、虫（螨）害、草害的基本信息表为主线，分别关联寄主表、分布表、防治表、天敌表、病原表等相关信息，各数据库基表间通过主键和外键相互联系，同时各个基表本身又具有相对的独立性。通过适当的输入系统，数据都能准确、安全、完整地输入数据库。

（二）系统功能的设计与实现

1. 系统功能的设计原则

基于 HTTP 协议，设计并开发了 WINDOWS 系列操作系统基础上的橡胶树有害生物数据库。系统采用 B/S 模式结合 C/S 模式进行建设，前台数据查询系统采用 B/S 模式，用户只能查询浏览数据，从而保证前台用户无法修改数据库信息。后台数据管理系统采用 C/S 模式，只能由管理人员来进行数据的操作。数据库的框架机构见图 5-1。

2. 系统整体框架的设计

本系统由数据库系统、后台数据库管理系统、前端查询系统 3 个主要部分构成，数据库系统使用微软 SQL Server 作为数据库平台，后台采用 Delphi 平台构建基于 C/S 结构的数据管理系统，保证数据库管理和数据维护的安全和稳定。前端查询系统采用 ASP 构建 WEB 服务平台，可通过互联网提供橡胶树有害生物信息综合查询，并可通过标准数据接口，与其他系统衔接。

橡胶树有害生物数据库后台管理系统包含病害数据管理、虫（螨）害数据管理、草害数据管理、病原数据管理、天敌数据管理 5 个数据管理模块；包含数据统计、用户管理、权限管理 3 个系统功能模块；复用工具模块 6 个，包括数据增加、删除、修改功能，查询、打印、导出功能，并预留远程数据库连接接口，可通过二次开发增加远程数据管理功能，以适应系统在各种网络环境下的运行和部署（图 5-2）。

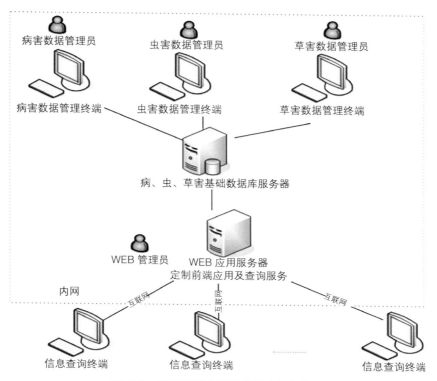

图 5-1　橡胶树病虫草害数据库框架结构

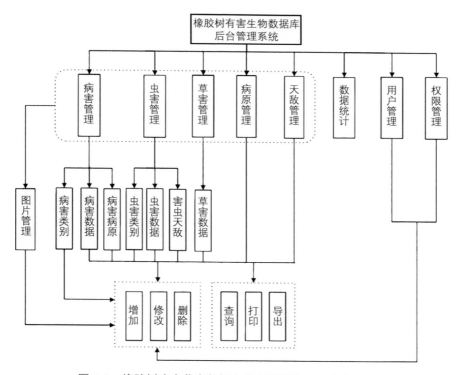

图 5-2　橡胶树病虫草害数据库后台数据管理系统功能模块

3. 系统查询功能的实现

橡胶树有害生物数据库查询系统首页（图5-3和图5-4）包括病害查询页面、虫（螨）害查询页面、草害查询页面、综合查询、二级页面与二级静态页面。查询页面均具

图5-3 橡胶树病虫草害数据库主页面

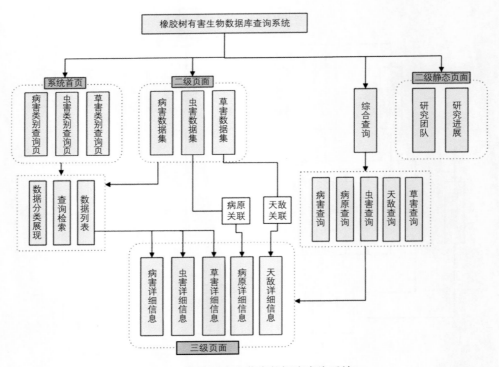

图5-4 橡胶树病虫草害数据库查询系统

有数据分类展现、查询检索、数据列表功能，数据列表功能提供病、虫、草、病原、天敌详细数据信息，二级静态页面包含研究团队、研究进展相关信息。

4. 查询应用举例

系统提供了多种查询功能。在首页上可以直接通过综合查询，分别进行病害、病原、虫（螨）害、害虫天敌和草害方面的查询。也可以直接在各个子数据库里根据有害生物的中英文名称进行相关信息的查询，各个子库中还提供了根据有害生物中文名称所提供的快速查询。例如，选择主页上的综合查询，在病害中文名称栏目里输入"棒孢霉"，点击"查询"，系统即给出目前数据库中的棒孢霉落叶病的名称，点击后系统均可进一步给出该病害的相关信息，包括病原信息、国内外发生范围、症状、发生流行规律和防治措施等。在任何一个查询条件栏中，输入的条件越简单，符合条件的最终结果就越多（图 5-5）。

图 5-5　橡胶树病虫草害数据库综合查询页面

5. 系统运行要求

本数据库服务器需要 Microsoft SQL Server 2000 及以上版本，WEB 服务器需要 windows2003 或者更高版本，安装 Internet 信息服务（IIS）6.0 或以上版本并同时安装 DotNet 框架。后台数据管理系统需要 Windows XP 及以上 Windows 版本。外部查询浏览需要 IE6.0 及以上版本或 Mozilla Firefox 3.0 及以上版本，同时也支持 Opera 9.0 及以上版本。

（三）橡胶树病虫草害预警监测与控制网

以数据库系统为基础，可以提供对橡胶树有害生物远程查询浏览、病害的远程初步诊断鉴定。以此平台及数据库为基础，结合地理信息系统（GIS）等其他信息系统，可开发橡胶树有害生物预警监测、病害风险评估、远程病害检疫等综合信息平台，本系统设计过程采用的数据格式、数据接口、模块封装均为标准接口，为与其他系统进行数据交换及进行二次开发提供了良好的扩展支持。目前，中国热带农业科学院环境与植物保护研究所在前期橡胶树有害生物数据库的基础上，及时跟踪国内外最新研究进展，进一步建设了橡胶树病虫草害预警监测与控制网。该网站分系统首页、危险性病虫草害、国内重要病害、国内重要虫害、国内重要杂草、非侵染性病害、有害生物数据库、专家团队、联系我们等信息。各种病虫草害均按照研究进展、发生与为害、生物学与生态学、发生规律、监测预警、综合防控等方面进行介绍。另外还提供橡胶树有害生物相关的新闻动态、研究进展、相关科技服务、相关链接等。目前该数据库及防控网已试运行5年，计划进一步完善后建成一个面向国内外免费开发和查询的网站，从而有利于科研工作者及时了解国内外最新研究进展，同时也有利于橡胶树种植户及时了解生产一线中的植保问题并由相关专家直接提供技术支持，从而有效保障橡胶树种植及相关产业的健康、持续发展。

二、橡胶树病虫草害预警监测与控制信息平台 App 软件

近年来，随着互联网和智能终端设备的发展，研发出了大量基于移动客户端的 App 软件并在生产生活中得到广泛应用。中国热带农业科学院环境与植物保护研究所在前期工作基础上，研发了橡胶树病虫草害预警监测与控制信息平台 App 软件，并在田间一线进行推广应用。

（一）软件系统概要

该软件通过采集整理橡胶树病害、虫害和草害基础信息，相关防治措施等建立数据库，以橡胶树病虫害信息数据库为基础搭建监测预警系统，并开发适用于智能手机的移动终端版本，最终构建橡胶树病虫草害预警监测与控制信息平台。

该平台面向橡胶树病虫草害防治专家、科研人员、胶园技术人员、农场管理人员、农业技术人员和橡胶树种植人员等用户，主要用于橡胶树病虫草害的信息查询、专家诊断、为害监测、为害预警等科研和生产领域，通过 PC 端和移动端利用互联网实时上报监测区域的病虫害发生动态、为害预警，病虫害专家根据获得的病虫害图文信息，对监测区进行远程诊断，并提出具体的防治控制措施，实现了橡胶树病虫害的远程诊断、监测预警、防治控制的信息化、网络化，达到快速预警、有效防治、减少损失的目标。

（二）软件系统体系结构设计

1. 系统物理架构

该系统由数据中心、终端用户和智能手机端（专家）三部分组成（图 5-6）。数据中心包括橡胶树病虫害数据库和信息平台应用服务器，相关数据经过交换机、防火墙以及路由器，通过网络向管理端和终端用户提供。终端用户包括 PC 端、智能手机端等用户。

2. 系统技术架构

系统的技术架构分为数据采集层、存储层、分析层和应用层。数据采集层包括病害、虫害和草害监测数据，气象监测数据，以及防治控制措施等。存储层包括 ETL（数据清洗

整理、转化、上载等）和数据分析模型，分析层包括预警模型、诊断模型、为害统计分析模式和数据存储中心，而应用层包括病虫草害信息查询、为害预警、专家诊断、统计图表信息以及在此基础上的防治技术指导、科研应用、专家咨询和公共服务信息等（图5-7）。

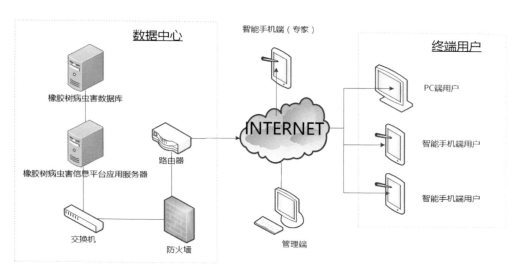

图 5-6 橡胶树病虫草害预警监测与控制信息平台的系统物理架构

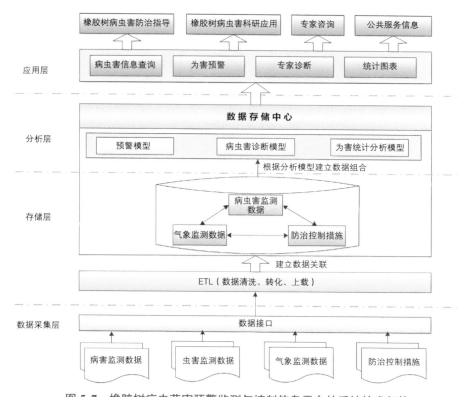

图 5-7 橡胶树病虫草害预警监测与控制信息平台的系统技术架构

3. 系统功能结构

平台主要包含两大子系统和一个手机端（移动端），即橡胶树病虫害信息数据库、橡胶树病虫为害监测预警系统和手机端（图5-8）。

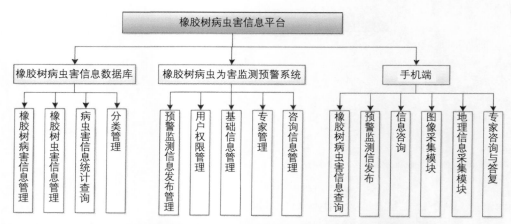

图 5-8　橡胶树病虫草害预警监测与控制信息平台的系统功能结构

4. 系统业务流程

该平台通过终端用户的移动智能手机端对发生为害地区进行图文信息的采集，并通过手机端上报到系统平台，系统根据上报的信息自动分发到相应的专家，由专家进行远程诊断，并做出诊断结论，系统根据诊断结论将防治控制措施反馈到用户的手机端，同时根据预警模型发布监测预警信息（图5-9）。

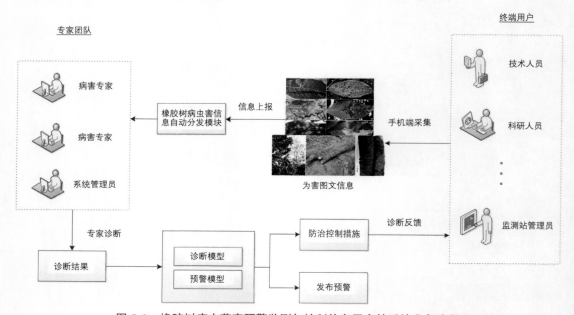

图 5-9　橡胶树病虫草害预警监测与控制信息平台的系统业务流程

5. 系统技术特点

系统的 PC 端采用 B/S（Browser/Server）架构，即浏览器和服务器结构，用户只需通过浏览器即可访问使用，设置方便、升级维护简单。手机端采用 Hybrid App 混合模式开发，融合了 Native App 和 Web App 的技术特点，在保证用户体验的前提下，让 App 的内容更具有扩展性，既降低了多平台版本的开发难度和成本，也缩短了开发周期。

6. 软件功能

该 App 软件客户端包括 10 个功能模块（图 5-10），分别为用户中心（包括用户登录和信息管理两个子模块）、单位概况（包括研发单位和人员简介两个子模块）、科技人员模块（包括信息填报和图片上传两个子模块）、专家模块（包括信息填报、信息回复和图片

图 5-10 橡胶树病虫草害预警监测与控制信息平台的下载二维码和部分功能界面

上传 3 个子模块）、管理员模块（包括信息填报、信息回复、信息审核、信息管理、图片上传、用户管理 6 个子模块）、信息采集模块（上传附件）、预警发布模块（预警信息发布）、信息查询模块、系统设置（权限管理、用户管理）和访问统计系统等。后台管理系统包括数据库管理模块（包括信息添加、信息修改、信息删除 3 个子模块）、管理员模块（包括信息添加、信息修改、信息删除 3 个子模块）和系统设置（包括权限管理、用户管理两个子模块）3 个模块。

目前客户端有两个版本，分别支持基于 IOS 和 Android 的移动客户端（智能手机、IPAD 等）。用户可通过扫描二维码，下载后安装即可使用。软件首页提供了病害数据、虫害数据、草害数据、为害预警、专家咨询和关于我们等链接。使用者可打开任意链接查询相关信息，注册登录后可以向后台管理人员提供图片、文字等信息进行咨询，管理人员收到咨询后会及时给予答复。

中国热带农业科学院环境与植物保护研究所正在对该软件进行完善和更新，同时正在和相关机构进行合作以便进一步增加有害生物为害图片智能识别功能模块，实现田间症状照片即拍即鉴定并即时给予防治技术指导的目标。

第二节 橡胶树检疫性病害监测工作中面临的问题与解决对策

近年来，受国际胶价降低影响，中国天然橡胶种植业受到很大影响。检疫性病害监控中，也面临着很多问题，需要相关管理机构、研究人员和种植户共同参与，才能有效提高生产一线的植保水平，保障相关产业的健康发展。

一、橡胶树检疫性病害监测工作中面临的问题

（一）基础设施投入不足

受国内外经济形势影响，我国天然橡胶产业发展遇到了新问题。国际胶价的下滑使得胶农收入减少，而国内经济的持续发展、地租和化肥农药等农资产品价格上涨又提高了生产成本，农户加强田间管理的意愿降低，同时人口老龄化、年轻一代人不愿从事橡胶树种植业等因素又增加了人工成本，进一步压缩了种植业的经济效益，严重影响了相关机构在基础设施等方面投入的积极性。

目前，国内胶园多分布在"老、少、边、穷"地区，经济基础差，相关的互联网、电脑、智能手机等通信设施也不足。橡胶树田间管理中的数字化、网络化和智慧化程度较低，检疫性病害防控相关信息的时效性、准确性和综合性难以满足生产一线需求。

（二）从业者整体素质有待提高

我国的橡胶树种植园主要分为国营胶（例如海南农垦集团）和民营胶，其中国营胶在橡胶树种植中的规模化、科学化程度较高，但在生产一线中，同样主要以单个农户家庭为基本单位，难以形成统一管理、科学种植，"靠天吃饭"现象普遍存在，抵御产业变化风险能力比较低。以公司、家庭、合作社等形式建立的民营胶，存在的问题就更为严重。国内橡胶树种植业从业人员普遍年龄较大，受教育程度普遍较低，应用和接受现代信息化技术能力较弱，加强对从业者有关橡胶树检疫性病害防控知识培训，从整体上提高病害防治中的植保水平，是解决胶农难以科学应用现代防治技术和推广智慧农业的必要前提。

（三）新技术应用、推广力度不足

包括检疫性病害在内的橡胶树重要病害，国内外已有一定研究，但相关监测控技术的应用和推广力度还不够。目前中国热带农业科学院环境与植物保护研究所等研究机构已研发出橡胶树病害数据库、信息平台 App 软件、基于有人直升机和无人机的高效施药技术、兼治多种叶部病害的高效药剂咪鲜·三唑酮等多种技术和产品，但应用和推广力度还严重不足。一方面缺少专门的新技术推广、培训人才，另一方面经济效益的低迷也影响了农户学习、应用的积极性。

二、相关问题的解决对策

（一）加大科研和经费投入

目前，橡胶树重要病害的常规监测技术投入大、收益低，已经不能满足当前产业发展的需求。对于植株较矮的橡胶树实生苗、嫁接苗，有经验的农技人员可以比较方便地观察植株上的症状，对于高大的增殖苗、定植苗乃至开割树来说，通常只能以人工方式、用长杆从树冠上钩取叶片，肉眼观察症状并进行鉴定。对于检疫性病害来说，由于国内尚未发生或发生较少，而且其症状和其他常见病害有一定的相似性，技术人员难以准确辨别，而对于经验匮乏的种植户来说，不仅难以识别相关症状，更重要的是缺乏相关的防治技术。

在中国热带作物病害研究中，研究者虽然研发出一些高效、精准的监测技术，但生产中尚需要进一步的研发、熟化和前期投入。例如集成"互联网＋田间虫情智能监测终端"的重要害虫远程实时无人监测系统已经成功用于热区水稻迁飞性害虫虫情监测，但由于缺乏资金，目前仅属于科研性质，尚不能在生产一线推广应用。就橡胶树而言，由于科研投入不足，包括检疫性病害在内的田间病害图像采集，以及基于深度学习的症状识别技术自动鉴定专家系统尚未成功研发。

橡胶树叶片等组织受病原菌为害后，其光谱信息会产生显著变化，基于此原理而研发的橡胶树白粉病遥感监测技术在马来西亚得到研发和初步应用（Nurmi-Rohayu 等，2018），国内中国热带农业科学院环境与植物保护研究所等机构也开展了遥感监测技术的研发工作，但相关工作尚处于起步阶段。

在橡胶树病害防治方面，中国热带农业科学院环境与植物保护研究所等机构基于有人直升机或大型无人机平台进行的橡胶树重要病害飞防施药技术取得成功，药液能够充分分布在整个树冠上，和常规施药相比，效率高，成本低，但相关技术的熟化、完善和推广应用还有很多工作需要进行。

当前，只有进一步加大科研和经费投入，橡胶树检疫性病害监控相关技术才能得到研发和推广应用。

（二）加快人才培养，提高生产一线胶农的植保技术水平

针对中国橡胶树种植业的现状，建议规模化橡胶树种植企业和科研院所、高等院校等机构开展合作，加快橡胶树重要病害监控领域专业人才的培养和培训，从整体上提高相关技术的创新、整合和应用能力，建立人才激励机制，鼓励相关农技人员和种植户学习和掌握现代病害监控技术。稳定和扩大监控技术研究应用队伍，对相关科技成果进行研发、展示和推广应用，从整体上提高生产一线胶农的植保技术水平。

（三）加强新技术、新产品的推广应用

目前，在橡胶树检疫性病害监测技术方面，病害数据库、信息平台 App 软件及高效飞防施药技术虽然在海南、云南等植胶区进行了发布、推广和示范应用，但对国内整个植胶业来说远远不够。有关部门应通过多种途径，加强相关新技术、新产品的熟化、推广应用，在白根病发病区，建设标准化防控示范园，对相关监测新技术进行集成应用示范，同时采取多种途径，普及推广最新防控技术。

参考文献

蔡良玫，李昆，王林萍，等，2019.美、日、中航空植保产业发展的比较与启示［J］.中国植保导刊，7：60–63.

陈弼，2014.海南的第一棵橡胶树［EB/OL］.（2014-12-21）［2014-12-21］.http://m.sto.net.cn/wenhua/lishi/2014- 12-21/2217.html?from=singlemessage.

陈茜文，1999.橡胶籽的化学成分与综合利用初探［J］.中南林学院学报，19（4）：58–60.

陈小敏，陈汇林，李伟光，等，2016.海南岛天然橡胶林春季物候期的遥感监测［J］.中国农业气象，37（1）：111–116.

陈照，张欣，蒲金基，等，2007.内吸性杀菌剂对橡胶白根病菌的室内毒力测定［J］.农药，46（9）：641–643.

崔树阳，张继川，张立群，等，2020.蒲公英橡胶产业的研究现状与未来展望［J］.中国农学通报，36（10）：33–38.

邓淑群，1964.中国的真菌［M］.北京：科学出版社.

董霞，解培惠，1995.云南的橡胶树蜜源及其开发利用研究初报［J］.云南农业大学学报，10（1）：52–56.

范京安，赵学谦，1997.农作物外来有害生物风险评估体系与方法研究［J］.植物检疫，11（2）：75–81.

郭晓华，齐淑艳，周兴文，等，2007.外来有害生物风险评估方法研究进展［J］.生态学杂志，26（9）：1 486–1 490.

国家环保总局和中国科学院，2003.中国第一批外来入侵物种名单［EB/OL］.［2003-01-10］.http://www.gov.cn/gongbao/content/2003/content_62285.htm.

贺春萍，李锐，吴伟怀，等，2016.10种杀菌剂对橡胶树白根病菌的毒力测定［J］.热带农业科学，36（2）：69–72.

贺春萍，吴海理，李锐，等，2010.橡胶树白根病菌生物学研究［J］.热带作物学报，31（11）：1981—1985.

华南热带作物研究院植保系，华南热带作物学院植保系，1977.橡胶南美叶疫病国外主要文献及资料综述［J］.世界热带农业信息，1：1–5.

黄光辉，1987.用纤维素膜和叶圆片对南美叶疫病菌杀菌剂进行实验室筛选试验［J］.热带作物译丛，6：17–20.

黄贵修，许灿光，李博勋，2018.中国天然橡胶病虫草害识别与防治（第二版）［M］.北京：中国农业科学技术出版社.

黄敏，2020-1-10.巴西生物防治领域无人机应用广泛［N］.中国农资（8）.

江雪，2008.我国成为最大天然橡胶消费国［J］.四川化工，2：53.

蒋青，梁忆冰，王乃杨，等，1995.有害生物危险性评价的定量分析方法研究［J］.植物检疫，9（4）：
　208-211.

降惠，李杰，2012.农业专家系统应用现状与前景展望［J］.山西农业科学，40（1）：76-78.

金华斌，田维敏，史敏晶，2017.我国天然橡胶产业发展概况及现状分析［J］.热带农业科学，37（5）：
　98-104.

李峰，2017.基于人工智能的农业技术创新［J］.农业网络信息，26（11）：20-23.

李维锐，1987.一种防治由木硬孔菌（Rigidoporus lignosus）引起的橡胶白根病的新方法［J］.云南热作
　科技，3：36.

李晓娜，李增平，郑服丛，等，2009a.橡胶树RRIM600品系的内生真菌多样性［J］.热带作物学报，30
　（7）：990-994.

李晓娜，王赟，李增平，等，2009b.橡胶树内生真菌分离方法研究［J］.热带农业科学，29（6）：5-8.

林娜，陈宏，赵健，等，2020.轻小型无人机遥感在精准农业中的应用及展望［J］.江苏农业科学，48
　（20）：43-48.

陆大京，1964.防治白根病的根颈保护剂［J］.热带作物译丛（5）：41.

纽塞姆，邵一同，1964.复盖和根病［J］.世界热带农业信息，4：25-27.

珀里斯，弗南多，萨马拉威拉，等，1964.防治橡胶白根病的各种方法的田间鉴定［J］.热带作物译丛，
　6：22-24.

时涛，李博勋，郑肖兰，等，2020.橡胶树新发拟盘多毛孢叶斑病的危害与防控对策［J］.热带农业科
　学，40（1）：1-6.

时涛，彭建华，刘先宝，等，2011.橡胶树内生细菌多样性初探及拮抗菌株的筛选［J］.中国森林病虫，
　30（2）：5-9.

王克必，1987.橡胶白根病防治取得成效［J］.中国农垦，8：30.

王龙章，1989.橡胶树木材开发利用的研究初报［J］.云南热作科技，4：29-31.

王树明，张勇，白朝良，等，2014.河口植胶区橡胶树根病发生特点及综合治理分析［J］.热带农业科
　学，34（2）：63-67.

魏美庆，1978.用硫磺粉防治橡胶白根病［J］.热带作物译丛，3：22.

魏铭丽，崔昌华，郑肖兰，等，2008.橡胶树白根病研究概述［J］.广西热带农业，4：17-19.

吴恭恒，1977.橡胶白根病树根内部漆酶和过氧化物酶活力的测定［J］.热带作物译丛，4：17.

肖倩莼，1987.橡胶白根病及其防治［J］.热带作物研究，3：79-82.

薛新宇，梁建，傅锡敏，等，2008.我国航空植保技术的发展前景［J］.中国农机化，5：72-74.

闫文静，刘子凡，张婷婷，等，2019.木薯器官及其腐解物水浸液对橡胶树白根病病菌的化感作用［J］.

热带作物学报, 40 (1): 123-129.

佚名, 2018. 橡胶树兴衰史: 从南美到亚洲 [EB/OL]. [2018-11-18]. https://www.sohu.com/a/276215861_772926.

袁飞, 刘子凡, 闫文静, 等, 2020. 木薯根系分泌物与土壤浸出液对橡胶树 2 种致病菌的化感效果 [J]. 热带作物学报, 41 (8): 1 708-1 713.

曾辉, 黄冠胜, 林伟, 等, 2007. 南美叶疫病菌适生因子及地理分布 [J]. 植物保护, 33 (6): 22-25.

曾辉, 黄冠胜, 林伟, 等, 2008. 利用 MaxEnt 预测橡胶南美叶疫病菌在全球的潜在地理分布 [J]. 植物保护, 34 (3): 88-92.

张开明, 2006. 橡胶树白根病 [J]. 热带农业科技报, 29, 4: 33-34.

张欣, 陈勇, 谢艺贤, 等, 2007. 橡胶白根病鉴别与防治 [J]. 植物检疫, 21 (2): 122-124.

张英, 2003. 非洲橡胶产业现状与前景 [J]. 橡胶科技市场, 11: 26-28.

张运强, 蔡炳强, 1982. 橡胶树根颈保护预防根病的研究 [J]. 热带农业科学, 3: 52-56.

张运强, 余卓桐, 周世强, 等, 1992. 橡胶树白根病病原菌的鉴定 [J]. 热带作物学报, 13 (2): 63-70.

赵晋陵, 金玉, 叶回春, 等, 2020. 基于无人机多光谱影像的槟榔黄化病遥感监测 [J]. 农业工程学报, 8: 54-61.

赵璐璐, 2011. 枯草芽孢杆菌 Czk1 发酵工艺的优化及其对橡胶树炭疽病、根病生防效果初步研究 [D]. 海口: 海南大学.

郑鹏, 何静, 常凯军, 等, 2009a. 橡胶树枝条内生真菌的分离及其拮抗性的测定 [J]. 热带作物学报, 30 (6): 832-837.

郑鹏, 谭德冠, 孙雪飘, 等, 2009b. 橡胶树内生真菌 ITBB2-1 的形态学和分子生物学鉴定 [J]. 热带作物学报, 30 (3): 314-319.

"中国外来入侵物种及其安全性考察" 项目组, 2007. 外来入侵物种普查及其安全性考察技术方案 [M]. 北京: 中国农业科学技术出版社.

中华人民共和国动植物检疫局, 农业部植物检疫试验所, 1997. 中国进境植物检疫有害生物选编 [M]. 北京: 中国农业出版社: 70-71.

周兆德, 1986. 温度和湿度对南美叶疫病发展的影响 [J]. 热带作物译丛, 6: 10-13.

BALUKI, 张开明, 1987. 印尼橡胶树白根病的防治效果 [J]. 云南热作科技, 2: 45-48, 14.

CHAN W H, 张开明, 1983. 用三种内吸性杀菌剂防治幼龄橡胶树的白根病 [J]. 世界热带农业信息, 6: 12-19.

CHEE K H, 张开明, 1979, 对防治橡胶南美叶疫病的一些杀菌剂的评价 [J]. 热带作物译丛, 6: 17-22.

GUSTAV H, 黄光辉, 1986. 用环吗啉防治橡胶白根病 [J]. 热带作物译丛, 3: 16-18.

KAJORNCHAIYAKUL P, 周兆德, 1986. 温度和湿度对南美叶疫病发展的影响 [J]. 热带作物译丛, 6: 10-13.

LAN C H，成翠兰，1994. 安维尔：一种防治幼龄橡胶树白根病的廉价杀菌剂［J］. 云南热作科技，17（4）44–47.

LIYANAGE G W，张开明，1982. 橡胶白根病木硬孔菌的变异性和致病性［J］. 热带作物译丛，1：22–26，21.

ROCHA H M，张开明，1981. 巴西巴伊亚伊图贝拉区橡胶南美叶疫病的流行学［J］. 热带作物译丛，3：25–29.

TRAN V C，张开明，1984. 不同杀菌剂防治橡胶树白根病的研究［J］. 热带作物译丛，2：19–22.

ABRAHAM A, PHILIP S, JACOB C K, et al., 2013. Novel bacterial endophytes from *Hevea brasiliensis* as biocontrol agent against Phytophthora leaf fall disease[J]. Biocontrol, 58: 675–684.

AHMAD YAMIN ABDUL RAHMAN, ABHILASH O USHARRAJ, BISWAPRIYA B MISRA, et al, 2013. Draft genome sequence of the rubber tree *Hevea brasiliensis*[J]. BMC Genomics, 14: 75.

ALLEN P W, CRONIN M E, 1994. Analysis of the 1993–1994 IRRDB survey on severity of diseases of *Hevea*[M]. IRRDB Symposium on Diseases of Hevea, Cochin, India.

ANDERSON A D S, JOSÉ M J, MÁRCIO S A, et al., 2019. Assessment of CNN-Based Methods for individual tree detection on images captured by RGB Cameras Attached to UAVs[J]. Sensors, 16. DOI: 10. 3390/s19163595.

ANDERSON C S R, DOMINIQUE G, ANA P T, et al., 2011. Foliar endophytic fungi from *Hevea brasiliensis* and their antagonism on *Microcyclus ulei*[J]. Fungal Diversity, 47: 75–84. DOI 10.1007/s13225-010-0044-2.

ARMANDO S, EIDY J M V, GUSTAVO A P P, et al., 2019. Dynamics of adaptive responses in growth and resistance of rubber tree clones under South American Leaf Blight non-escape conditions in the Colombian Amazon[J]. Industrial Crops and Products, 141: 111811.

ARMANDO S, EIDY J M-V, YERSON D C′, et al., 2020. Assessing growth, early yielding and resistance in rubber tree clones under low South American Leaf Blight pressure in the Amazon region, Colombia[J]. Industrial Crops and Products, 158: 112958.

BARRS B, CARLIER J, SEGUIN M, et al., 2012. Understanding the recent colonization history of a plant pathogenic fungus using population genetic tools and Approximate Bayesian Computation[J]. Heredity, 109: 269–279.

BIOCENTER KLEIN FLOTTBEK, BOTANICAL GARDEN, 2007. South American Leaf Blight of the Rubber Tree (*Hevea* spp.): New Steps in Plant Domestication using Physiological Features and Molecular Markers[J]. Annals of Botany, 100: 1 125–1 142.

BRAZ T D H J, DAVI M D M, ROBERT W B, et al., 2014. Erasing the past: A new identity for the damoclean pathogen causing South American Leaf Blight of rubber[J]. Plos One, 9(8): e104750. doi: 10. 1371/journal. pone. 0104750.

CALOU V B C, TEIXEIRA A D S, MOREIRA L C J, et al., 2020. The use of UAVs in monitoring yellow sigatoka in banana[J]. Biosystems Engineering, 193:115–125.

CHAENDAEKATTU N, KAVITHA K. M, 2012. Breeding for disease resistance in *Hevea* spp. - status, potential threats, and possible strategies[C]. Proceedings of the 4th International Workshop on Genetics of Host-Parasite Interactions in Forestry: 240–251.

CHANTAL C, JULIE L, DOMINIQUE G, 2016. Expression analysis of ROS producing and scavenging enzyme encoding genes in rubber tree infected by *Pseudocercospora ulei*[J]. Plant Physiology and Biochemistry, 10 (4): 188–199.

CHAORONG T, MENG Y, YONGJUN F, et al., 2016. The rubber tree genome reveals new insights into rubber production and species adaptation[J]. Nature Plants, 5: 23. DOI: 10. 1038 /NPLANTS.2016.73.

CHEE K H, HOLLIDAY P, 1986. South American Leaf Blight of Hevea rubber[M]. Malaysian rubber research and development board.

CICI I D, RADITE T, SRI W, 2017. Detection of White Root Disease (*Rigidoporus microporus*) in various soil types in the rubber plantations based on the serological reaction [J]. IOP Conference Series: Earth and Environmental Science, 97: 12–43. doi :10. 1088/1755–1315/97/1/012043.

DA H J B. T, 2012. Molecular phylogeny and population genetics of *Microcyclus ulei*, causal agent of the South American Leaf Blight of *Hevea brasiliensis* [C]. PhD dissertation. Universidade Federal de Viçosa, Viçosa, Brazil.

DALIMUNTHE C I, TISTAMA R, WAHYUNI S, 2017. Detection of White Root Disease (*Rigidoporus microporus*) in Various Soil Types in the Rubber Plantations Based on The Serological Reaction[J]. IOP Conference Series: Earth and Environmental Science, 97: 12-43. do i: 10.1088/1755-1315/97/1/012043.

DANIELA M K, MARYANNICK R, XAVIER S, et al., 1960. White root disease of *Hevea brasiliensis*: the identity of the pathogen[C]. Kuala Lumpur, Malaysia: Proceeding National Rubber Conference, 473–482.

DELMADI L C, NETO D C, ROCHA V D F, et al., 2009. Evaluation of the potential use of the hyperparasite *Dicyma pulvinata* (Berk. and M. A. Curtis) in the biological control of rubber tree[J]. Journal of Vocational and Educational Guidance, Baroda,19(2): 183–193.

DIANA M V V, MARÍA E M T, IBONNE A G R, et al., 2017. Evaluation of biocontrol properties of *Streptomyces* spp. isolates against phytopathogenic fungi *Colletotrichum gloeosporioides* and *Microcyclus ulei*[J]. African Journal of Microbiology Research, 11(5): 141–154.

DOMINIQUE G, NICOLAS C, DANIELA M K, et al., 2011. EST profiling of resistant and susceptible Hevea infected by *Microcyclus ulei*[J]. Physiological and Molecular Plant Pathology, 76: 126–136.

DWI S, RANI A M, ISNAINI N, et al., 2017. An assay on potential of local *Trichoderma* Spp. to control White Root Rot Disease caused by *Rigidoporus microporus* in rubber plant stump[J]. Journal of Pure and Applied Microbiology, 11(2): 717–723.

EDSON L F, ANTONIO R D C, CLAYTON A A, et al., 2015. Occurrence of South American Leaf Blight epidemic in escape zones of the Brazil[J]. Arquivos do Instituto Biológico, 82:1–6.

FERNANDO T H P S, JAYASINGHE C K, SIRIWARDENE D, 2011. Development of an early detection method for White Root Disease of rubber: A preliminary investigation[J]. Journal of the Rubber Research Institute of Sri Lanka, 91: 87-92.

FOX R A, 1960. White root disease of *Hevea brasiliensis*[C]. The identity of National Rubber Conference: 473–482.

FRANCK R, JOHN V, VICTOR C, et al., 2016. Performance of 10 *Hevea brasiliensis* clones in Ecuador, under South American Leaf Blight escape conditions[J]. Industrial Crops and Products, 94: 762–773.

FRANCK R, LUCRECIA M, BLANCA S, et al., 2015. Suitable rubber growing in Ecuador: An approach to South American Leaf Blight[J]. Industrial Crops and Products, 66 : 262–270.

GARCIA D, 2017. Breeding for SALB resistant clones, a view of the Cirad-Michelin-Brazil (CMB) breeding program[C]. Training Workshop on SALB-IRRDB Michelin Plantation. Ituberá: 13–17.

GARCIA D, TROISPOUX V, GRANGE N, et al., 1999. Evaluation of the resistance of 36 *Hevea* clones to *Microcyclus ulei* and relation to their capacity to accumulate scopoletin and lignins[J]. European Journal of Forest Pathology, 29: 323–338.

GAZIS R, CHAVERRI P, 2010. Diversity of fungal endophytes in leaves and stems of wild rubber trees (*Hevea brasiliensis*) in Peru[J]. Fungal Ecology, 3(3): 240–254.

GAZIS R, CHAVERRI P, 2015. Wild trees in the Amazon basin harbor a great diversity of beneficial endosymbiotic fungi: is this evidence of protective mutualism?[J]. Fungal Ecology(17): 18–29.

GIESEMANN A, BIEHL B, LIEBEREI R, 1986. Identification of scopoletin as a phytoalexin of the rubber tree *Hevea brasiliensis*[J]. Journal of Phytopathology (117): 373–376.

GO W Z, H'NG P S, WONG M Y, et al., 2015. Occurrence and characterisation of mycoflora in soil of different health conditions associated with White Root Rot Disease in Malaysia rubber plantation[J]. Journal of Rubber Research, 18(3): 159–170.

GOHET E, CANH T V, LOUANCHI M, et al., 1991. New developments in chemical control of white root disease of *Hevea brasiflensis* in Africa[J]. Crop Protection, 10: 234–238.

GOR Y K, MARZUKI N F, LIEW Y A, et al., 2018. Antagonistic effects of fungicolous ascomycetous *Cladobotryum semicirculare* on *Rigidoporus microporus* White Root Disease in rubber trees (*Hevea Brasiliensis*) under *in vitro* and nursery experiments[J]. Journal of Rubber Research, 21(1): 62–72.

GUEN V L E, GARCIA D, DOARÉ F, et al., 2011. A rubber tree's durable resistance to *Microcyclus ulei* is conferred by a qualitative gene and a major quantitative resistance factor[J]. Tree Genetics and Genomes, 7:877–889.

GUEN V L E, GARCIA D, MATTOS C R R, et al., 2007. Bypassing of a polygenic *Microcyclus ulei* resistance in rubber tree, analyzed by QTL detection[J]. New Phytologist, 173(2): 335–345.

GUEN V L E, LESPINASSE D, Oliver G, et al., 2003. Molecular mapping of genes conferring field resistance to South American Leaf Blight (*Microcyclus ulei*) in rubber tree[J]. Theoretical and Applied Genetics, 108: 160–167.

GUEN V L E, RODIER-GOUD M, TROISPOUX V, et al., 2004. Characterization of polymorphic microsatellite markers for *Microcyclus ulei* causal agent of South American Leaf Blight of rubber trees[J]. Molecular Ecology Notes, 4: 122–124.

GUYOT J, CONDINA V, DOARÉ F, et al., 2010. Segmentation applied to weather-disease relationships in South American Leaf Blight of the rubber tree[J]. European Journal of Plant Pathology, 3(126): 349–362.

GUYOT J, CONDINA V, DOARÉ F, et al., 2014. Role of ascospores and conidia in the initiation and spread of South American leaf blight in a rubber tree plantation [J]. Plant Pathology, 63: 510–518.

GUYOT J, DOARÉ F, 2010. Obtaining isolates of *Microcyclus ulei* , A fungus pathogenic to rubber trees, from Ascospores [J]. Journal of Plant Pathology, 92 (3): 765–768.

GUYOT J, EVENO P, 2015. Maturation of perithecia and ascospores discharge in South American Leaf Blight of rubber tree[J]. European Journal of Plant Pathology, 143: 427–436.

GUYOT J, FLORI A, 2002. Comparative study for detecting *Rigidoporus lignosus* on rubber trees[J]. Crop Protection, 21: 461–466.

GUYOT J, Guen V L, 2018. A review of a century of studies on South American Leaf Blight of the rubber tree [J]. Plant Disease, 102: 1052–1065.

HADZLI H, AHMAD F M S, NOOR A K, et al., 2015. Discriminant analysis with visible lighting properties for White Root Disease infected rubber tree[C]. 4th International Conference On Electronic Devices , Systems And Applications (ICEDSA) .

HAMZAH M A, ABD W R, NURMI R A H, et al., 2018. Determination of rubber-tree clones leaf diseases spectral using Unmanned Aerial Vehicle compact sensor[J]. Earth and Environmental Science, 169: 012059. doi :10. 1088/1755–1315/169/1/012059.

HARMAN G E, HOWELL C R, VITERBO A, et al., 2004. Trichoderma species - opportunistic, avirulent plant symbionts[J]. Nature Reviews Microbiology, 2(1): 43–56.

HASHIM I, CHEE K H, DUNCAN E J., 1978. Reaction of *Hevea* leaves to infection with *Microcyclus ulei*[J]. Journal of the Rubber Research Institute of Malaysia, 26(2): 67–75.

HIDAYATI U, CHANIAGO I A, MUNIF A, et al., 2014. Potency of plant growth promoting endophytic bacteria from rubber plants (*Hevea brasiliensis* Mull. Arg,) [J]. Journal of Agronomy, 13(3): 147–152.

HURTADO P U, GARCÍA R I, RESTREPO R S, et al., 2015. Assembly and analysis of differential transcriptome responses of *Hevea brasiliensis* on interaction with *Microcyclus ulei*[J]. PloS One, 10(8): e0134837. doi:10. 1371/journal. pone. 0134837.

IBONNE A. G, OLGA M. C, FABIO A, et al., 2011. First report of susceptibility of natural rubber clone FX-

3864 *Microcyclus ulei* to the altillanura colombiana[J]. Revista Colombiana de Biotecnología, 1: 144–147.

IKRAM A, ISMAIL H, 1998. Studies on the use of plant growth-promoting rhizobacteria and effective microorganisms in controlling White Root Disease of rubber [J]. Journal of rubber research, 1(2): 22–34.

IMRAN S, MOHD Y A S, RADZIAH O, et al., 2020. Silicate solubilizing bacteria UPMSSB7, a potential biocontrol agent against white root rot disease pathogen of rubber tree[J]. Journal of Rubber Research, 23:227–235.

IMRAN S, MOHD Y A S, RADZIAH O, et al., 2020. White root rot disease suppression in rubber plant with microbial coinoculants and silicon addition[J]. Rhizosphere, 15: 100221.

JIN L, CONG S, CHENG-CHENG S, et al., 2020. The chromosome-based rubber tree genome provides new insights into spurge genome evolution and rubber biosynthesis[J]. Molecular Plant, 13(2): 336–350.

JOÃO A Z B, JOSÉ R D S P, EDSON L F, et al., 2017. *Microcyclus ulei* races in Brazil[J]. Summa Phytopathologica, 43(4): 326–336.

JUNQUEIRA NTV, LIEBEREI R, KALIL FILHO AN, LIMA MIPM, 1990. Components of partial resistance in *Hevea* clones to rubber tree leaf blight, caused by *Microcyclus ulei*[J]. Fitopatologia Brasileira, 15: 211–214.

KAEWCHAI S, SOYTONG K, 2010. Application of biofungicides against *Rigidoporus microporus* causing white root disease of rubber trees[J]. Journal of Agricultural Technology, 6(2): 349–363.

KOOP D M, RIO M, SABAU X, et al., 2016. Expression analysis of ROS producing and scavenging enzyme encoding genes in rubber tree infected by *Pseudocercospora ulei*[J]. Plant Physiology and Biochemistry, 104: 188–199.

LARISSA A C M, ADÔNIS M, JOSÉ R A F, et al., 2011. Assessment of rubber tree panels under crowns resistant to South American leaf blight[J]. Pesquisa Agropecuária Brasileira, 46(5): 466–473.

LE G V, GARCIA D, MATTOS C R R, et al., 2002. Evaluation of field resistance to *Microcyclus ulei* of a collection of Amazonian rubber tree (*Hevea brasiliensis*) germplasm[J]. Crop Breeding and Applied Biotechnology, 2 (1): 141–148.

LESPINASSE D, GRIVET L, TROISPOUX V, et al., 2000. Identification of QTLs involved in the resistance to South American leaf blight (*Microcyclus ulei*) in the rubber tree[J]. Theoretical and Applied Genetics, 100: 975–984a.

LESPINASSE D, RODIER-GOUD M, GRIVET L, et al., 2000. A saturated genetic linkage map of rubber tree (*Hevea* spp.) based on RFLP, AFLP, Microsatellite, and Isozyme Markers[J]. Theoretical and Applied Genetics, 100:127–138b.

LIEBEREI R, 2006. Physiological characteristics of *Microcyclus ulei* (P. Henn.) V. ARX. – a fungal pathogen of the cyanogenic host *Hevea brasiliensis*[J]. Journal of Applied Botany and Food Quality, 80: 63–68.

LINDA T M, SIREGAR S, FITRI W D, et al., 2018. Isolation and screening of culturable endophytic bacteria from leaf of rubber plant that produces of chitinase[C]. International Conference on Science and Technology.

LOUANCHI M, ROBIN P, MICHELS T, et al., 1996. *In vitro* characterization and *in vivo* detection of *Rigidoporus lignosus*, the causal agent of White Root Disease in *Hevea brasiliensis*, by ELISA techniques[J]. European Journal of Plant Pathology, 102: 33–44.

MALLMANN C L, ZANINNI A F, PEREIRA F W, 2020. Vegetation index based in Unmanned Aerial Vehicle (UAV) to improve the management of invasive plants in protected areas, Southern Brazil [C]. The International Archives of the Photogrammetry, Remote Sensing and Spatial Information Sciences: 521–524.

MATHUROT C, NIKHOM S, WASU P-A, et al., 2019. Biological control of *Rigidoporus microporus* the cause of White Root Disease in rubber using PGPRs *in vivo*[J]. Chiang Mai Journal of Science, 46(5): 850–866.

MATTOS C. CMB (CIRAD-MICHELIN-BRAZIL) Project for the genetic improvement of rubber trees in Brazil[C]. Paper presented at IRRDB-CIRAD plant breeders seminar, 4-7 April 2011. Bahia: Brazil.

MUA G N, NJONJE S W, EHABE E E, et al., 2017. Management of White Root Rot Disease (*Fomes*) in *Hevea brasiliensis* plantations in Cameroon[J]. American Journal of Plant Sciences, 8(7): 1646–1658.

MURNITA M M. Major leaf diseases distribution, severity and clonal susceptibility in peninsular Malaysia[C]. Paper presented at IRRDB-CIRAD plant breeders seminar, 4-7 April 2011. Bahia: Brazil.

NAREELUK N, CHAKRAPONG R, RUNGROCH S. 2015. Utilization of rhizospheric *Streptomyces* for biological control of *Rigidoporus* sp. causing white root disease in rubber tree[J]. European Journal of Plant Pathology, 142: 93–105.

NATTHAKORN W, KORAKOT N, CHARASSRI N, et al., 2017. Expression responses of pathogenesis-related proteins in tolerant and susceptible *Hevea brasiliensis* clones to the White Root Disease[J]. Pakistan Journal of Biotechnology, 14 (2): 141–148.

NICOLE M, NANDRIS J, GEIGER P, et al., 1985. Variability among African populations of *Rigidoporus lignosus* and *Phellinus noxius*[J]. European Journal of Forest Pathology, Band 15, Heft5-6, S: 293–300.

NOR A M, AIZAT S N, MOHD A F A F, et al., 2017. Screening and characterisation of chitinolytic microorganisms with potential to control White Root[J]. Journal of Rubber Research, 20(3): 182–202.

NURMI-ROHAYU A H, ZARAWI A G, IKHSAN M, et al.,2018. Rubber leaf disease detection from low altitude remote sensing techniques[J]. Advanced Science Letters, 24(6): 4281–4285. doi:10. 1166/asl. 2018. 11589.

OGBEBOR N, ADEKUNLE A, EGHAFONA O, 2015. Biological control of *Rigidoporus lignosus* in *Hevea brasiliensis* in Nigeria[J]. Fungal Biology, 119: 1–6.

OGBEBOR N, ADEKUNLE A, EGHAFONA O, et al.,2013. Incidence of *Rigidoporus lignosus* of para rubber in Nigeria[J]. Researcher, 5: 181-184.

PRIYADARSHAN P M, GONCALVES P D E S, 2003. *Hevea* gene pool for breeding[J]. Genetic Resources and Crop Evolution, 50:101–114.

REINHARD L, 2007. South American Leaf Blight of the Rubber Tree (*Hevea* spp.): New steps in plant domestication using physiological features and molecular markers[J]. Annals of Botany, 100: 1125–1142.

REZA G, MARC C, MEHDI M, et al.,2019. Global assessment of climate-driven susceptibility to South American Leaf Blight of rubber using emerging hot spot analysis and gridded historical daily data[J]. Forests, 10: 203. doi:10. 3390/f10030203.

RIVANO F, MARTINEZ M, CEVALLOS V, et al.,2010. Assessing resistance of rubber tree clones to *Microcyclus ulei* in large-scale clone trials in Ecuador: a less time-consuming field method[J].European Journal of Plant Pathology, 126: 541–552.

ROY C, NEWBY Z J, MATHEW J, et al., 2017. A climatic risk analysis of the threat posed by the South American Leaf Blight (SALB) pathogen *Microcyclus ulei* to major rubber producing countries[J]. European Journal of Plant Pathology, 148:129–138.

SAITHONG K, HONG K W, FU-CHENG L, et al.,2009. Genetic variation among isolates of *Rigidoporus microporus* causing white root disease of rubber trees in Southern Thailand revealed by ISSR markers and pathogenicity[J]. African Journal of Microbiology Research, 3(10) : 641–648.

SAKUNTALA S-U, NAKARIN S, SAISAMORN L, 2017. Applications of volatile compounds acquired from *Muscodor heveae* against white root rot disease in rubber trees (*Hevea brasiliensis* Müll. Arg.) and relevant allelopathy effects[J]. Fungal Biology, 121: 573–581.

SANTOS A C S R, DOMINIQUE G, ANA P. T. U, et al., 2011. Foliar endophytic fungi from *Hevea brasiliensis* and their antagonism on *Microcyclus ulei*[J]. Fungal Diversity, 47:75–84. DOI 10.1007/s13225-010-0044-2.

SAULO E A C, TIELLE A F, DELMIRA D A C S, et al., 2014. Comparison of growth, yield and related traits of resistant *Hevea genotypes* under high South American leaf blight pressure[J]. Industrial Crops and Products, 53: 337–349.

SILVA L. G., JUNIOR W. C. J., SOUZA A. F., et al., 2013. Performance of different rubber tree clones against South American leaf blight(*Microcyclus ulei*) [J]. Forest Pathology, 44: 211–218.

SIRI-UDOM S, SUWANNARACH N, LUMYONG S, 2015. Existence of *Muscodor vitigenus*, *M. equiseti* and *M. heveae* sp. nov. in leaves of the rubber tree (*Hevea brasiliensis* M Müll. Arg.), and their biocontrol potential[J]. Annals of Microbiology, 66: 437–448.

STALPERS J A, 1978. Identification of wood-inhabiting Aphyllophorales in pure culture[J]. Studies in Mycology, 16:1–248.

SUAREZ Y Y J, MOLINA J R, FURTADO E L, 2015. *Hevea brasiliensis* clones with high productivity and resistance to *Microcyclus ulei* in clonal garden in the Middle Magdalena Colombian region[J]. Summa Phytopathologica, 41(2): 115–120.

SUNEERAT W, SAYAN S, CHARASSRI N, et al, 2017. Assessment of rubber clonal rootstocks for the tolerance of White Root Disease (*Rigidoporus microporus*) in Southern Thailand[J]. Walailak Journal of Science and Technology, 14(7): 549–561.

TAN D, FU L, HAN B, et al., 2015. Identification of an endophytic antifungal bacterial strain isolated from the rubber tree and its application in the biological control of *Banana fusarium* Wilt[J]. PloS One, 10(7). e0131974.

UMMU R Y, JULIANA J, MUHAMMAD E E, et al. Inference analysis of dry rubber content inductive properties in discriminating of White Root Disease[C]. Proceedings of TENCON 2018–2018 IEEE Region 10 Conference, Jeju, Korea, 28-31 October 2018.

VAZ A B M, FONSECA P L C, BADOTTI F, et al., 2018. A multiscale study of fungal endophyte communities of the foliar endosphere of native rubber trees in Eastern Amazon[J]. Scientific Reports, 8: 16151.

VICTOR J C S, FABYANO F S, MARCOS D V D R, et al., 2017. Bayesian random regression for genetic evaluation of South American Leaf Blight in rubber trees[J]. Revista Ciência Agronômica, 48(1): 151–156.

VINCENT L G, DOMINIQUE G, CARLOS M, et al, 2013. A newly identified locus controls complete resistance to *Microcyclus ulei* in the Fx2784 rubber clone[J]. Tree Genetics and Genomes, 9: 805–812. DOI 10. 1007/s11295-013-0599-7.

VINCENT L G, DOMINIQUE G, FABIEN D, et al., 2011. A rubber tree's durable resistance to *Microcyclus ulei* is conferred by a qualitative gene and a major quantitative resistance factor[J]. Tree Genetics and Genomes, 7: 877–889.

VINCENT LE G, JEAN G, CARLOS R R M, et al., 2008. Long lasting rubber tree resistance to *Microcyclus ulei* characterized by reduced conidial emission and absence of teleomorph[J]. Crop Protection, 27(12): 1498–1503.

WU F, CHEN J J, JI X H, et al., 2017. Phylogeny and diversity of the morphologically similar polypore genera *Rigidoporus*, *Physisporinus*, *Oxyporus*, and *Leucophellinus*[J]. Mycologia, 109: 749–765.

YEIRME J, JAIRO R, CHRISTIAN C, et al., 2016. Suitable climate for rubber trees affected by the South American Leaf Blight (SALB): Example for identification of escape zones in the Colombian middle Magdalena[J]. Crop Protection, 81: 99–114.

YUKO M, MIKA K, NYOK S L, et al., 2018. Construction of pará rubber tree genome and multi-transcriptome database accelerates rubber researches[J]. Bmc Genomics, 19:922. DOI 10. 1186/s12864-017-4333-y.

我国发布的橡胶树检疫性病害相关标准

standardization是现代国家国民经济和产业发展的基础，具有重要的基础性作用。标准化在科学研究中可以避免相关研究的重复劳动，在产品研发中可以缩短设计周期，在生产中可保证其在科学、秩序的基础上进行，在管理工作中可促进统一、协调、高效率等。任何科研成果，在制定出相应标准后，才能迅速得到推广和应用，进一步促进技术进步。现代社会中，产品生产的规模越来越大，生产的社会化程度越来越高，技术要求越来越复杂，分工越来越细，生产协作越来越广泛，因此必须通过制定和使用标准，来保证各生产部门的活动在技术上保持高度的统一和协调，以使生产正常进行。因此，标准化是组织现代化生产的前提条件。制定标准应当有利于合理利用国家资源，推广科学技术成果，提高经济效益，保障安全和人民身体健康，保护消费者的利益，保护环境，有利于产品的通用互换及标准的协调配套等。

按照适用范围可以将标准划分为国际标准、国家标准、行业标准、地方标准和企业标准等层次。各层次之间有一定的依从关系和内在联系，形成一个覆盖全球且层次分明的标准体系。按内容划分有基础标准（一般包括名词术语、符号、代号、机械制图、公差与配合等）、产品标准、辅助产品标准（工具、模具、量具、夹具等）、原材料标准、方法标准（包括工艺要求、过程、要素、工艺说明等）。按成熟程度划分有法定标准、推荐标准、试行标准、标准草案等。

国际标准是指国际标准化组织（ISO）、国际电工委员会（IEC）和国际电信联盟（ITU）制定的标准，以及国际标准化组织确认并公布的其他国际组织制定的标准。国际标准在世界范围内统一使用。我国的国家标准分为强制性国家标准和推荐性国家标准两大类，对保障人身健康和生命财产安全、国家安全、生态环境安全以及满足经济社会管理基本需要的技术要求，应当制定强制性国家标准并由国务院有关行政主管部门依据职责提出、组织起草、征求意见和技术审查，由国务院标准化行政主管部门负责立项、编号和对外通报，并由国务院批准发布或授权发布。对于满足基础通用、与强制性国家标准配套、对各有关行业起引领作用等需要的技术要求，可以制定推荐性国家标准并由国务院标准化行政主管部门制定。行业标准是对没有国家标准而又需要在全国某个行业范围内统一的技术要求所制定的标准，其不得与有关国家标准相抵触，由行业标准归口部门统一管理。有关行业标准之间应保持协调、统一，不得重复。行业标准在相应的国家标准实施后，即行废止。地方标准是由地方（省、自治区、直辖市）标准化主管机构或专业主管部门批准，发布，在某一地区范围内统一的标准。按照《中华人民共和国标准化法》的有关规定：企业生产的产品没有国家标准和行业标准的，应当制定企业标准，作为组织生产的依据。已有国家标准或者行业标准的，国家鼓励企业制定严于国家标准或者行业标准的企业标准，在企业内部适用。

行业标准分为强制性标准和推荐性标准。标准代号"NY"和"SN"分别指该标准为"农业类"和"商检类"强制性类行业标准，而"NY/T"和"SN/T"分别指"农业类"和"商检类"推荐性行业标准。目前，我国已颁布多个橡胶树检疫性病害相关的行业标准，对相关病害的防治、监测、检疫、分子鉴定等多个方面进行了推荐性规定。

附录1

橡胶树主要病虫害防治技术规范
Technical criterion for rubber tree pests control
中华人民共和国农业行业标准 NY/T 2259—2012

中华人民共和国农业部发布

前　言

本标准按照 GB/T 1.1—2009 给出的规则起草。

本标准由农业部农垦局提出。

本标准由农业部热带作物及制品标准化技术委员会归口。

本标准起草单位：中国热带农业科学院环境与植物保护研究所。

本标准主要起草人：黄贵修、林春花、刘先宝、蔡吉苗、周明、蔡志英、邱学俊、李伸、高宏华。

2012 年 12 月 7 日发布，2013 年 3 月 1 日实施。

1　范围

本标准规定了橡胶树主要病虫害及其防治原则、防治措施。

本标准适用于我国橡胶产区橡胶树主要病虫害的防治。

2　规范性引用文件

下列文件对于本文件的应用是必不可少的。凡是注日期的引用文件，仅注日期的版本适用于本文件。凡是不注日期的引用文件，其最新版本（包括所有的修改单）适用于本文件。

GB 4285 农药安全使用标准

GB/T 8321（所有部分）农药合理使用准则

NY/T 221 橡胶树栽培技术规程

NY/T 1089 橡胶树白粉病测报技术规程

3　橡胶树主要病虫害

3.1　橡胶树主要病害及其发生为害特点参见附录 A。

3.2　橡胶树主要虫害及其发生为害特点参见附录 B。

4　防治原则及要求

　　贯彻"预防为主、综合防治"的植保方针，以主要病虫害预测预报为指导，综合考虑影响病虫害发生的各种因素，协调应用检疫、农业、物理、生物、化学等防控措施，实现对病虫害有效控制。

4.1　不应从病虫害发生区调出橡胶种子、种苗和活体橡胶树材料，确实需要种质材料交换的，应严格完成检疫程序和建议处理。

4.2　在远离发病虫区的林地开辟苗圃，防止病虫害感染为害；选种抗病虫品种；搞好胶园清洁，及时控制胶园内外杂草和灌木，剪除带病虫枝条和枯枝，集中烧毁；加强胶园肥水管理，按 NY/T 221 的要求执行。

4.3　通过选择对天敌较安全的化学农药，避开自然天敌对农药的敏感时期，以保护天敌；鼓励选用微生物源、植物源和矿物源农药，鼓励使用诱虫灯、色板等无公害措施。

4.4　使用药剂防治时应按 GB 4285 和 GB/T 8321 中的有关规定，严格掌握使用浓度或剂量、使用次数、施药方法。对容易产生抗药性的药剂，必须合理轮换其他药剂。

5　防治措施

5.1　白粉病

5.1.1　农业防治

　　选用抗病品种 RRIC52 等；加强栽培管理，适当增施有机肥和钾肥，提高橡胶树的抗病和避病能力，减轻病害发生和流行。

5.1.2　化学防治

　　橡胶树白粉病预测预报按 NY/T 1089 的规定执行。根据预测预报结果进行及时防治。化学防治方法按 NY/T221 的规定执行。

5.2　炭疽病

5.2.1　农业防治

　　选用抗病品种保亭 933 等；对历年重病林段和易感病品种，可在橡胶树越冬落叶后到抽芽初期，施用速效肥尿素等，促进橡胶树抽叶迅速而整齐；在病害流行末期，对病树施用速效肥，促进病树迅速恢复生长；注意排除胶园积水；及时清除病株残体，集中烧毁。

5.2.2　化学防治

　　根据炭疽病的发生流行规律特点，适时安排化学防治。苗圃可选用 80% 代森锰锌可湿性粉剂 1 000 倍液喷雾。大田胶园可选用 16% 百·咪鲜·酮（百菌清＋咪鲜胺＋三唑酮）热雾剂 1 500g/hm^2·次，10% 百菌清热雾剂 1 500g/hm^2·次。在胶树抽叶率 30%~40%，发病率 2%~3% 时，进行第一次施药。7d 后进行第二次施药，并根据胶树物候、天气、病情等情况，决定是否安排第三次施药。

5.3 棒孢霉落叶病

5.3.1 检疫预防

发病区的橡胶种苗、橡胶树加工产品和土壤不应进入非发病区。对病区病株残体进行处理，并对病情进行严密监测，防止病害的传播与蔓延。

5.3.2 农业防治

选用抗病品种天任 31-45、南华 1 号等；在无病区建立苗圃，加强苗圃的栽培管理，苗床设计要方便喷药作业，在发病率达 60% 的苗圃需全部砍除处理；幼龄胶园，拔除 2 年以下的所有易感病品系的染病植株，处理所有叶片和枝条，对 2 年以上的易感病品种可用耐病或抗病品系重新芽接。

5.3.3 化学防治

化学防治推荐在雨季每 5d、干旱季节每 7~10d 喷施 1 次杀菌剂，可使用的杀菌剂有 50% 苯菌灵可湿性粉剂 500~800 倍液，40% 多菌灵可湿性粉剂 800 倍液，或 25% 咪鲜胺·多菌灵可湿性粉剂 600~800 倍液。

5.4 根病

5.4.1 农业防治

垦前清除林地中木薯、三角枫等寄主植物；开展新老胶园垦前调查，发现病根树用 2,4-D 丁酯等毒杀；病苗不应上山定植；橡胶树定植后，每年在新叶开始老化到冬季落叶前至少调查 1 次。发现病株，从病树数起第二和第三株橡胶树之间挖深 1m、宽 30~40cm 的隔离沟，洒施生石灰。

5.4.2 化学防治

刨开病树和相邻健康树的树头基部表土，将 75% 十三吗啉乳油 30mL 配制成 100 倍药液均匀淋洒在距树头基部 0.5~1m 范围，待药液被完全吸收后回土，2 个月后再施用 1 次。

5.5 小蠹虫

5.5.1 农业防治

选种抗寒品种 772、GT1 和热研 7-33-97 等；风害、寒害后及时清除橡胶树上的枯死枝干，并用沥青涂封伤口；清除胶园周围的野生寄主。

5.5.2 生物防治

保护和利用金小蜂等天敌。选用绿色木霉、绿僵菌等生物制剂。

5.5.3　化学防治

发现小蠹虫蛀洞时，刮除受害处的树皮，露出木质部，用纱布醮取 80% 敌敌畏 200~300 倍液或 40% 杀扑磷（注：该药于 2019 年已禁用）300~600 倍液贴于受害处，用塑料薄膜包住，每隔 7d 施药 1 次，连续施药 2~3 次。

5.6　橡副珠蜡蚧

5.6.1　农业防治

不应调运发现有橡副珠蜡蚧为害的芽条和苗木。已发生虫害的开割胶林，应降低割胶强度或者休割。冬季橡胶树落叶期间，应勾除橡胶树上的蚂蚁巢，集中烧毁。

5.6.2　生物防治

保护和利用寄生蜂、瓢虫等介壳虫的天敌。

5.6.3　化学防治

做好初孵若虫高峰期防治。在 3 月初、6—7 月和 9—10 月繁殖高峰期，于晴天 2:00—8:00 施药。幼龄胶园采用喷雾法进行防治，可用 40% 杀扑磷 300~600 倍喷雾，25% 高效氯氰菊酯乳油 800~1 000 倍液，或 40% 氧化乐果乳油 800 倍液，或 3% 啶虫脒 1 000~1 500 倍液，或 3% 高渗苯氧威乳油 1 500~2 000 倍液，或 48% 毒死蜱 800 倍液喷雾防治。开割胶园防治，可用 15% 毒死蜱热雾剂 1 500g/hm² · 次或 5% 噻·高氯（高效氯氰菊酯＋噻嗪酮）热雾剂 3 000g/hm² · 次进行防治。烟雾防治每隔 4~5d 施 1 次药，连续施药 3 次，水剂防治每隔 7~10d 施 1 次药，连续施药 2~3 次。

5.7　六点始叶螨

5.7.1　农业防治

螨害发生严重的胶园，应降低割胶强度甚至休割。

5.7.2　生物防治

保护利用捕食螨、瓢虫和蚁蛉等天敌。

5.7.3　化学防治

在橡胶树春季新抽第 1 蓬叶老化后 1 个月内，当每 100 片叶中螨虫数量达 400~800 头时，用 15% 哒螨灵热雾剂 1 500~2 000g/hm² · 次烟熏，或用 10% 阿维·哒（阿维菌素＋哒螨灵）乳油 2 000 倍液，或 1.8% 阿维菌素乳油 2 500~3 000 倍液，25% 杀虫脒（注：该药于 2019 年已禁用）500~1 000 倍液。

附　录　A
（资料性附录）
橡胶树主要病害

A.1　白粉病

橡胶树白粉孢（*Oidium heveae*）为害。为害嫩叶、嫩芽、嫩梢和花序。发病初期嫩叶的叶面或叶背上出现辐射状的银白色菌丝，呈蜘蛛网状，以后遇高温呈大小不等的浅黄色病斑，其上覆盖一层白粉，即病菌的分生孢子梗和分生孢子，形成大小不一的白粉斑，即新鲜活动斑。嫩叶染病初期若遇高温，病斑上的菌丝生长受到抑制而病斑变为红褐色，呈现红斑症状。当气温适宜时，红斑还可以恢复产生分生孢子，使病斑继续扩大。发病严重时，重病叶布满白粉，皱缩畸形、变黄、脱落。嫩芽和花序染病后，出现一层白粉，病害严重时嫩芽坏死、花蕾全部脱落，只留下花轴。

A.2　炭疽病

胶孢炭疽菌（*Colletotrichum gloeosporioides*）或尖孢炭疽菌（*C. acutatum*）为害。主要发生在古铜色和淡绿色嫩叶上，病斑近圆形或不规则形、暗绿色或褐色，边缘可见黑色坏死线。严重时叶尖和叶缘变黑，扭曲，小叶凋萎脱落。老叶的叶尖和叶缘呈现圆形或不规则形灰褐色至灰白色病斑，其上散生或轮生小黑点。嫩梢、叶柄和叶脉染病后，出现黑色下陷小点或黑色条斑。

A.3　棒孢霉落叶病

多主棒孢（*Corynespora cassiicola*）为害。最典型的症状是叶片的主脉及邻近的侧脉变棕色或黑色的短线状，呈鱼骨状或铁轨状。老叶上呈不规则形或者多角形浅褐色至黑色病斑，外围有晕圈，后期病斑中央组织变成银白色纸质状，边缘深褐色；嫩梢受害，顶端嫩叶有时产生不规则斑点，严重受害时叶片皱缩，干枯脱落，嫩梢表面呈现黑色条纹，树皮爆裂，自上而下回枯；染病幼树会发生多次落叶，树冠光秃，植株生长缓慢。

A.4　根病

A.4.1　红根病

橡胶树灵芝菌（*Ganoderma pseudoferreum*）为害。树冠稀疏，枯枝多，不抽顶芽或抽芽不均匀，叶片变小、变黄和无光泽，有的叶片还卷缩。病根平粘一层泥沙，用水较易洗掉，洗后常见枣红色革质菌膜，有时可见菌膜前端呈白色，后端变为黑红色。病根散发出浓烈的蘑菇味。木材湿腐，松软呈海绵状，皮木间有一层白色到深黄色腐竹状菌膜。高温多雨季节在病树树头侧面的树根上长出无柄的担子果，上表面皱纹，灰褐色、红褐色或黑褐色，下表面光滑，灰白色。

A.4.2　褐根病

木层孔菌（*Phellinus noxius*）为害。树冠稀疏，枯枝多，不抽顶芽或抽芽不均匀，叶片变小、变黄和无光泽，有的叶片还卷缩。病根表面粘泥沙多，凹凸不平，不易洗掉，有铁锈色、疏松绒毛菌丝和薄而脆的黑褐色菌膜。病根散发出蘑菇味。木材干腐，质硬而脆，剖面有蜂窝状褐纹，皮木间有白色绒毛状菌丝体。根颈处有时烂成空洞。子实体半圆形，无柄，上表面黑褐色，下表面灰褐色不平滑。

A.4.3　紫根病

紧密卷担菌（*Helicobasidium compactum*）为害。树冠稀疏，枯枝多，不抽顶芽或抽芽不均匀，叶片变小、变黄、无光泽，有的叶片卷缩。病根不粘泥沙，有密集的深紫色菌索覆盖。已死病根表面有紫黑色小颗粒。无蘑菇味。木材干腐、质脆、易粉碎，木材易与根皮分离。

A.4.4　臭根病

灿球赤壳菌（*Sphaerostille repens*）为害。树冠稀疏，枯枝多，不抽顶芽或抽芽不均匀，叶片变小、变黄和无光泽，有的叶片还卷缩。病根不粘泥沙，无菌丝菌膜。有时出现粉红色孢梗束。木质坚硬，木材易与根皮分离，皮木间有扁而粗的白色至深褐色羽毛状菌索。病根发出粪便臭味。

A.4.5　黑根病

茶灰卧孔菌（*Poria hypobrunnea*）为害。树冠稀疏，枯枝多，不抽顶芽或抽芽不均匀，叶片变小、变黄和无光泽，有的叶片还卷缩。病根粘泥沙，水洗后可见网状菌索，其前端白色，中段红色，后段黑色，洗去泥沙菌索露出白色小点。木材湿腐、松软、无条纹，有时呈白色。有蘑菇味。子实体紧贴病部，为灰褐色至灰白色膜状，长于树干皮层。

A.4.6　白根病

木质硬孔菌（*Rigidoporus lignosus*）为害。树冠稀疏，枯枝多，不抽顶芽或抽芽不均匀，叶片变小、变黄和无光泽，有的叶片还卷缩。病根根状菌索分枝，形成网状，先端白色，扁平，老熟时稍圆，黄色至暗褐色。木质部褐色、白色或淡黄色，坚硬，在湿土中腐烂的根呈果酱状。病根有蘑菇味。子实体无柄，上表面橙黄色，有明显的黄色边缘，下表面橙色、红色或淡褐色。

A.4.7　黑纹根病

炭色焦菌（*Ustulina deusta*）为害。树冠稀疏，枯枝多，不抽顶芽或抽芽不均匀，叶片变小、变黄和无光泽，有的叶片还卷缩。病根不粘泥沙，表面无菌丝菌膜。在树干、树头或暴露的病根常有灰色或黑色炭质子实体。木材干腐，剖面有锯齿状黑纹，有时黑纹闭合成中圆圈。病根无蘑菇味。

附　录　B
（资料性附录）
橡胶树主要虫害

B.1　小蠹虫

小蠹科，小蠹虫（*Platypus secretus*）为害。成虫从橡胶树茎干上受风、寒、病害等而衰弱坏死的组织表皮蛀入木质部。小蠹虫蛀入木质部后，树皮和木质部表面可见大量近圆形的小蛀孔或泪状流胶，树皮上的新蛀孔有粉末状或挤压成条的木屑状虫粪排出。受害植株茎秆蛀空易遭风折，严重的导致整株死亡。

B.2　橡副珠蜡蚧

蜡蚧科，橡副珠蜡蚧（*Parasaissetia nigra*）为害。若虫和成虫都可为害橡胶树。多集中于成龄树枝条、未分枝幼树和苗圃幼苗的主干上刺吸为害，虫口密度大时也扩散到叶片、果实上为害。发生严重时，虫体布满枝（干）及叶表面，刺吸掠夺橡胶树营养，同时诱发煤烟病。橡胶树受害严重时落叶、枯梢，甚至死亡。介壳虫为害造成幼树生长缓慢，开割橡胶树因推迟开割、停割而减产，是目前对橡胶树为害最重的害虫。

B.3　六点始叶螨

叶螨科，六点始叶螨（*Eotetranychus sexmaculatus*）为害。六点始叶螨是海南、云南和粤西地区橡胶树的重要害螨，主要为害橡胶树老叶。以幼螨、若螨和成螨沿橡胶树叶片主脉两侧进行为害，刺吸叶肉组织，使叶片褪绿，呈现黄色斑块，为害严重时造成叶片枯黄脱落，降低胶乳产量。

附录 2

橡胶南美叶疫病监测技术规范
Guidelines for quarantine surveillance of *Microcyclus ulei* （P. Henn.）Von Arx.

中华人民共和国农业行业标准 NY/T 2290—2012

中华人民共和国农业部发布

前 言

本标准按照 GB/T 1.1 给出的规则起草。

本标准由农业部种植业管理司提出。

本标准由全国植物检疫标准化技术委员会（SAC/TC 271）归口。

本标准起草单位：全国农业技术推广服务中心、海南省植保植检站、海南大学。

本标准主要起草人：冯晓东、马叶、李鹏、刘慧、陈丽君、李潇楠、张曼丽、李涛。

2012 年 12 月 24 日发布，2013 年 3 月 1 日实施。

1 范围

本标准规定了农业植物检疫中橡胶南美叶疫病的监测方法。

本标准适用于橡胶南美叶疫病的疫情监测。

2 规范性引用文件

下列文件对于本文件的应用是必不可少的。凡是注日期的引用文件，仅注日期的版本适用于本文件。凡是不注日期的引用文件，其最新版本（包括所有的修改单）适用于本文件。

GB 19489 实验室生物安全通用要求

SN/T 1106 橡胶南美叶疫病菌检疫鉴定方法

3 原理

橡胶南美叶疫病［*Microcyclus ulei* (P. Hen.) Von Arx.］属子囊菌亚门（Ascomycotina）

座囊菌目（Dothideales）小球腔菌科（Mycosphaerellaceae）小环座囊菌属（*Microcyclus*）。该病菌可产生三种形态的孢子，即分生孢子、器孢子和子囊孢子，其主要形态特征和生物学特性及病害的典型症状（参见附录A）是监测过程中诊断的主要依据。

4　监测方法

4.1　调查方法

4.1.1　踏查法

4.1.1.1　时间和次数

重点选择高风险区域，在橡胶树新抽叶片老化后到越冬落叶之前，每年踏查1次。

4.1.1.2　方法

沿橡胶树林中路线，边走边观察，发现橡胶树冠大量落叶的，每树冠剪取5蓬叶，与橡胶南美叶疫病的典型症状进行比较，发现橡胶南美叶疫病疑似症状则采样进行室内鉴定。

4.1.2　详查法

4.1.2.1　详查对象

对发现疑似症状地点1km²内的所有橡胶树以及从国外引进来超过1年的橡胶树种植材料进行详查。

4.1.2.2　详查时间和方法

每10d详查1次，每树冠剪取10蓬叶，进一步从中选取200片中间小叶，查看每片小叶是否表现橡胶南美叶疫病典型症状，直至科学鉴定确认该疑似症状不是橡胶南美叶疫病时或疫情解除时为止。

4.2　疫情记录

调查情况填入《橡胶南美叶疫病田间调查监测记录表》（见附录B）。

4.3　样品的采集和运送

4.3.1　疑似样品的采集

成年橡胶树发现橡胶南美叶疫病疑似症状的，从树冠上采集表现典型疑似症状叶片5~10蓬；在苗期发现橡胶南美叶疫病疑似症状的，采集表现典型疑似症状的橡胶苗1~10株。

4.3.2　疑似样品的运送

带有疑似症状的叶片、小苗须用密封容器包装，容器外部须经对橡胶南美叶疫病有杀除作用的药剂喷雾处理后方可运送到调查范围之外。

4.4　症状识别与鉴定

橡胶南美叶疫病的鉴定工作参照SN/T 1106的要求进行。鉴定工作应在40d内完成。

5 结果报告

鉴定结果填入《植物有害生物样本鉴定报告》（见附录 C ）。

6 样品的保存与处理

6.1 样品的保存

在调查范围之外保存橡胶南美叶疫病疑似样品的，其实验室生物安全措施和管理水平必须符合 GB 19489 中的有关规定，橡胶南美叶疫病菌永久玻片可在实验室内长期保存。

6.2 样品的处理

在调查范围之外的橡胶南美叶疫病害疑似样品使用后应立即烧毁，或进行 55℃湿热处理 30min ；其他用具和用品使用完毕后应进行消毒灭活处理方可弃置。

7 档案保存

疫情档案由省级植物检疫机构和发生地植物检疫机构管理。

附录 A
（资料性附录）
橡胶南美叶疫病

A.1　橡胶南美叶疫病菌形态特征及生物学特性

A.1.1　有性态

子囊壳阶段属子囊菌门（Ascomycota）座囊菌目（Dothideales）小球腔菌科（Mycos-phaerellaceae）小环座囊菌属（*Microcyclus*），其形态特征为子座球形或近球形，碳质，表生于叶片或植物组织上，通常聚生，有时着生于穿孔病斑的周围，直径 200~450μm，但常侧面融合；拟薄壁组织的细胞壁均匀加厚，色暗；子座内有一个至多个腔，成熟时具乳突状孔口。子囊壳散生，具乳突状孔口，内径 100~200μm。子囊从腔的基部长出，有侧丝，双层壁，棍棒形，顶端稍厚，大小为（50~80）μm×（12~16）μm，具 8 个近双行排列的子囊孢子。子囊孢子无色透明，单隔膜，分隔处缢缩，近椭圆形，2 个细胞不相等，较长的一端顶端较尖，朝下排列，大小为（12~20）μm×（2~5）μm。

A.1.2　无性态

橡胶南美叶疫病菌的无性态有两种类型：一种是橡胶离球壳菌，产生分生孢子器和器分生孢子，另一种是大孢黑星孢，产生散生的分生孢子梗，其上着生分生孢子。

A.1.2.1　橡胶离球壳菌（*Aposphaeria ulei* P. Henn.）

分生孢子器黑而发亮，碳质，圆形或椭圆形，表生，具乳突状孔口，直径为120~160μm，单腔，薄壁，由浅褐色、厚壁的角细胞组成外层，由更薄的、无色透明的小细胞组成内层。孢子梗由分生孢子器的内壁细胞长出，无色透明，于基部分枝，丝状，大小为（12~20）μm×（2~3）μm。产孢细胞内壁芽殖，瓶梗型，聚生或离散生，无色透明，表面光滑。器孢子哑铃形，直或稍弯，一端较大，无色，常含 2~3 个油滴，单胞，大小为（6~10）μm×（0.8~1）μm。能萌发但没有侵染能力。

A.1.2.2　大孢黑星孢（*Fusicladium macrosporum* Kuyper）

属有丝分裂真菌（Mitosporic Fungi）丝孢纲（Hyphomycetes）黑星菌科（Venturiaceae）黑星孢属（*Fusicladium* Bonorden, 1851）。其形态特征为：菌落散生，灰色，粉状。菌丝体埋生。子座表生，由相当松散的细胞组成。分生孢子梗由表皮下的子座伸出，初为单胞，后期形成多个隔膜而基部为亚球形膨大（宽约 10μm），由无色透明变成灰榄褐色，直或稍为弯曲，有时为屈膝状，具 1~4 个孢痕，有时长度可达 140μm，但是通常小于

50μm，宽 3~7μm。产孢细胞合轴状芽殖。分生孢子顶生，单生，直或弯曲，椭圆形或长梨形，初无色，后变成淡灰褐色，光滑或具微小的疣突，通常具 1 个隔膜，偶尔单胞。双细胞的分生孢子于分隔处缢缩；靠基部的细胞较宽，基部截形、加厚，经常具有典型特征性的单向扭曲；其大小为长 23~63μm，平均 45μm，最宽处孢子的宽度 5~10μm，平均8.5μm。单细胞的分生孢子大小为（15~43）μm×（5~9）μm。分生孢子基部的孢痕宽为2.5~4μm。

A.1.3 培养特征

在 HMA 培养基上，菌落生长很慢，首先产生橄榄绿色的菌丝体，后形成淡黑色的、埋生或表生的子座组织。表生的结构是大量的分生孢子器，并在子座的表面产生分生孢子；埋生的结构主要是菌丝体和分生孢子，在培养基表面为橄榄绿色。培养 26 d 后菌落直径为 5~6mm。含 2.5% 或 5% 蔗糖的马铃薯蔗糖琼脂培养基（PSA）也常用来培养和分离该病菌。

HMA 培养基配制方法：将 20g 干叶片切成方形小块，用 50mL 蒸馏水煮 30min 后，过滤去除残渣，取其滤液，2.5g 麦芽汁，20g 琼脂，加蒸馏水至 1 000mL，121℃下湿热灭菌 30min。

A1.4 生物学特征

子囊孢子和分生孢子的最适萌发温度为 24~28℃，最适 pH 值为 7.8，高湿条件下有利于孢子萌发和繁殖。在露水或雨滴中要 8d 后萌发，产生附着胞、侵染菌丝，直接穿透叶片的角质层而侵入寄主植物组织，5~8d 后产生症状。孢子的释放随着天气状况而变化，无性态分生孢子在 10:00—12:00 是释放高峰，有性态分生孢子在夜间释放并在 6:00 达到高峰，所有孢子在雨后释放量增加。

A.2 橡胶南美叶疫病典型症状

发病初期，叶片出现透明斑点，随后迅速变成暗淡的、橄榄色或青灰色的斑点，其上密生绒毛物。病斑较少时，仅叶缘或叶尖向上卷曲；病斑较多时，整张叶片卷缩变黑脱落，或挂在枝条上呈火烧状。后期病斑多穿孔，四周发黑部位产生许多黑色圆形子实体。叶柄感病后呈螺旋状扭曲，病部形成斑块。

附录 B

（规范性附录）

橡胶南美叶疫病田间调查监测记录表

橡胶南美叶疫病田间调查监测记录见表 B.1。

表 B.1　橡胶南美叶疫病田间调查监测记录表

调查单位：　　　　　　　　　　　　调查时间：

编号	作物品种	调查地点	调查株数	疑似症状表现株数	监测（检测）结果

调查人（签字）：

附录 C

（规范性附录）

植物有害生物样本鉴定报告

植物有害生物样本鉴定报告见表 C.1。

表 C.1 植物有害生物样本鉴定报告

植物名称				品种名称	
植物生育期		样品数量		取样部位	
样品来源		送检日期		送检人	
送检单位				联系电话	
检测鉴定方法：					
检测鉴定结果：					
备注：					
鉴定人（签名）： 审核人（签名）： <div align="center">鉴定单位盖章：</div> <div align="right">年　　月　　日</div>					
注：本单一式三份，检测单位、受检单位和检疫机构各一份。					

附录 3

橡胶南美叶疫病菌检疫鉴定方法
Methods for the quarantine and identification of South American Leaf Blight[*Microcylus ulei* (P. Henn.) Von Arx] in rubber tree

中华人民共和国出入境检验检疫行业标准 SN/T 1106—2002

中华人民共和国国家质量监督检验检疫总局发布

前 言

橡胶南美叶疫病是我国进境植物检疫危险性病害。为了防止该病菌随寄主传入我国，需正确掌握橡胶南美叶疫病菌的检疫鉴定方法。

本标准在制定过程中，分析了国内外有关资料，总结了多年来植物检疫经验，根据橡胶南美叶疫病菌的形态学、生物学特性及植物病理学原理，确定各项鉴定技术指标。

本标准给出橡胶南美叶疫病菌的有性态和无性态的形态特征，以及在寄主上所表现的病征和病状，鉴定时可以综合采取有性态和无性态的形态特征，或者其中的一个世代的形态特征作为鉴定依据。

本标准的附录 A 为资料性附录。

本标准由国家认证认可监督管理委员会提出并归口。

本标准负责起草单位：中华人民共和国厦门出入境检验检疫局。

本标准主要起草人：林石明、余芳平、陈勇。

本标准系首次发布的出入境检验检疫行业标准。

1 范围

本标准规定了进境植物检疫中橡胶南美叶疫病菌的检疫鉴定方法。

本标准适用于进境三叶橡胶属（*Hevea* spp.）植物的芽条、芽穗、蒴果等繁殖材料的橡胶南美叶疫病菌的检疫鉴定。

2 原理

橡胶南美叶疫病菌是活体营养真菌，可以侵染三叶橡胶的叶片、枝条、茎秆、花序、蒴果，造成橡胶树的持续落叶。该病菌有 3 种类型的繁殖体，即子囊孢子、器孢子和分生孢子。该病菌可依据其极具扭曲的无性态的分生孢子特征，有性态的形态特征和生物学特征，以及在三叶橡胶属植物上的症状特征进行鉴定。

3 仪器、试剂

3.1 手持式扩大镜。

3.2 双目解剖镜（10×~50×）。

3.3 显微镜（100×~1 000×）。

3.4 切片机。

3.5 小器具和器皿

刀片、解剖刀、解剖剪、镊子、记号笔、酒精灯或煤气灯、纱布、烧杯、搪瓷杯、移植接种针、移植环、培养皿、烧杯、三角瓶、玻片、盖玻片、铝箔纸、Parafilm 膜等。

3.6 超净工作台。

3.7 乳酚油

由苯酚（由水浴加热融化）20mL、甘油 40mL、乳酸 20mL、蒸馏水 20mL 混合配制而成。

3.8 次氯酸钠。

3.9 酒精。

3.10 琼脂。

4 现场检疫

查验待检货物的有关单证，核实产地、包装、唛头、品名及数量等。逐件检查橡胶树繁殖材料的芽条、芽穗、蒴果等是否有可疑疫情，重点应检查叶片。对于来自疫区的材料，还应仔细检查装载交通工具和包装材料。然后，直接扦取有可疑症状的部位；如果没有发现任何可疑症状，则按 5% 的繁殖材料比例扦取样品，带回实验室检查；如果样品数量少于 10 件，则全部扦取。

5 检验方法

5.1 症状检查

仔细检查橡胶的叶片、枝条、茎秆和蒴果尤其是嫩叶是否有橡胶南美叶疫病感病症状。该病的病斑通常有半透明的橄榄绿色斑点，暗淡青灰色或发黑，穿孔。叶片卷曲，畸形，皱缩变黑呈火烧状。病斑的背面灰白色，其上密生绒毛物（即分生孢子梗和分生孢子），病斑的四周轮生小黑点（即分生孢子器或子座）。叶柄呈螺旋状扭曲。花序变黑、卷缩。枝条、茎秆坏死。果实上有隆起的褐色病斑。在感病组织上，最常见是散生的分生孢子梗和其上所产生的分生孢子。

5.2　病原菌检查

用解剖针挑取或刀片刮取病斑上的绒毛状物，制片，在显微镜下直接检查有无病菌的子实体，记录其形态特征，必要时还应测量分生孢子梗和分生孢子的大小。在解剖镜下检查可疑病斑上的小黑点，切取带有病菌子实体的组织，用冰冻切片机或手工将组织切成厚度约为 10~20μm 的薄片，制片，在显微镜下检查子囊壳和 / 或分生孢子器，记录形态特征，并测量大小。

5.3　分离培养

如果发现可疑症状，或发现该病菌的任何子实体，应采取分离、培养的方法展开进一步鉴定。直接刮取病斑上的分生孢子放入 HMA 培养基（参见附录 A.2）培养，或选择新鲜病组织（叶片、枝条或蒴果的表皮组织），切成小块，用 70% 酒精消毒几秒钟后，置于 3% 次氯酸钠水溶液中消毒 5~15min，再用灭菌水连续泡洗 3 次，用灭菌滤纸吸干水分后移置在 HMA 培养基平板上、于 24~28℃下培养。

6　鉴定特征

6.1　形态特征

6.1.1　有性态

子囊壳阶段 [*Microcyclus ulei* (P.Henn.) Von Arx in Müller & Von Arx; =*Dothidella ulei* P. Henn.; =*Melanospsammopsis ulei* (P. Henn.) Stahel]，属子囊菌门（Ascomycota）座囊菌目（Dothideales）小球腔菌科（Mycosphaerellaceae）小环座囊菌属（*Microcyclus* Saec., Syd. & P. Syd., 1904）。其形态特征：子座球形或近球形，碳质，表生于叶片或植物组织上，通常聚生，有时着生于穿孔病斑的周围，直径 200~450μm，但常侧面融合；拟薄壁组织的细胞壁均匀加厚，色暗；子座内有一个至多个腔，成熟时具乳突状孔口。子囊壳散生，具乳突状孔口，内径 100~200μm。子囊从腔的基部长出，有侧丝，双层壁，棍棒形，顶端稍厚，大小为（50~80）μm×（12~16）μm，具 8 个近双行排列的子囊孢子。子囊孢子无色透明，单隔膜，分隔处缢缩，近椭圆形，2 个细胞不相等，较长的一端顶端较尖，朝下排列，大小为（12~20）μm×（2~5）μm。参见附录 A 之图 A.1。

6.1.2　无性态

该病菌有两种类型，一类是分生孢子器和器分生孢子，另一类只产生散生的分生孢子梗，其上着生分生孢子。

6.1.2.1 橡胶离球壳菌（*Aposphaeria ulei* P. Henn.）

分生孢子器黑而发亮，碳质，圆形或椭圆形，表生，具乳突状孔口，直径为 120~160μm，单腔，薄壁，由浅褐色、厚壁的角细胞组成外层，由更薄的、无色透明的小细胞组成内层。孢子梗由分生孢子器的内壁细胞长出，无色透明，于基部分枝，丝状，大小为（12~20）μm×（2~3）μm。产孢细胞内壁芽殖，瓶梗型，聚生或离散生，无色透明，表面光滑。器孢子哑铃形，直或稍弯，无色，常含 2~3 个油滴，单胞，大小为（6~10）μm×（0.8~1）μm。

6.1.2.2 大孢黑星孢（*Fusicladium macrosporum* Kuyper）

属有丝分裂真菌（Mitosporic Fungi）丝孢纲（Hyphomycetes）黑星菌科（Venturiaceae）黑星孢属（*Fusicladium* Bonorden, 1851）。其形态特征为：菌落散生，灰色，粉状。菌丝体埋生。子座表生，由相当松散的细胞组成。分生孢子梗由表皮下的子座伸出，初为单胞，后期形成多个隔膜而基部为亚球形膨大（宽约 10μm），由无色透明变成灰榄褐色，直或稍为弯曲，有时为屈膝状，具 1~4 个孢痕，有时长度可达 140μm，但是通常小于 50μm，宽 3~7μm。产孢细胞合轴状芽殖。分生孢子顶生，单生，直或弯曲，椭圆形或长梨形，初无色，后变成淡灰褐色，光滑或具微小的疣突，通常具 1 个隔膜，偶尔单胞。双细胞的分生孢子于分隔处缢缩；靠基部的细胞较宽，基部截形、加厚，经常具有典型特征性的单向扭曲；其大小为长 23~63μm，平均 45μm，最宽处孢子的宽度 5~10μm，平均 8.5μm。单细胞的分生孢子大小为：（15~43）μm×（5~9）μm。分生孢子基部的孢痕宽为 2.5~4μm。参见附录 A 之图 A.2。

6.2 培养特征

在 HMA 培养基上，菌落生长很慢，首先产生橄榄绿色的菌丝体，后形成淡黑色的、埋生或表生的子座组织。表生的结构是大量的分生孢子器，并在子座的表面产生分生孢子；埋生的结构主要是菌丝体和分生孢子，在培养基表面为橄榄绿色。培养 26 d 后菌落直径为 5~6mm。

6.3 生物学特征

子囊孢子和分生孢子的最适萌发温度为 24~28℃、最适 pH 值为 7.8。在露水或雨滴中要 8d 后萌发，产生附着胞、侵染菌丝，直接穿透叶片的角质层而侵入寄主植物组织，5~8d 后产生症状。

7 结果判定

以橡胶南美叶疫病菌在三叶橡胶属植物上产生的症状，有性态的子囊壳、子囊、子囊孢子以及 6.1.2.2 所描述的分生孢子梗和分生孢子的形态特征为鉴定依据，进行综合判定。器孢子的特征作为检疫鉴定的参考依据，不能单独作为鉴定的依据。

8　检疫处理与样品保存

8.1　检疫处理

如果检出橡胶南美叶疫病菌，则应对该批货物及其包装铺垫材料等全部进行销毁，并对交通工具消毒处理；如果没有检出橡胶南美叶疫病菌，则应将全批货物在隔离温室内作至少一个生长周期的隔离试种、检疫观察。

8.2　样品保存

发病的繁殖材料应及时销毁。可将病菌制成永久玻片，或培养物经过高温灭菌后保存。

附录 A
（资料性附录）
橡胶南美叶疫病菌的形态特征及 HMA 培养基

A.1　橡胶南美叶疫病菌

橡胶南美叶疫病菌分为有性态（见图 A.1）和无性态（散生的分生孢子梗和分生孢子，见图 A.2）。

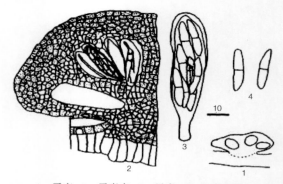

1—子座；2—子囊壳；3—子囊；4—子囊孢子。

图 A.1　南美叶疫病菌的有性态（单位为 μm）

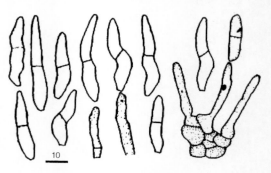

图 A.2　南美叶疫病菌的无性态（单位为 μm）
注：散生的分生孢子梗和分生孢子。

A.2　HMA 培养基

20g 三叶橡胶树叶片的提取液〔制作方法：将 20g 干叶片切成方形小块，用适量的蒸馏水（约 50mL）煮 30min 后，过滤去除残渣，取其滤液〕、2.5g 麦芽汁、20g 琼脂，加蒸馏水至 1 000mL，121℃下湿热灭菌 30min。

附录 4

橡胶白根病菌检疫鉴定方法
Detection and identification of *Rigidoporus lignosus*（Klotzsch）Imaz.

中华人民共和国出入境检验检疫行业标准 SN/T 3433—2012

中华人民共和国国家质量监督检验检疫总局发布

前　言

本标准按照 GB/T 1.1—2009 给出的规则起草。

请注意本文件的某些内容可能涉及专利。本文件的发布机构不承担识别这些专利的责任。

本标准由国家认证认可监督管理委员会提出并归口。

本标准负责起草单位：中华人民共和国海南出入境检验检疫局。

本标准参加起草单位：中华人民共和国宁波出入境检验检疫局、中华人民共和国广东出入境检验检疫局。

本标准主要起草人：韩玉春、刘福秀、李伟东、徐卫、林明光、赵立荣、闻伟刚。

1　范围

本标准规定了出入境植物检疫中橡胶白根病菌 *Rigidoporus lignosus*（Klotzsch）Imaz. 的检疫鉴定方法。

本标准适用于橡胶属 *Hevea* 等植物种苗及其他繁殖材料上橡胶白根病菌的检疫鉴定。

2　原理

学名：*Rigidoporus lignosus*（Klotzsch）Imaz

异名：*Fomes lignosus*（Klotsch）Bres.

　　　Rigidoporus microporus（Fr.）Overeem

　　　Polyporus lignosus Klotzsch

橡胶白根病菌 *Rigidoporus lignosus*（Klotzsch）Imaz，属于真菌界（Fungi）担子菌门（Basidiomycota）担子菌纲（Basidiomycetes）无隔担子菌亚纲（Holobasidiomycetidae）非褶菌目（Aphyllophorales）薄孔菌科（Meripilaceae）硬孔菌属（*Rigidoporus*）真菌。

橡胶白根病菌属根部专性寄居菌，主要寄生橡胶属植物的根部，离开寄主组织在土壤中不能存活。该病菌在侵染植物的过程中能产生粗细不一的根状菌索，天气潮湿时在病变根部长出子实体。该病菌主要通过根系接触，借根状菌索蔓延而传播，也能借子实体产生的担孢子经过气传沉降到树桩切面或根系伤口形成新的侵染源，再经过根系接触传播。该病菌的为害症状、形态特征、培养性状、致病性测定及分子生物学信息是鉴定橡胶白根病菌的依据。详细资料参见附录 A 和附录 B。

3　试剂与培养基

3.1　试剂

燕麦片、琼脂粉、蔗糖。

三羟甲基氨基甲烷盐酸盐、十六烷基三甲基溴化铵、聚乙烯吡咯烷酮、乙二胺四乙酸、蛋白酶 K、冰醋酸、溴酚蓝、氯化钠、三氯甲烷、异戊醇、异丙醇、DNA 相对分子质量 Marker、溴化乙锭、次氯酸钠。

10×PCR 缓冲液、氯化镁、dNTP、*Taq* DNA 聚合酶、PCR 引物、琼脂糖。

3.2　培养基

病菌分离和纯化采用燕麦琼脂培养基（见附录 C）。

燕麦琼脂平板：将灭菌燕麦琼脂培养基熔化后倒入灭菌的培养皿中，形成 2~3 mm 厚的平板。

燕麦琼脂斜面：将 2~4 mL 燕麦琼脂培养基装入试管中，灭菌后，立即将试管摆放在一定斜度的坡面上，凝固后制成斜面培养基。

4　仪器和用具

4.1　仪器

PCR 仪、超净工作台、高压灭菌锅、制冰机、核酸蛋白分析仪、高速冷冻离心机、台式小型离心机、超低温冰箱、常规冰箱、涡旋振荡器、电泳仪、凝胶成像系统、生物显微镜、生物培养箱、高压灭菌锅、电子天平等。

4.2　用具

酒精灯、三角瓶、培养皿、试管、载玻片、盖玻片、接种针、接种环、移液器、手术刀、剪刀、镊子、玻璃棒等。

5　检疫与鉴定

5.1　症状观察

仔细观察橡胶树种苗根部，看有无典型或可疑症状，症状描述参见附录A。

5.2　样品抽取

发现可疑植株，切取感病部位组织，或将整株可疑植株带回实验室展开进一步检测。

6　鉴定方法

6.1　病菌形态鉴定

6.1.1　组织保湿观察

用塑料盒作为培养器皿，在盒内铺上保湿滤纸，将采集可疑病根组织样品置于滤纸上，无菌水喷雾保持病根组织高度湿润，置培养箱内在28℃±1℃黑暗或弱光下培养，3d后观察病根有无菌索产生。若有菌索产生，则进一步采用培基法进行病菌分离纯化培养。

6.1.2　病菌分离培养

剪取可疑的病变植物组织，先用清水洗干净，用0.5%次氯酸钠溶液表面消毒5min，灭菌水洗3次，无菌滤纸吸干表面水分。将病组织移到燕麦琼脂平板培养基中，置室温28℃±1℃培养3d。如发现可疑的菌落，及时将菌落移植另一新的燕麦琼脂平板上，进一步纯化培养，将纯化菌株移植到燕麦琼脂斜面培养基上，4℃保存备用。

6.1.3　病菌形态观测

将6.1.1或6.1.2分离纯化的病菌在显微镜下进行镜检，观察形态和测量数值。

6.2　分子生物学鉴定

6.2.1　DNA提取

将有疑似症状的植物组织或成分离的菌丝，按CTAB法揽取DNA（见附录D）。

6.2.2　特异性引物PCR凝胶电泳检测

从植物病组织中提取总DNA，用橡胶白根病菌的标准菌株作阳性对照，用健康植株抽提总核酸作阴性对照，用超纯水作为空白对照，进行特异性引物PCR凝胶电泳检测（见附录E）。

6.3　致病性测定

6.3.1　供试植物材料

致病性测定采用栽培较为广泛分布的感病品种巴西橡胶 *Hevea brasiliensis*。种子先用自来水冲洗干净，并用0.5%次氯酸钠表面消毒5min，无菌水冲洗5min，将处理好的种子放在人工气候箱25℃进行催芽。取萌芽种子播在30cm×50cm的塑料盆中，种植介质为灭菌的细沙和有机土（比例为1∶2）。植株在室温下生长至平均株高30cm（2~3个月）

时用于接种实验。

6.3.2　菌丝块接种

接种前 10d，将保存于 4℃下的菌种移植转到新鲜燕麦琼脂平板上，在 28℃±1℃下，12 h 光照 / 黑暗重新培养。7d 后在菌落边缘切取直径约 2mm 的圆块，作为接种菌丝。用手术刀在供试植株的主根基部切出一个约 5mm^2 的圆形切口，并用 0.5% 次氯酸钠溶液表面消毒，再将直径 2mm 的菌丝块放入根部的切口中，用封口膜封好以防水分流失。同时接种无菌燕麦琼脂培养基块作为对照，实验重复 3 次，每个重复的菌株及对照接种至少 3 棵植株。

接种完后将植株移入温室中培养，控制环境温度在 25~28℃，相对湿度维持在 50%~90%。接种 7d 后观察植株叶片是否有褪绿、变小卷缩等症状，根部是否有菌丝、菌索或子实体产生，每天观察一次，接种 45 d 后所有植株均不发病视为不致病。

6.3.3　病原菌再分离

检查植株是否有 7.1 描述的症状出现，并按 6.1.1 或 6.1.2 方法对 6.3.2 发病并表现典型症状的植株接种部位附近的组织进行病菌再分离，按 7.2 指述的病原特征对分离物进行观察。

7　鉴定特征

7.1　症状特征

7.1.1　地上部分症状

叶片发病初期无明显症状，发病后期叶片开始褪绿变黄，失去闪亮的蜡质面缺乏光泽，反卷呈舟状。这种现象最初只在一条或几条枝条上出现，很快整个树冠的叶片褪色、变黄，最后落叶，枝条回枯，导致整株死亡。

7.1.2　地下部分症状

感染病菌的根部表面长满白色菌丝体，并黏附有白色网状菌索，严重时散发蘑菇味。菌索在侵入树皮部位之前有菌索的附着部分，这一部分有时能延伸 250cm 之长。菌索的生长端白色、扁平。老菌索近圆形、淡黄色。菌索粗细不一，但粗度最多不过 0.6cm，有时菌索能连接成连续的菌片。在暴露的根系上常常产生子实体，天气湖湿时尤易产生（参见附录 A）。

7.2　病原菌特征

菌丝一般只有少数分枝。在燕麦琼脂培养基中，菌丝呈白色，具轮纹，特别是先端更明显，菌丝宽度平均 3.05μm（2.64~4.29μm）（参见附录 B）。菌丝沿病根部表面生长，并形成网状菌索。菌索先端扁平、白色，后端呈圆形，黄褐色，直径 0.6 m。组成菌索的菌丝平均宽 2.31μm（1.98~3.96μm）。

子实体檐生、无柄，通常单生，也有群生，堆积成层，长达数尺。新鲜子实体革质或木质，长径 8.2~8.6cm，短径 5.1~5.3cm，其上表面橙黄色，具轮纹，并有放射性沟纹，有明显的鲜黄色边缘，下表面橙色、红色或淡褐色。子实体纵切能区分出两层，上层菌肉白色，厚 2~3cm，下层管孔红褐色，厚 1~2mm。

担子棒状，无色，大小为 4.04μm×17.66μm（3.96~6.27μm）×（9.9~23.1μm），顶端着生 4 支细小的担子梗，其上着生担孢子。在担子之间有棍棒状无色的薄壁隔胞。担子产生的担孢子透明光滑，无色，细胞壁薄，内含物少，近圆形或椭圆形，顶端较尖，有一油滴，担孢子大小为 4.66μm×5.15μm（3.3~7.26μm）。

7.3 PCR 特异性产物

PCR 扩增产物，经电泳后，只有一条 494 bp 的目的片段。

8 结果判定

以橡胶白根病菌在橡胶上侵染产生的症状、担子果、担子、担孢子的形态特征或分离菌的 PCR 产物作为鉴定依据，进行综合判定。若病原菌引起的症状特征、病原菌形态特征及特异 PCR 检测结果与 7.1、7.2 和 7.3 的鉴定指标符合，可鉴定为橡胶白根病菌，否则不视为橡胶白根病菌。必要时，按 6.3 进行致病性试验。

9 样品保存与复核

9.1 样品保存

病根样品经登记和签字后置于 4℃冰箱或阴凉干燥、防虫防鼠处妥善保存；样品中分离出的橡胶白根病菌，在燕麦琼脂斜面培养基 28℃±1℃培养 7d 后，置于 4℃冰箱保存；或将菌种用冷冻干燥机制成冻干粉置于 −20℃低温冰箱保存。

对鉴定为橡胶白根病菌的病根样品至少应保存 1 年，以备复检、谈判和仲裁，超过样品保存期限后，需经无害化处理。

9.2 结果记录与资料保存

完整的实验记录包括：样品的来源、种类、时间，实验的时间、地点、方法和结果等，并要有实验人员和审核人员签字。

9.3 复核

由国家质量监督检验检疫总局指定的单位或人员负责。主要考察实验记录、照片等资料的完整性和真实性，必要时进行复核实验。

附录 A
（资料性附录）
橡胶白根病菌相关信息

A.1 名称及分类地位

学名：*Rigidoporus lignosus* (Klotzsch) Imsz.

异名：*Fomes lignosus* (Klotzsch) Bres.

Rigidoporus microporus (Fr.) Overeem

Polyporus lignosus Klotzsch

英文名：White root disease of Hevea rubber

中文名：橡胶白根病

橡胶白根病菌 *Rigidoporus lignosus*（Klotzsch）Imaz，属于菌物界（Fungi）担子菌门（Basidiomycota）担子菌纲（Basidiomyetes）无隔担子菌亚纲（Holobasidiomycetidae）非褶菌目（Aphyllophorales）薄孔菌科（Meripilaceae）硬孔菌属（*Rigidoporus*）真菌。

A.2 为害症状

橡胶根部由于受到病原菌侵染，导致植株水分、养料吸收受到干扰而在地上部分表现叶片变色、失绿、萎蔫和枝枯等症状，最后整株死亡。染病树根表层紧贴有根状菌索，沿根生长时分枝，形成网状。典型的根状菌索先端白色、扁平，老熟时圆形、黄色至暗黄褐色。刚被杀死的木质部褐色，白色或淡黄色，坚硬，仅在湿土中腐根可呈果酱状。白根病根状菌索与腐生菌产生的根状菌索有区别，前者紧贴根表，根皮有坏死，后者菌索松散地附着在根上，根部表皮完好。

A.3 寄主范围

橡胶白根病菌的寄主植物范围非常广泛。除橡胶属植物外，还有番荔枝 *Annona squamosal*、印度麻 *Apocynum cannabinum*、波罗蜜 *Artocarpus heterophyllus*、茶 *Camellia sinensis*、柑橘 *Citrus reticulate*、咖啡 *Coffea arabica*、椰子 *Cocos nucifera*、樟树 *Cinnamomum camphora*、龙脑树 *Dryobalanopsarom atica*、油棕 *Elaes guineensis*、细叶桉 *Encalyptus tereticornis*、刺桐 *Erythrina variegata*、木棉树 *Gossampinus malabaricus*、银合欢 *Leucaena glauca*、杧果 *Mangiera indica*、人心果 *Manilkara zapota*、木薯 *Manihot esculenta*、胡椒

Piper nigrun、槟榔 *Arera catheru*、可可 *Theobroma cacao* 及豆科植物等。

A.4　发病规律

橡胶白根病菌属根部专性寄居菌。该病菌主要以丛林病树的残留树桩或各种灌木等野生寄主为侵染来源，如带病胶树的不断生长，根系纵横交替相互接触时借助病根上已形成的根状菌索的蔓延传播，使其发病；此外，病菌的子实体产生的分生孢子也能通过气流、雨水传播到胶树伤口、树桩切面或根部，在适当环境下，孢子萌发产生侵入丝侵入胶树，扩展致使其发病，又形成新侵染源，再由根系接触传给其他胶树造成根系感染而发病。如此而逐渐地蔓延到周围健康胶树形成病区。

A.5　传播途径

主要依靠病株残体或带病种苗进行远距离传播。

A.6　地理分布

橡胶白根病最先于 1904 年在新加坡发现，之后在马来西亚、印度尼西亚（爪哇、苏门答腊）、泰国、印度、斯里兰卡、缅甸、尼日利亚、刚果、安哥拉、塞拉利昂、乌干达、中非、埃塞俄比亚、加蓬、菲律宾、越南、阿根廷、巴西、秘鲁、墨西哥、新赫布里底群岛等地陆续发现。热带胶区大多都是该菌为害的常发区。

附录 B
（资料性附录）
橡胶白根病菌侵染症状及形态示意图

左—叶片变黄；中—根状菌索；右—根部形成的子实体。

图 B.1　橡胶白根病菌侵染橡胶症状

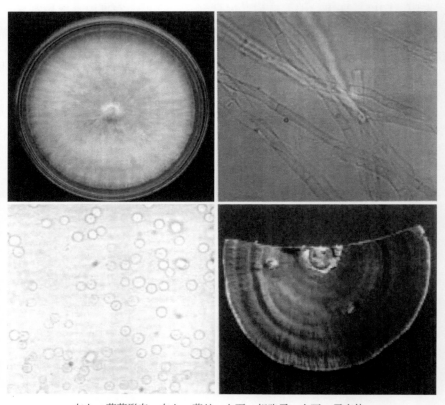

左上—菌落形态；右上—菌丝；左下—担孢子；右下—子实体。

图 B.2　橡胶白根病菌形态示意图

附录 C
（规范性附录）
燕麦琼脂培养基的配制

C.1　配方

见表 C.1。

表 C.1　配方

成分	比例
燕麦片	30.0 g
琼脂	20.0 g
蒸馏水	1 000mL

C.2　配制方法

将燕麦片加 600mL 水，制成匀浆，在沸水浴上加热 1h，纱布过滤后加入琼脂熔化，加水补至 1 000mL，分装灭菌待用（121℃，20min）。

附录 D
（规范性附录）
DNA 提取方法

D.1 试剂制备

D.1.1 总核酸抽提缓冲液

3% 十六烷基三甲基溴化铵（CTAB）、100mmol/L 三羟甲基氨基甲烷盐酸盐（Tris-HCl）pH 值 8.0、20mmol/L 乙二胺四乙酸（EDTA）pH 值 8.0、1.4mol/L 氯化钠、1% 聚乙烯吡咯烷酮（PVP）、2%β- 巯基乙醇。

D.1.2 TE 缓冲液（pH 值 8.0）

1mmol/L	Tris-HCl，pH 值 8.0
0.1mmol/L	EDTA。

D.1.3 50×TAE 电泳缓冲液（pH 值 8.0）

242 g	Tris
57.1 mL	冰醋酸
100 mL	0.5 mol/L EDTA（pH 值 8.0）

D.1.4 6×上样缓冲液

0.25% 溴酚蓝、40% 蔗糖。

D.2 总 DNA 提取

样品为橡胶属根部组织时，取 1g 植物组织洗净消毒后切成小块，冷冻加液氮研磨，放入 1.5mL 离心管中待用；样品为病原菌时，收集菌丝放入 1.5mL 浸在液氮里的离心管中，用塑料杵碾碎待用。

样品管中加入 1 000μLCTAB 缓冲液（缓冲液中加 0.1g 蛋白酶 K）混匀，65℃水浴 1h；13 000g 离心 15min，保留上清液；加 500μL Tris 饱和酚：三氯甲烷：异戊醇（体积为 25：24：1）混匀，13 000g 离心 15min，保留上清液；再加 500μL 三氯甲烷：异戊醇（体积为 24：1）混匀，13 000g 离心 15min，取上清液；加入 1mL 异丙醇混匀，13 000g 离心 30min，可见 DNA 沉淀；70% 乙醇洗 DNA 沉淀两次，无水乙醇洗涤两次，并倒置离心管 1min；加入 100μLTE 缓冲液悬浮总核酸，用 260nm 紫外线检测 DNA 纯度，置于 −20℃下保存备用。

其他的 DNA 提取方法也可以借鉴，也可以选择使用商业 DNA 提取试剂盒，提取的 DNA 在 −80℃的条件下可以冻存 1 年。

附录 E

（规范性附录）

特异性引物 PCR 凝胶电泳检测

E.1　特异性引物序列

见表 E.1。

表 E.1　PCR 检测的特异性引物序列及扩增产物

特异性引物	引物序列	扩增产物
1	5′-GAG CCT CTC TTG GCC TCT CC-3′	496 bp
2	5′-TCC TCC GCT TAT TGA TAT GC-3′	

E.2　PCR 反应体系及参数

E.2.1　PCR 反应体系

见表 E.2。

表 E.2　PCR 反应体系（25μL 体系）

试剂名称	终浓度	体积
10×PCR 缓冲液	10×	2.5μL
MgCl$_2$	1.5mmol/L	2.5μL
dNTPs	0.15mmol/L	2.0μL
正向引物	20μmol/L	1.0μL
负向引物	20μmol/L	1.0μL
Taq DNA 聚合酶	2.5 U/μL	0.2 μL
DNA 模版	2.0μg/L	1μL
超纯 H$_2$O		14.8μL

E.2.2　反应条件

94℃预变性5min，然后进行30个循环：94℃变性30s、62℃退火30s、72℃延伸1min，最后一个循环结束后72℃继续延伸6min。

E.3　琼脂糖凝胶电泳

PCR产物经1.5%琼脂糖凝胶电泳分析。每个样品取5μL的PCR产物与1μL的6×上样缓冲液混匀，并加到置于1×TAE缓冲液的1.5%琼脂糖凝胶孔中，然后在120V下电泳。电泳结束后，放入装有0.5μg/μL的溴化乙锭溶液的容器中染色，然后在清水中清洗后，在凝胶成像系统中观察、拍照，并保存照片。

E.4　结果判定

琼脂糖凝胶电泳出现一条496bp片段，可以判定所测样品携带橡胶白根病菌。

注：本标准附有11篇参考文献，已统一合并至本书的参考文献中。